OCCUPATIONAL SAF

ACTUAL INTERVIEW

산 업 안 전 지 도 사

실전면접

건설안전공학

한경보 · Willy.H 저

산업안전지도사 1차, 2차 시험을 통과하신 수험생 여러분 진심으로 축하합니다. 이제 마지막 관문인 3차 면접시험을 눈앞에 두고 있습니다.

아시는 바와 같이 산업안전지도사는 면접을 통과하는 과정이 가장 어렵습니다. 왜냐하면 질문에 대한 답변을 준비할 시간도 촉박하고 잘 이해하지 못하는 문제를 제시받으면 당황하기 때문입니다. 그러나 면접과정도 시험의 일부라고 생각하고 차근차근 준비하면 충분히 대비할 수 있습니다.

면접요령을 간략하게 설명드리겠습니다.

1. 면접문제도 단답형과 논술형으로 구분됩니다.
2. 질문받은 내용만 간략하게 설명하기보다는 의도를 파악하고 기승전결로 전개하여 답변하십시오.
3. 모르는 문제를 제시받아도 생각할 시간을 만들어 유사한 답변이라도 하십시오.
4. 면접은 시작만큼 마무리도 중요합니다. 면접을 마치고 나올 때의 태도까지 평가받는다고 생각하십시오.
5. 산업안전지도사 시험에 응시한 이유를 확실하게 만들어 면접에 응하십시오.

위의 다섯 가지 내용을 잘 숙지하여 준비하고, 특히 수험생 여러분의 지식수준이 면접관보다 높을 수도 있다는 자신감으로 임하십시오.

본 교재는 면접에 필요한 내용을 체계적으로 정리하여 비교적 단기간에도 대비할 수 있도록 구성하였으며 면접과 연관성이 없는 부분은 과감하게 생략하였습니다.

따라서 시험 전에 몇 번 정독하시면 좋은 결과가 있으리라고 생각합니다.

여러분께서 최선을 다하기를 바라며 면접관이 실질적으로 평가하는 다섯 가지 항목을 알려드립니다.

1. 지식수준
2. 응용력
3. 지도감독능력
4. 품위
5. 일반상식

여러분의 앞날에 무궁한 발전이 있기를 기원합니다.

저자 한경보

PART 01 면접 대비 핵심 개정 사항

[1] 노사협의체 3
[2] 산업안전보건관리비의 사용기준 4
[3] 재해예방기술지도 5
[4] 휴게시설 설치 의무화제도 6
[5] 근로자 작업중지권 7
[6] 근골격계 질환의 원인과 대책 8
[7] 작업현장 순회점검 및 합동 안전보건점검 11
[8] KOSHA-MS 인증취소 조건 12
[9] 중대재해법의 비교표 13
[10] 굴착기의 인양작업 양성화(굴착기 사용 인양작업이 합법화됨)에 따른 안전대책 14
[11]안전보건관리체계 구축을 위한 7가지 핵심요소 17
[12] ALC 18
[13] 철근의 역학적 특성 19
[14] 달비계 20
[15] 작업의자형 달비계 설치 시 준수사항 22
[16] 암반의 구배기준 23
[17] 사면붕괴의 원인 23

PART 02 면접 기출문제

면접 기출문제 1 27
면접 기출문제 2 27
면접 기출문제 3 28
면접 기출문제 4 28
면접 기출문제 5 29
면접 기출문제 6 29

면접 기출문제 7 30
면접 기출문제 8 30
면접 기출문제 9 31
면접 기출문제 10 31

PART 03 산업안전보건법

[1] 용어 35
[2] 책무 37
[3] 산업재해 발생 보고 및 기록 40
[4] 산업재해 예방 41
[5] 안전보건관리책임자 43
[6] 관리감독자 45
[7] 안전관리자 47
[8] 보건관리자 50
[9] 명예산업안전감독관 위촉 52
[10] 산업안전보건위원회 53
[11] 안전보건관리규정의 작성 56
[12] 안전보건교육 59
[13] 유해 · 위험 방지 조치 63
[14] 고객응대근로자 건강장해 예방조치 66
[15] 유해위험방지계획서 작성 · 제출 67
[16] 공정안전보고서 작성 · 제출 71
[17] 안전보건진단 75
[18] 고용노동부장관의 시정조치 명령 사항 77
[19] 중대재해 발생 시 사업주의 조치 사항 78
[20] 산업재해의 보고 및 기록 · 보존 80
[21] 도급사업의 산업재해 예방 81
[22] 안전보건총괄책임자 85

[23] 건설업의 산업재해 예방 86
[24] 유해 · 위험 기계등에 대한 방호조치 93
[25] 안전인증(기계기구, 설비, 방호장치, 보호구) 96
[26] 자율안전확인대상기계 100
[27] 유해 · 위험 기계 · 기구의 안전검사 102
[28] 자율검사프로그램에 따른 안전검사법 104
[29] 유해 · 위험 기계 · 기구 제조사업 지원 105
[30] 유해 · 위험 물질의 관리 106
[31] 물질안전보건자료 작성 · 제출 110
[32] 석면 조사 및 안전대책 114
[33] 근로환경 개선 117
[34] 근로자 건강진단 119
[35] 재해예방전문기술지도 123
[36] 건설현장의 작업환경측정 126
[37] 서류의 보존 128
[38] 유해 · 위험물질의 제조금지 130
[39] 허가 대상 유해물질 131
[40] 유해인자 허용기준 이하 유시 대상 유해인자 132
[41] 유해성 · 위험성 조사 제외 화학물질 134
[42] 사업장 위험성 평가에 관한 지침 135
[43] 소음 · 진동관리기준 139
[44] 사전작업허가제 141

PART 04 표준안전작업 지침

[1] 굴착작업 145
[2] 화약류의 취급 161
[3] 거푸집 공사 185
[4] 철근공사 189

[5] 콘크리트 공사 191
[6] 철골 공사 193
[7] 터널 공사 202
[8] 해체작업에 따른 공해 방지 215
[9] 추락재해 방지 216

PART 05 실전면접 대응자료

[1] 계절 · 시사성 237
[2] 산업안전보건법 및 건설기술 진흥법 239
[3] 안전관리 243
[4] 보호구 245
[5] 가설공사 246
[6] 건설기계 248
[7] 철근 249
[8] 거푸집 250
[9] 콘크리트 251
[10] 토공 255
[11] 연약지반 256
[12] 사면 257
[13] 흙막이 258
[14] 옹벽 261
[15] 기초 262
[16] 터널 263
[17] 발파 266
[18] 교량 266
[19] 지진 267
[20] 철골 268
[21] 해체, 석면, 환경 270

PART 06 건설기술 진흥법

[1] 안전관리조직 273
[2] 가설구조물 구조 안전성 확인 275
[3] 건설공사 사고 발생 시 신고 276
[4] 안전관리계획 278
[5] 소규모 안전관리계획 284
[6] 안전점검 종류별 내용 286
[7] DFS(Design For Safety) 287
[8] 안전관리비 288

PART 07 시설물의 안전 및 유지관리에 관한 특별법

[1] 안전점검 · 진단 293
[2] 점검 및 진단 실시자격등급 294
[3] 정밀안전진단 대상 시설물 295
[4] 중대한 결함 대상 296
[5] FMS(Facility Management System) 297

PART 08 안전심리 · 안전관리

[1] 동기부여 이론 301
[2] RMR 302
[3] 밀폐공간보건작업 프로그램 303
[4] 연쇄성 이론 305
[5] 최하사점 307

PART 09 토공사 안전대책

[1] 인력굴착 안전대책 311
[2] 절토작업 안전대책 313
[3] 트렌치굴착 안전대책 314
[4] 기초굴착 안전대책 316
[5] 기계굴착 안전대책 317
[6] 발파굴착 안전대책 320
[7] 옹벽시공 시 안전대책 322
[8] 깊은 굴착작업 안전대책 323

PART 10 추락재해 방지대책

[1] 안전난간 329
[2] 작업발판 및 계단 330
[3] 가설경사로 331
[4] 사다리 332
[5] 말비계 333
[6] 이동식 비계 334
[7] 강관비계 335
[8] 간이 달비계 336
[9] 낙하물 방지망 337
[10] 거푸집동바리 338

PART 11 건설기계 안전대책

[1] 굴착기 341
[2] 이동식 크레인 342
[3] 지게차 343

[4] 고소작업대 345
[5] 차량탑재형 고소작업대 347
[6] 곤돌라 349

PART 12 거푸집공사 안전대책

[1] 거푸집동바리 작용하중 353
[2] 거푸집동바리 재료 354
[3] 거푸집 조립 355
[4] 거푸집동바리 안전점검 357
[5] 거푸집동바리 해체 시 준수사항 358

PART 13 철근공사 안전대책

[1] 가공작업 361
[2] 운반작업 362

PART 14 콘크리트공사 안전대책

[1] 타설작업 365
[2] 펌프카 366
[3] 해체작업 신고 및 허가대상 367
[4] 알칼리골재반응(AAR) 369
[5] 팝 아웃(Pop Out) 현상 370
[6] 콘크리트의 폭열 371
[7] 수팽창 지수재 372
[8] 피로한도, 피로강도, 피로파괴 373
[9] 기둥부등축소 375
[10] 스크린 현상 376

[11] 하중에 의한 균열의 종류 377
[12] 한중콘크리트 378

PART 15 철골/창호공사

[1] 철골의 자립도를 위한 대상 건물 381
[2] 철골의 공작도에 포함해야 할 사항 382
[3] 철골의 세우기 순서 383
[4] 철골 건립용 기계의 종류 385
[5] 철골접합방법의 종류 387
[6] 엔드 탭(End Tab) 388
[7] 고력 볼트 조임검사방법 389
[8] 리프트업(Lift Up) 공법의 특징 390
[9] 앵커 볼트(Anchor Bolt) 매립 시 준수사항 391
[10] 고력 볼트 조임기준 393
[11] 연돌효과(Stack Effect) 394
[12] 전단연결재(Shear Connector) 395
[13] 강재의 비파괴검사 종류 396
[14] 용접의 형식 398
[15] 고장력 볼트 접합 399
[16] Scallop 400
[17] 창호의 성능평가방법 401
[18] 유리의 열파손 403

PART 16 교량

[1] 사장교와 현수교의 차이점 407
[2] 세굴 방지공법의 종류 408
[3] FCM 처짐관리(Camber Control) 409

[4] TMCP 강재 410
[5] LB(Lattice Bar) Deck 411
[6] 차량재하를 위한 교량의 영향선 412
[7] 라멜라티어(Lamellar Tear) 413
[8] 진응력과 공칭응력 414
[9] 설퍼밴드(Sulfur Band) 균열 415
[10] Preflex Beam 416

PART 17 터널

[1] 불연속면(Discontinuity) 419
[2] Face Mapping 421
[3] 여굴의 원인과 대책 422
[4] 심빼기 발파 423
[5] 숏크리트 리바운드(Rebound) 424
[6] Bench Cut 발파 425
[7] 편압 426
[8] Line Drilling 427
[9] Decoupling 계수 428
[10] Smooth Blasting 429
[11] Cushion Blasting 430
[12] Pre-Splitting 431
[13] 터널의 붕괴원인 및 대책 432
[14] NATM 터널의 유지관리 계측 433
[15] 터널 용수대책 435
[16] 스프링라인 436

PART 18 도로

[1] 아스팔트 포장과 콘크리트 포장의 비교 439
[2] 침입도(PI : Penetration Index) 440
[3] 박리현상(Stripping) 441
[4] Blow－up 442
[5] Sandwitch 공법 443
[6] 배수성 포장 444

PART 19 항만/하천/댐

[1] 방파제의 종류 447
[2] 비말대와 강재 부식속도 448
[3] 가물막이공법 449
[4] 하천 생태호안 450
[5] 유수전환방식 451
[6] 필댐(Fill Dam)의 종류 452
[7] 양압력 453
[8] 부력에 의한 손상 방지대책 454
[9] 검사랑 455
[10] 유선망(Flow Net) 456
[11] 침윤선(Seepage Line) 457
[12] 석괴댐의 프린스(Plinth) 458
[13] Dam 기초 Grouting 459
[14] 댐의 계측관리 460
[15] Siphon 461

PART

01 면접 대비 핵심 개정 사항

ACTUAL INTERVIEW

Occupational Safety Instructor

[1] 노사협의체

❶ 구성

구분	근로자위원	사용자위원
필수구성	(1) 도급 또는 하도급 사업을 포함한 전체 사업의 근로자대표 (2) 근로자대표가 지명하는 명예산업안전감독관 1명 ※ 다만, 명예산업안전감독관이 위촉되어 있지 않은 경우에는 근로자대표가 지명하는 해당 사업장 근로자 1명 (3) 공사금액이 20억 원 이상인 공사의 관계수급인의 각 근로자 대표	(1) 도급 또는 하도급 사업을 포함한 전체 사업의 대표자 (2) 안전관리자 1명 (3) 보건관리자 1명(별표 5 제44호에 따른 보건관리자 선임대상 건설업으로 한정한다) (4) 공사금액이 20억 원 이상인 공사의 관계수급인의 각 대표자
합의구성[1]	공사금액이 20억 원 미만인 공사의 관계수급인의 근로자 대표	공사금액이 20억 원 미만인 공사의 관계수급인
합의참여[2]	「건설기계관리법」 제3조 제1항에 따라 등록된 건설기계를 직접 운전하는 사람	

❷ 협의사항

(1) 산업재해 예방방법 및 산업재해가 발생한 경우의 대피방법

(2) 작업의 시작시간, 작업 및 작업장 간의 연락방법

(3) 그 밖의 산업재해 예방과 관련된 사항

1) 노사협의체의 근로자위원과 사용자위원이 합의하여 위원으로 위촉 가능한 사람

2) 노사협의체의 근로자위원과 사용자위원이 합의하여 협의체에 참여가 가능한 사람

Occupational Safety Instructor

[2] 산업안전보건관리비의 사용기준

항목	사용기준
안전관리자 등 인건비	겸직 안전관리자 임금의 50%까지 가능
안전시설비	스마트 안전장비 구입(임대비의 20% 이내 허용, 총액의 10% 한도)
보호구 등	안전인증 대상 보호구에 한함.
안전 · 보건 진단비	「산업안전보건법」상 법령에 따른 진단에 소요되는 비용
안전 · 보건 교육비 등	산재예방 관련 모든 교육비용 허용(타 법령상 의무교육 포함)
건강장해 예방비	손소독제 · 체온계 · 진단키트 등 허용
기술지도비	2022년 8월 18일 이후 체결되는 기술지도 계약부터는 발주자가 기술지도 계약을 체결하도록 변경되었음.
본사인건비	「중대재해 처벌 등에 관한 법률」 시행 고려, 200위 이내 종합건설업체는 사용 제한, 5억 원 한도 폐지, 임금 등으로 사용항목 한정
자율결정항목	위험성 평가 또는 「중대재해 처벌 등에 관한 법률」상 유해 · 위험요인 개선 판단을 통해 발굴하여 노사 간 합의로 결정한 품목 허용 ※ 총액의 10% 한도

Occupational Safety Instructor

[3] 재해예방기술지도

1 개요

총 공사금액 1억원 이상 120억 미만 건설공사에 적용되는 건설재해예방전문지도기관과의 기술지도계약 주체가 2022년 8월 18일부터 건설공사도급인(시공사)에서 발주자로 변경되었다.

2 변경목적

우월적 지위를 가진 건설공사도급인이 기술지도 계약을 체결함에 따라 형식적인 기술지도가 이루어지는 문제를 해결하기 위해, 발주자가 기술지도 계약을 체결하도록 변경되었다.

3 효과

발주자가 기술지도기관에 직접 대금을 지급하게 될 경우 건설재해예방전문지도기관이 도급인의 무리한 요구 등에 대응할 필요가 없게 된다.

4 계약절차

고용노동부장관이 정하는 전산시스템 K2B에서 발급된 계약서를 사용해 체결하며, 계약일로부터 7일 이내에 계약내용을 전산시스템에 입력한다.

5 적용시기

2022년 8월 18일 이후 체결되는 기술지도 계약 분부터

Occupational Safety Instructor

[4] 휴게시설 설치 의무화제도

1 개요

일정 규모 이상의 사업장과 건설현장은 근로자가 휴식시간에 이용할 수 있는 휴게시설의 설치가 2022년 8월 18일부터 의무화되었다.

2 추진배경

휴게시설 설치 의무 이행의 실효성을 높이기 위해 제재규정(과태료 부과) 도입

3 주요 내용

(1) 모든 사업장에 휴게시설 설치의무를 부여하되, 일정 규모 이상의 건설현장에 대해서는 휴게시설 설치 및 설치관리기준 준수 의무 불이행 시 과태료 부과

(2) 휴게시설을 이용할 수 있는 근로자 범위에 관계수급인 근로자를 포함

4 과태료

(1) 대통령령으로 정하는 사업주가 휴게시설 미설치 시 : 1,500만 원 이하 과태료

(2) 고용노동부령으로 정하는 설치관리기준 미준수 시 : 1,000만 원 이하 과태료

Occupational Safety Instructor

[5] 근로자 작업중지권

1 개요

산업재해의 발생 위험이 있거나 재해 발생 시 근로자가 작업을 중지하고 위험요소를 제거한 이후 작업을 재개할 수 있는 권리

2 근로자 작업중지권

(1) 근로자는 산업재해가 발생할 급박한 위험이 있는 경우에는 작업을 중지하고 대피할 수 있다.

(2) 작업을 중지하고 대피한 근로자는 지체 없이 그 사실을 관리감독자 또는 그 밖에 부서의 장에게 보고하여야 한다.

(3) 관리감독자 등은 보고를 받으면 안전 및 보건에 관하여 필요한 조치를 하여야 한다.

(4) 사업주는 산업재해가 발생할 급박한 위험이 있다고 근로자가 믿을 만한 합리적인 이유가 있을 때에는 작업을 중지하고 대피한 근로자에 대하여 해고나 그 밖의 불리한 처우를 해서는 아니 된다.

3 고지방법

(1) 안전작업 허가 전 작업자에게 작업중지권에 대하여 고지

(2) 작업현장 곳곳에 작업중지권 게시물 부착

Occupational Safety Instructor

[6] 근골격계 질환의 원인과 대책

1 발생단계 구분

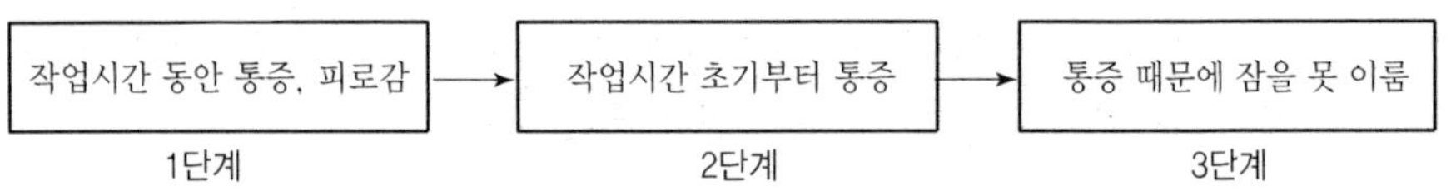

2 근골격계 질환의 재해원인

(1) 일터에서의 부적절한 작업상황 조건 및 작업환경

① 부적절한 작업자세

- 무릎을 굽히거나 쪼그리는 자세로 작업
- 팔꿈치를 반복적으로 머리 위 또는 어깨 위로 들어올리는 작업
- 목, 허리, 손목 등을 과도하게 구부리거나 비트는 작업

② 과도한 힘 필요작업

- 반복적인 중량물 취급작업
- 어깨 위에서 하는 중량물 취급작업
- 허리를 구부린 상태에서 하는 중량물 취급작업
- 강한 힘으로 공구를 작동하거나 물건을 잡는 작업

③ 접촉 스트레스 발생작업

손이나 무릎을 망치처럼 때리거나 치는 작업

④ 진동공구 취급작업

착암기, 연삭기 등 진동이 발생하는 공구 취급작업

⑤ 반복적인 작업

목, 어깨, 팔, 팔꿈치, 손가락 등을 반복하는 작업

❸ 근골격계 부담작업 범위

번호	내용
1	하루에 4시간 이상 집중적으로 자료 입력 등을 위해 키보드 또는 마우스를 조작하는 작업
2	하루에 총 2시간 이상 목, 어깨, 팔꿈치, 손목 또는 손을 사용하여 같은 동작을 반복하는 작업
3	하루에 총 2시간 이상 머리 위에 손이 있거나, 팔꿈치가 어깨 위에 있거나, 팔꿈치를 몸통으로부터 들거나, 팔꿈치를 몸통 뒤쪽에 위치하도록 하는 상태에서 이루어지는 작업
4	지지되지 않은 상태이거나 임의로 자세를 바꿀 수 없는 조건에서, 하루에 총 2시간 이상 목이나 허리를 구부리거나 드는 상태에서 이루어지는 작업
5	하루에 총 2시간 이상 쪼그리고 있거나 무릎을 굽힌 자세에서 이루어지는 작업
6	하루에 총 2시간 이상 지지되지 않은 상태에서 1kg 이상의 물건을 한 손의 손가락으로 집어 옮기거나, 2kg 이상에 상응하는 힘을 가하여 한 손의 손가락으로 물건을 쥐는 작업
7	하루에 총 2시간 이상 지지되지 않은 상태에서 4.5kg 이상의 물건을 한 손으로 들거나 동일한 힘으로 쥐는 작업
8	하루에 10회 이상 25kg 이상의 물체를 드는 작업
9	하루에 25회 이상 10kg 이상의 물체를 무릎 아래에서 들거나, 어깨 위에서 들거나, 팔을 뻗은 상태에서 드는 작업
10	하루에 총 2시간 이상, 분당 2회 이상 4.5kg 이상의 물체를 드는 작업
11	하루에 총 2시간 이상 시간당 10회 이상 손 또는 무릎을 사용하여 반복적으로 충격을 가하는 작업

❹ 예방대책

(1) 스트레칭을 꾸준히 해주어 몸의 경직을 풀어 준다.

(2) 많이 걸어 몸의 근육이 이완될 수 있도록 한다.

(3) 충분한 휴식을 취한다.

❺ 근골격계 질환 예방관리 프로그램 시행 대상

(1) 근골격계 질환으로 업무상 질병으로 인정받은 근로자가 연간 10명 이상 발생한 사업장

(2) 근골격계 질환으로 업무상 질병으로 인정받은 근로자가 5명 이상 발생한 사업장으로서 발생 비율이 그 사업장 근로자 수의 10퍼센트 이상인 경우

(3) 근골격계 질환 예방과 관련하여 노사 간 이견이 지속되는 사업장으로서 고용노동부장관이 필요하다고 인정하여 근골격계 질환 예방관리 프로그램을 수립하여 시행할 것을 명령한 경우

6 근골격계 질환 예방관리 프로그램 시행 시 주의사항

사업주는 근골격계 질환 예방관리 프로그램 작성 · 시행 시 노사협의를 거쳐야 하며, 인간공학 · 산업의학 · 산업위생 · 산업간호 등 분야별 전문가로부터 필요한 지도 · 조언을 받을 수 있다.

[7] 작업현장 순회점검 및 합동 안전보건점검

분류	구성	실시 주기	내용
작업장 순회점검	도급인 사업주	1회 이상/2일	점검결과 개선 요구
합동 안전보건점검	도급인 근로자 1명 수급인 근로자 1명	1회 이상/2개월	–

Occupational Safety Instructor

[8] KOSHA-MS 인증취소 조건

(1) 거짓 또는 부정한 방법으로 인증을 받은 경우

(2) 정당한 사유 없이 사후심사 또는 연장심사를 거부 · 기피 · 방해하는 경우

(3) 공단으로부터 부적합 사항에 대하여 2회 이상 시정요구 등을 받고 정당한 사유 없이 시정을 하지 아니하는 경우

(4) 안전보건 조치를 소홀히 하여 사회적 물의를 일으킨 경우

(5) 건설업 종합건설업체에 대해서 인증을 받은 사업장의 사고사망만인율이 최근 3년간 연속해 종합 심사낙찰제 심사기준 적용 평균 사고사망만인율 이상이고 지속적으로 증가하는 경우

(6) 다음 각 목에 해당하는 경우로서 인증위원회 위원장이 인증 취소가 필요하다고 판단하는 경우

① 인증사업장에서 안전보건조직을 현저히 약화시키는 경우

② 인증사업장이 재해예방을 위한 제도 개선이 지속적으로 이루어지지 않는 경우

③ 경영층의 안전보건경영 의지가 현저히 낮은 경우

④ 그 밖에 안전보건경영시스템의 인증을 형식적으로 유지하고자 하는 경우

(7) 사내 협력업체로서 모기업과 재계약을 하지 못하여 현장이 소멸되거나 인증범위를 벗어난 경우

(8) 사업장에서 자진취소를 요청하는 경우

(9) 인증유효기간 내에 연장신청서를 제출하지 않은 경우

(10) 인증사업장이 폐업 또는 파산한 경우

Occupational Safety Instructor

[9] 중대재해법의 비교표

구분	산업안전보건법	중대재해처벌법(중대산업재해)
의무주체	사업주(법인사업주+개인사업주)	개인사업주, 경영책임자 등
보호대상	근로자, 수급인의 근로자, 특수형태근로종사자	근로자, 노무제공자, 수급인, 수급인의 근로자 및 노무제공자
적용범위	전 사업장 적용(다만, 안전보건관리체제는 50인 이상 적용)	5인 미만 사업장 적용 제외(50인 미만 사업장은 2024. 1. 27. 시행)
재해정의	중대재해 : 산업재해 중 ① 사망자 1명 이상 ② 3개월 이상 요양이 필요한 부상자 동시 2명 이상 ③ 부상자 또는 직업성 질병자 동시 10명 이상 ※ 산업재해 : 노무를 제공하는 자의 업무와 관계되는 건설물, 설비 등에 의하거나 작업 또는 업무로 인한 사망 · 부상 · 질병	중대산업재해 : 「산업안전보건법」상 산업재해 중 ① 사망자 1명 이상 ② 동일한 사고로 6개월 이상 치료가 필요한 부상자 2명 이상 ③ 동일한 유해요인으로 급성중독 등 직업성질병자 1년 내 3명 이상
의무내용	① 사업주의 안전조치 • 프레스 · 공작기계 등 위험기계나 폭발성 물질 등 위험물질 사용 시 • 굴착 · 발파 등 위험한 작업 시 • 추락하거나 붕괴할 우려가 있는 등 위험한 장소에서 작업 시 ② 사업주의 보건조치 • 유해가스나 병원체 등 위험물질 • 신체에 부담을 주는 등 위험한 작업 • 환기 · 청결 등 적정기준 유지 ※ 「산업안전보건기준에 관한 규칙」에서 구체적으로 규정(680개 조문)	개인사업주 또는 경영책임자 등의 종사자에 대한 안전 · 보건 확보 의무 ① 안전보건관리체계의 구축 및 이행에 관한 조치 ② 재해 재발 방지대책의 수립 및 이행에 관한 조치 ③ 중앙행정기관 등이 관계법령에 따라 시정 등을 명한 사항 이행에 관한 조치 ④ 안전 · 보건 관계 법령상 의무이행에 필요한 관리상의 조치 ※ ①~④의 구체적인 사항은 시행령에 위임
처벌수준	① 자연인 • 사망 → 7년 이하 징역 또는 1억 원 이하 벌금 • 안전 · 보건조치 위반 → 5년 이하 징역 또는 5천만 원 이하 벌금 ② 법인 • 사망 → 10억 원 이하 벌금 • 안전 · 보건조치 위반 → 5천만 원 이하 벌금	① 자연인 • 사망 → 1년 이상 징역 또는 10억 원 이하 벌금(병과 가능) • 부상 · 질병 → 7년 이하 징역 또는 1억 원 이하 벌금 ② 법인 • 사망 → 50억 원 이하 벌금 • 부상 · 질병 → 10억 원 이하 벌금

[10] 굴착기의 인양작업 양성화(굴착기 사용 인양작업이 합법화됨)에 따른 안전대책

1 인양작업이 가능한 굴착기의 충족조건

(1) 굴착기의 퀵 커플러 또는 작업장치에 훅, 걸쇠 등 달기구(이하 달기구 등)가 부착되어 제작된 기계일 것

(2) 제조사에서 인양작업이 허용된 기계로서 인양능력을 확인할 수 있는 것

(3) 해지장치가 사용되는 등 작업 중 인양물의 낙하 우려가 없는 것

2 굴착기 사용 인양작업 시 안전조치

(1) 관리감독자는 운전자의 자격면허(굴삭기 조종사 면허증)와 보험가입 및 안전교육 이수 여부 등을 확인하여야 한다.(무자격자 운전 금지)

(2) 운전자는 굴삭기 운행 전 장비의 누수, 누유 및 외관상태 등의 이상 유무를 확인하여야 한다.

(3) 운전자는 굴삭기의 안전운행에 필요한 안전장치(전조등, 후사경, 경광등, 후진 시 경고음 발생장치 등)의 부착 및 작동 여부를 확인하여야 한다.

(4) 굴삭기는 비탈길이나 평탄치 않은 지형 및 연약지반에서 작업을 수행하므로 운전자는 작업 중에 발생할 수 있는 지반침하에 의한 전도사고 등을 방지하기 위하여 지지력의 이상 유무를 확인하여야 하고 지반의 상태와 장비의 이동경로 등을 사전에 확인하여야 한다.

(5) 운전자는 작업지역을 확인할 때 최종 작업방법 및 지반의 상태를 충분히 숙지하여야 하며, 예상치 않은 위험 상황이 발견되는 경우에는 관리감독자에게 즉시 보고하여야 한다.

(6) 운전자는 작업반경 내 근로자 존재 및 장애물의 유무 등을 확인하고 작업하여야 한다.

(7) 운전자는 작업 전 퀵커플러 안전핀의 정상 체결 여부를 확인하여 선택 작업장치의 탈락에 의한 안전사고를 방지하여야 한다.

3 작업 중 안전대책

(1) 운전자는 제조사가 제공하는 장비 매뉴얼(특히, 유압제어장치 및 운행방법 등)을 숙지하고 이를 준수하여야 한다.

(2) 운전자는 장비의 운행경로, 지형, 지반상태, 경사도(무한궤도 100분의 30) 등을 확인한 다음 안전운행을 하여야 한다.

(3) 운전자는 굴삭기 작업 중 굴삭기 작업반경 내에 근로자의 유무를 확인하며 작업하여야 한다.

(4) 운전자는 조종 및 제어장치의 기능을 확인하고, 급작스러운 작동은 금지해야 한다.

(5) 운전자가 작업 중 시야 확보에 문제가 발생하는 경우에는 유도자의 신호에 따라 작업을 진행해야 한다.

(6) 운전자는 굴삭기 작업 중에 고장 등 이상 발생 시 작업 위치에서 안전한 장소로 이동하여야 한다.

(7) 운전자는 경사진 길에서의 굴삭기 이동 시 저속으로 운행해야 한다.

(8) 운전자는 경사진 장소에서 작업하는 동안에는 굴삭기의 미끄럼 방지를 위하여 블레이드를 비탈길 하부 방향에 위치시켜야 한다.

(9) 운전자는 경사진 장소에서 굴삭기의 전도와 전락을 예방하기 위하여 붐의 급격한 선회를 금지하여야 한다.

(10) 운전자는 안전벨트를 착용하고 작업하여야 한다.

(11) 운전자는 다음과 같은 불안전한 행동이나 작업은 금지하여야 한다.

① 엔진을 가동한 상태에서 운전석 이탈을 금지할 것

② 선택 작업장치를 올린 상태에서 정차를 금지할 것

③ 버킷으로 지반을 밀면서 주행하는 것을 금지할 것

④ 경사진 길이나 도랑의 비탈진 장소 및 근처에 굴삭기의 주차를 금지할 것

⑤ 도랑과 장애물 횡단 시 굴삭기를 이동시키기 위하여 버킷의 지지대로의 사용을 금지할 것

⑥ 시트파일을 지반에 박거나 뽑기 위해 굴삭기의 버킷 사용을 금지할 것

⑦ 경사지를 이동하는 동안 굴삭기 붐의 회전을 금지할 것

⑧ 파이프, 목재, 널빤지와 같이 버킷에 안전하게 실을 수 없는 화물이나 재료를 운반하거나 이동하기 위한 굴삭기의 버킷 사용을 금지할 것

(12) 운전자는 굴삭 · 상차 및 파쇄, 정지작업 외 견인 · 인양 · 운반작업 등 목적 외 사용을 금지하여야 한다.

(13) 운전자는 작업 중 지하매설물(전선관, 가스관, 통신관, 상 · 하수관 등)과 지상장애물이 발견되면 즉시 장비를 정지하고 관리감독자에게 보고한 다음 작업지시에 따라 작업하여야 한다.

(14) 운전자는 굴삭기에서 비정상 작동이나 문제점이 발견되면, 작동을 멈추고 즉시 관리감독자에게 보고하며, "사용중지" 등의 표지를 굴삭기에 부착하고 안전을 확인한 다음 작업지시에 따라 작업하여야 한다.

Occupational Safety Instructor

[11] 안전보건관리체계 구축을 위한 7가지 핵심요소

(1) 경영자의 리더십
(2) 근로자의 참여
(3) 위험요인 파악
(4) 위험요인 제거대책 및 통제
(5) 비상조치계획 수립
(6) 도급용역 위탁 시 안전보건 확보
(7) 평가 및 개선

Occupational Safety Instructor

[12] ALC

1 정의

Autoclaved Lightweight Concretd의 약어로 규산질 원료에 시멘트, 생석회 등 석회질 원료와 기포제를 넣은 혼합물을 고온·고압에서 증기양생시킨 경량기포콘크리트를 말한다.

2 특징

일반 벽돌보다 크기 때문에 크기에 시공 속도가 빠르고 공사기간도 일반벽돌을 사용할 때보다 월등하게 짧은 장점이 있다.

3 단열성

내부에 70% 정도의 미세 독립기포가 열전도를 강력하게 차단하므로 열전도율을 확인해보면 일반 콘크리트에 비해 10배 이상의 단열효과를 기대할 수 있다. 또한, 별도의 단열재가 필요 없기 때문에 열 손실 방지에도 탁월하고, 고온·고압의 오토클레이브로 구워내므로 구워지는 과정에서 광물질이 형성되어 장기간 그 성질이나 형태가 변하지 않는다.

4 경량성

표준비중이 0.5로 일반 콘크리트보다 4~5배 정도 가벼워 비용절감과 건물 전체의 경량화, 인건비 절감, 시공효율 등의 효과를 기대할 수 있다.

5 시공성

일반 목재용 공구로도 절단되는 시공성을 자랑하므로 공기단축 및 공사비용의 대폭적인 절감이 가능하다. 또한, 별도의 트러스 없이 경제적으로 삼각형의 모임지붕을 구현할 수 있다.

6 내화성

완전 불연재이므로 무기질 소재로 되어 있어 화재 시에도 타지 않으며 유독가스가 발생되지 않아 우수한 내화성능의 자재로 평가받고 있다.

[13] 철근의 역학적 특성

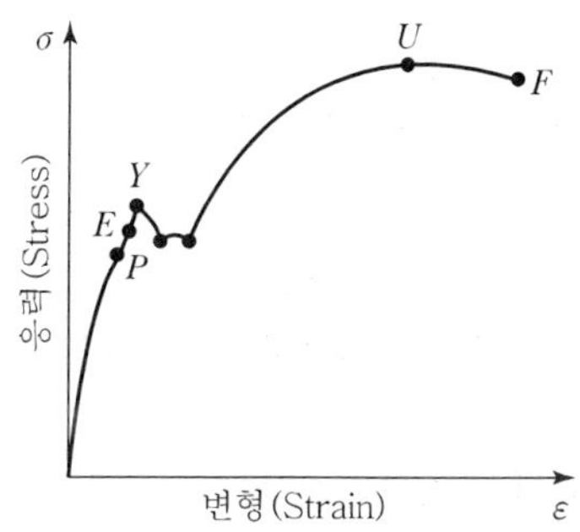

(1) P(Proportional Limit) : 비례한도
응력에 비례해 커지는 변형력의 한계

(2) E(Elastic Linit) : 탄성한도
강재에 가해지는 외력을 제거하면 원형으로 돌아올 수 있는 한계

(3) Y(Yielding Point) : 항복점
외력의 증가없이 변형이 증가했을때의 최대응력

(4) U(Ultimate Strength) : 인장강도
응력을 최대로 받을 때의 강도

(5) F(Failure Point) : 파괴점
재료가 파괴되는 한계점

Occupational Safety Instructor

[14] 달비계

1 개요

사업주는 곤돌라형 달비계를 설치하는 경우 다음의 내용을 준수해야 한다.

2 준수사항

(1) 다음 각 목의 어느 하나에 해당하는 와이어로프를 달비계에 사용해서는 아니 된다.

① 이음매가 있는 것

② 와이어로프의 한 꼬임에서 끊어진 소선의 수가 10퍼센트 이상인 것(비자전로프의 경우에는 끊어진 소선의 수가 와이어로프 호칭 지름의 6배 길이 이내에서 4개 이상이거나 호칭지름 30배 길이 이내에서 8개 이상인 것)

③ 지름의 감소가 공칭지름의 7퍼센트를 초과한 것

④ 꼬인 것

⑤ 심하게 변형되거나 부식된 것

⑥ 열과 전기충격에 의해 손상된 것

(2) 다음의 어느 하나에 해당하는 달기 체인을 달비계에 사용해서는 아니 된다.

① 달기 체인의 길이가 달기 체인이 제조된 때의 길이의 5퍼센트를 초과한 것

② 링의 단면 지름이 달기 체인이 제조된 때의 해당 링의 지름의 10퍼센트를 초과하여 감소한 것

③ 균열이 있거나 심하게 변형된 것

(3) 달기 강선 및 달기 강대는 심하게 손상 · 변형 또는 부식된 것을 사용하지 않도록 할 것

(4) 달기 와이어로프, 달기 체인, 달기 강선, 달기 강대는 한쪽 끝을 비계의 보 등에, 다른 쪽 끝을 내민 보, 앵커볼트 또는 건축물의 보 등에 각각 풀리지 않도록 설치할 것

(5) 작업발판은 폭을 40cm 이상으로 하고 틈새가 없도록 할 것

(6) 작업발판의 재료는 뒤집히거나 떨어지지 않도록 비계의 보 등에 연결하거나 고정시킬 것

(7) 비계가 흔들리거나 뒤집히는 것을 방지하기 위하여 비계의 보 · 작업발판 등에 버팀목을 설치하는 등 필요한 조치를 할 것

(8) 선반 비계에서는 보의 접속부 및 교차부를 철선이음철물 등을 사용하여 확실하게 접속시키거나 단단하게 연결시킬 것

(9) 근로자의 추락 위험을 방지하기 위하여 다음 각 목의 조치를 할 것

① 달비계에 구명줄을 설치할 것

② 근로자에게 안전대를 착용하도록 하고 근로자가 착용한 안전줄을 달비계의 구명줄에 체결하도록 할 것

③ 달비계에 안전난간을 설치할 수 있는 구조인 경우에는 달비계에 안전난간을 설치할 것

Occupational Safety Instructor

[15] 작업의자형 달비계 설치 시 준수사항

(1) 나무 등 근로자의 하중을 견딜 수 있는 강도의 재료를 사용해 견고한 구조로 제작할 것
(2) 작업대 4개 모서리에 로프를 매달아 작업대가 뒤집히거나 떨어지지 않도록 연결할 것
(3) 작업용 섬유로프는 콘크리트에 매립된 고리, 건축물의 콘크리트 또는 철재 구조물 등 2개 이상의 견고한 고정점에 풀리지 않도록 결속할 것
(4) 작업용 섬유로프와 구명줄을 다른 고정점에 결속되도록 할 것
(5) 작업하는 근로자의 하중을 견딜 수 있을 정도의 강도를 가진 작업용 섬유로프, 구명줄 및 고정점을 사용할 것
(6) 근로자가 작업용 섬유로프에 작업대를 연결해 하강하는 방법으로 작업하는 경우 근로자의 조정 없이는 작업대가 하강하지 않도록 할 것
(7) 작업용 섬유로프 또는 구명줄이 결속된 고정점의 로프는 다른 사람이 풀지 못하게 하고 작업 중임을 알리는 경고표지를 부착할 것
(8) 작업용 섬유로프와 구명줄이 건물이나 구조물의 끝부분, 날카로운 물체 등에 의해 절단되거나 마모될 우려가 있는 경우에는 로프에 이를 방지할 수 있는 보호덮개를 씌우는 등의 조치를 할 것
(9) 달비계에 다음의 작업용 섬유로프 또는 안전대의 섬유벨트를 사용하지 않을 것
   ① 꼬임이 끊어진 것
   ② 심하게 손상되거나 부식된 것
   ③ 2개 이상의 작업용 섬유로프 또는 섬유벨트를 연결한 것
   ④ 작업높이보다 길이가 짧은 것
(10) 근로자의 추락 위험을 방지하기 위해 다음의 조치를 할 것
   ① 달비계에 구명줄을 설치할 것
   ② 근로자에게 안전대를 착용하도록 하고 근로자가 착용한 안전줄을 달비계의 구명줄에 체결하도록 할 것

Occupational Safety Instructor

[16] 암반의 구배기준

(1) 풍화암 1 : 1.0
(2) 연암 1 : 1.0
(3) 경암 1 : 0.5

Occupational Safety Instructor

[17] 사면붕괴의 원인

1 내적 원인(전단강도의 감소)

(1) 간극수압의 증가
(2) 동결융해
(3) 수분 증가 또는 응력 해방에 의한 점토의 팽창
(4) 지반의 변형 및 진행성 파괴

2 외적 원인(유효응력의 증가)

(1) 사면의 경사도 증가
(2) 인위적 절토 및 유수에 의한 지형의 변화
(3) 함수비 증가로 인한 단위중량 증가
(4) 발파 또는 진동 충격
(5) 건축물, 구조물, 성토작업으로 인한 외부하중의 증가

PART 02 면접 기출문제

ACTUAL INTERVIEW

면접 기출문제 1

1. 터널공사 표준안전작업지침
2. 안전보건기준에 관한 규칙에서의 공정별 안전보호구 종류
3. 위험예지훈련의 정의와 추진절차 4단계
4. 금속커튼월 곤돌라 설치 시 안전조치사항
5. 고층건물 외부 시스템 비계 설치시 안전조치사항
6. 재해예방 기술지도 기관의 적용대상
7. 위험성 평가의 위험도 결정 상세식
8. 밀폐작업 중 산소농도가 부족할 시 대처방법
9. 산업안전보건관리비 중 사용불가 항목
10. 소규모 건설현장에서 사고가 많이 발생하는 이유
11. 산안법상 사업주 의무

면접 기출문제 2

1. 탄성계수와 변형계수
2. 도심지 지하철 문제점 및 대책
3. 밀폐프로그램
4. 작업통로
5. 터널공사 환기방식
6. 가설구조물에 작용하는 하중
7. 철골자립도대상 5가지
8. 도급사업 안전관리
9. 위험성 평가방법
10. 해체작업 시 안전대책

Occupational Safety Instructor

면접 기출문제 3

1. 수험생이 안전관리업무를 수행하여 좋은 결과를 낸 구체적인 사례
2. 안전예방활동 전개 중 실패사례
3. 업무수행 중 중대재해를 겪은 현장이 있다면 근본원인과 안전대책
4. 건설현장의 안전을 확보하는 예방활동인 안전교육의 가장 효율적인 방법
5. 작업순서가 바뀐 작업방법에 의해 재해가 발생된 경우 기술지도방법
6. 비정상적인 작업으로 발생하는 사고에 대한 감소대책
7. 향후 전개해야 된다고 여기는 안전보건관리 방안
8. 중소규모 건설현장의 추락재해 방지를 위해 실시해야 할 기술지도 내용
9. 작업자가 지도사의 안전지시에 불응하고 계속 위험한 작업 시 대응방법
10. 추락재해예방을 위한 안전블록 사용방안

Occupational Safety Instructor

면접 기출문제 4

1. 시험 합격 후 건설안전분야 지도사로서 구체적인 활동계획
2. 건설안전분야 지도사 자격 취득 후 경영자 지도 · 상담방법
3. 건설안전분야 지도사 자격 취득 후 근로자 지도방법
4. 지도사의 역할과 포부
5. 중소 규모 건설사에서 지도사의 기술지도가 필요한 이유
6. 최근 발생된 화재의 원인과 향후 안전대책을 3E 중 중점을 두어야 할 곳
7. 휴먼 에러의 분류
8. 휴먼 에러의 종류별 사례
9. Fail Safe와 Fool Proof의 구체적인 사례
10. Risk와 Hazard, Danger와 Peril의 차이점

Occupational Safety Instructor

면접 기출문제 5

1. 가설통로, 사다리 안전기준
2. 콘크리트 타설 시 안전대책
3. Fail Safe
4. 지게차의 안전관리
5. 곤돌라의 안전관리
6. 온열질환 예방대책
7. 건설현장의 재해율 감소방안
8. 안전모 성능시험 6가지
9. 굴착공사 시 지하매설물 안전조치사항
10. 굴착공사 착공 전 조사사항과 안전대책

Occupational Safety Instructor

면접 기출문제 6

1. DFS에서 설계자와 시공자의 업무
2. BIM 설명 및 안전과의 연관성
3. 유해위험작업 취업제한에 관한 규칙
4. 작업발판 일체형 거푸집의 종류와 안전대책
5. 탄성계수와 변형계수
6. 공사금액별 안전관리비 구분
7. 차량계 건설기계의 안전점검 항목
8. 무재해 운동
9. 갱폼의 종류 및 해체 작업 시 안전대책
10. Scallop

Occupational Safety Instructor

면접 기출문제 7

1. 가설통로의 종류
2. 이동식 크레인의 와이어로프 폐기기준
3. 개착식 굴착공사의 계측기 종류
4. 중대재해 발생 시 사고조사위원회 운영방법
5. 갱폼의 종류 및 해체 시 안전대책
6. CO_2 용접기의 사전점검사항
7. 위험성 평가방법과 절차
8. 가설비계의 조립 시 준수사항
9. 자율안전대상 보호구의 종류
10. 경사로의 종류

Occupational Safety Instructor

면접 기출문제 8

1. 이동식 크레인의 위험요인과 대책
2. 교량의 교좌장치와 부반력
3. 유해위험방지계획서와 안전관리계획서의 차이점
4. 안전대 등급
5. 안전보건조정자의 업무
6. 안전보건기준에서 안전계수
7. 건설기술 진흥법상 안전교육의 종류
8. 가설구조물에 작용하는 하중의 종류
9. 철근의 가공방법
10. 철골세우기 작업 시 자립도 검토대상

Occupational Safety Instructor

면접 기출문제 9

1. 터널작업의 환기작업지침
2. 건설기술 진흥법상 건설사고 범위
3. 가설구조물에 작용하는 하중의 종류
4. 위험예지훈련 4단계
5. 사고와 중대재해의 차이점
6. 높이 2미터 이상 작업 시 작업발판 설치기준
7. 직업병과 직업관련성 질병의 구분
8. 직무스트레스 예방조치
9. 국소배기장치 검사장비의 종류와 사용방법
10. 국소배기장치 검사항목

Occupational Safety Instructor

면접 기출문제 10

1. 재해예방기술지도대상과 기술지도 제외대상
2. 스마트 콘크리트
3. 가설기자재 자율안전인증대상
4. 타워크레인의 지지방식
5. 근골격계 부담작업의 분류
6. 석면해체작업 시 감리원의 자격 및 감리원의 역할
7. 터널 내 유해물질과 환기방식
8. 위험성 평가의 종류
9. 지도사 취득 목적과 향후 계획
10. 어스앵커공법의 정착장길이 관리

산업안전보건법

ACTUAL
INTERVIEW

Occupational Safety Instructor

[1] 용어

1 산안법 목적

① 산업 안전 및 보건에 관한 기준 확립
② 책임의 소재를 명확하게 하여
③ 산업재해를 예방하고
④ 쾌적한 작업환경을 조성하여
⑤ 노무를 제공하는 사람의 안전 및 보건 유지 · 증진

2 산안법 관련 용어

(1) 산업재해

노무를 제공하는 사람이 업무에 관계되는 건설물 · 설비 · 원재료 · 가스 · 증기 · 분진 등에 의하거나 작업 또는 그 밖의 업무로 인하여 사망 또는 부상하거나 질병에 걸리는 것

(2) 중대재해

산업재해 중 사망 등 재해 정도가 심하거나 다수의 재해자가 발생한 경우로서 고용노동부령으로 정하는 재해

① 사망자가 1명 이상 발생한 재해
② 3개월 이상의 요양이 필요한 부상자가 동시에 2명 이상 발생한 재해
③ 부상자 또는 직업성 질병자가 동시에 10명 이상 발생한 재해

(3) 근로자

「근로기준법」에 따른 근로자로 직업의 종류와 관계없이 임금을 목적으로 사업이나 사업장에 근로를 제공하는 사람

(4) 사업주

근로자를 사용하여 사업을 하는 자

(5) 근로자대표

근로자의 과반수로 조직된 노동조합이 있는 경우에는 그 노동조합을, 근로자의 과반수로 조직된 노동조합이 없는 경우에는 근로자의 과반수를 대표하는 자

(6) **도급**

명칭에 관계없이 물건의 제조 · 건설 · 수리 또는 서비스의 제공, 그 밖의 업무를 타인에게 맡기는 계약

(7) **도급인**

물건의 제조 · 건설 · 수리 또는 서비스의 제공, 그 밖의 업무를 도급하는 사업주(다만, 건설공사발주자는 제외)

(8) **수급인**

도급인으로부터 물건의 제조 · 건설 · 수리 또는 서비스의 제공, 그 밖의 업무를 도급받은 사업주

(9) **관계수급인**

도급이 여러 단계에 걸쳐 체결된 경우에 각 단계별로 도급받은 사업주 전부

(10) **건설공사발주자**

건설공사를 도급하는 자로서 건설공사의 시공을 주도하여 총괄 · 관리하지 아니하는 자(다만, 도급받은 건설공사를 다시 도급하는 자는 제외)

(11) **건설공사**

다음의 어느 하나에 해당하는 공사

① 「건설산업기본법」에 따른 건설공사
② 「전기공사업법」에 따른 전기공사
③ 「정보통신공사업법」에 따른 정보통신공사
④ 「소방시설공사업법」에 따른 소방시설공사
⑤ 「문화재수리 등에 관한 법률」에 따른 문화재수리공사

(12) **안전보건진단**

산업재해를 예방하기 위하여 잠재적 위험성을 발견하고 그 개선대책을 수립할 목적으로 조사 · 평가하는 것

(13) **작업환경측정**

작업환경 실태를 파악하기 위하여 해당 근로자 또는 작업장에 대하여 사업주가 유해인자에 대한 측정계획을 수립한 후 시료(試料)를 채취하고 분석 · 평가하는 것

3 산업안전보건법 적용 제외 사업

① 광산안전법　　② 원자력안전법
③ 항공안전법　　④ 선박안전법

Occupational Safety Instructor

[2] 책무

1 정부의 책무

① 산업안전보건정책의 수립 · 집행 · 조정 · 통제
② 사업장에 대한 재해예방지원 · 지도
③ 유해하거나 위험한 기계 · 기구 · 설비 및 방호장치 · 보호구 등의 안전성평가 및 개선
④ 유해하거나 위험한 기계 · 기구 · 설비 · 물질에 대한 안전 · 보건상의 조치기준 작성 및 지도 · 감독
⑤ 사업의 자율적인 안전 · 보건 경영체제 확립을 위한 지원
⑥ 안전 · 보건의식을 북돋우기 위한 홍보 · 교육 및 무재해운동 등 안전문화 추진
⑦ 안전 · 보건을 위한 기술의 연구·개발 및 시설의 설치 · 운영
⑧ 산업재해에 관한 조사 및 통계의 유지 · 관리
⑨ 안전 · 보건 관련 단체 등에 대한 지원 및 지도 · 감독
⑩ 그 밖에 근로자의 안전 및 건강의 보호 · 증진

2 사업주 의무

(1) 재해예방기준 준수 및 예방시책협력의무

사업주는 이 법과 이 법에 의한 명령에서 정하는 산업재해 예방을 위한 기준을 준수하여야 할 의무가 있다. 더 나아가 사업주는 국가에서 시행하는 산업재해예방 시책에 따라야 한다.

(2) 안전 및 보건의 유지와 증진의 의무

사업주는 당해 사업장의 안전 · 보건에 관한 정보를 근로자에게 제공하고, 근로조건의 개선을 통하여 적절한 작업환경을 조성함으로써 근로자의 신체적 피로와 정신적 스트레스 등으로 인한 건강장해를 예방하고, 근로자의 생명보전과 안전 및 보건을 유지 · 증진하도록 하여야 한다.

(3) 보고 의무

사업주는 산업안전보건법 또는 이 법에 의한 명령의 시행에 필요한 사항으로서 노동부령이 정하는 사항을 노동부장관에게 보고하여야 한다. 노동부장관에게 보고하여야 할 사항으로는 다음과 같다.

① 산업재해발생 보고

사업주는 사망자 또는 4일 이상의 휴업을 요하는 부상을 입거나 질병에 걸린 자가 발생한 때에는 당해 산업재해가 발생한 날부터 14일 이내에 산업재해조사표를 작성하여 관할 지방노동관서의 장에게 제출하여야 한다. 다만, 산업재해보상보험법에 따른 요양신청서를 근로복지공단에 제출한 경우에는 그러하지 아니하다. 또한 사업주는 산업재해조사표에 근로자 대표의 확인을 받아야 하며, 그 기재내용에 대하여 근로자 대표의 이견이 있는 경우에는 그 내용을 첨부하여야 한다. 다만, 건설업의 경우에는 근로자대표의 확인을 생략할 수 있으며, 기타 산업재해발생보고에 관하여 필요한 사항은 노동부장관이 정한다.

② 중대재해발생 보고

사업주는 중대재해가 발생한 때에는 24시간 이내에 재해의 발생개요 및 피해상황, 조치 및 전망 기타 중요한 사항을 관할지방노동관서의 장에게 전화 · 모사전송 기타 적절한 방법에 의하여 보고하여야 한다. 중대재해라 함은 산업재해 중 사망 등 재해의 정도가 심한 것으로 사망자가 1인 이상 발생한 재해, 3개월 이상의 요양을 요하는 부상자가 동시에 2인 이상 발생한 재해, 부상자 또는 직업성 질병자가 동시에 10인 이상 발생한 재해를 말한다.

(4) 산업재해기록 및 보존의무

사업주는 산업재해가 발생한 때에는 노동부령이 정하는 바에 따라 재해발생원인 등을 기록하여야 하며, 이를 3년간 보존하여야 한다.

(5) 산업안전보건법령 요지의 게시의무

사업주는 산업안전보건법과 이 법에 의한 명령의 요지를 상시 각 사업장에 게시 또는 비치하여 근로자로 하여금 알게 하여야 한다. 그리고 근로자 대표는 다음의 사항에 관하여 그 내용 또는 결과의 통지를 사업주에게 요청할 수 있고, 사업주는 이에 성실히 응하여야 한다.

① 산업안전보건위원회가 의결한 사항
② 안전보건관리규정에 포함된 사항
③ 도급사업장 안전 · 보건조치에 관한 사항
④ 자체검사에 관한 사항
⑤ 물질안전보건자료에 관한 사항
⑥ 작업환경측정 · 평가에 관한 사항
⑦ 안전 · 보건진단 결과

⑧ 안전보건개선계획의 수립 · 시행내용(안전보건개선계획의 수립 · 시행명령을 받은 사업자의 경우에 한한다.

(6) 안전보건표지 설치의무

사업주는 사업장의 유해 또는 위험한 시설 및 장소에 대한 경고, 비상시 조치의 안내 기타 안전의식의 고취를 위하여 노동부령이 정하는 바에 의하여 안전 · 보건 표지를 설치하거나 부착하여야 한다.

(7) 서류보존의무

사업주는 ① 관리책임자 · 안전관리자 · 보건관리자 · 산업보건의 선임에 관한 서류, ② 화학물질의 유해성조사에 관한 서류, ③ 작업환경측정에 관한 서류와 ④ 건강진단에 관한 서류를 3년간 보존하여야 하고, 자체검사에 관한 서류는 2년간 보존하여야 한다. 다만, 노동부장관이 필요하다고 인정할 때에는 노동부령이 정하는 바에 의하여 보존기간을 연장할 수 있다.

(8) 설계 · 제조 · 수입 · 건설을 하는 자의 의무

기계 · 기구 기타 설비를 설계 · 제조 또는 수입하는 자, 원재료 등을 제조 · 수입하는 자 또는 건설물을 설계 · 건설하는 자는 그 설계 · 제조 · 수입 또는 건설을 함에 있어서 이 법과 이 법에 의한 명령에서 정하는 기준을 준수하여야 하고, 그 물건의 사용에 의한 산업재해발생의 방지에 노력하여야 한다.

[3] 산업재해 발생 보고 및 기록

1 산업재해 발생 보고

① 사망자가 발생하거나 3일 이상 휴업이 필요한 부상을 입거나 질병에 걸린 사람이 발생한 경우

② 1개월 이내 산업재해조사표를 작성하여 관할 노동청장 또는 지청장에게 제출

2 산업재해 보고 내용

① 발생개요 및 피해상황

② 조치 및 전망

③ 그 밖의 중요사항

3 산업재해 발생 시 기록사항

① 사업장의 개요 및 근로자 인적사항

② 재해 발생 일시 및 장소

③ 재해 발생 원인 및 과정

④ 재해 재발 방지ㄴ계획

Occupational Safety Instructor

[4] 산업재해 예방

1 산업재해예방을 위한 타 기관장과의 협조요청

(1) 산업재해예방기본계획 시행에 필요시 공공기관 타 행정기관장에게 협조 요청 가능

(2) 타 행정기관장은 안전, 보건의 규제를 정하려면 고용노동부장관과 협의

(3) 행정기관장과 고용노동부장관은 안전보건에 대한 규제의 변경 시 필요하면 국무총리에게 보고하여 확정 가능

(4) 고용노동부장관은 재해예방을 위하여 필요시 사업주, 사업주단체 또는 관계인에게 권고 협조 요청 가능

(5) 고용노동부장관이 타 행정기관장에게 아래 자료 요청

① 「부가가치세법」 및 「법인세법」에 따른 사업자등록 정보

② 「고용보험법」에 따른 피보험자격의 취득, 상실에 관한 정보

(6) 고용노동부장관이 타 행정기관과 공공기관장에게 협조를 요청할 수 있는 사항

① 안전 · 보건 의식 정착을 위한 안전문화운동의 추진

② 산업재해 예방을 위한 홍보 지원

③ 안전 · 보건 관련 중복규제의 정비

④ 안전 · 보건 시설 개선 사업장에 대한 자금융자 · 세제 혜택

⑤ 합동 안전 · 보건 점검의 실시

⑥ 건설업체의 재해발생률에 따라 시공능력 평가 시 공사실적액 감액 조치

⑦ 산업재해와 건강진단 자료 제공

⑧ 같은 업종에서 산업재해율이 높은 업체에 대한 정부 포상 제한 사항

⑨ 건설기계나 자동차의 안전검사용 유해 · 위험 기계와 자동차의 자료 제공

⑩ 119의 구급활동에 따른 출동 및 처치기록지 제공

2 재해 예방용 통합정보시스템 구축 · 운영

① 고용노동부장관은 효율적인 재해예방을 위하여 통합정보시스템을 구축 운영

② 타 행정기관장과 공단에 통합정보시스템 제공

3 산업재해 발생과 그 건수 공표 〈법 10조, 영 10조, 규칙 7조〉

(1) 고용노동부장관은 사업장의 근로자 산업재해 발생건수, 재해율 또는 그 순위를 공표

(2) 도급인이 지배 · 관리하는 관계수급인 근로자 포함한 상시근로자 500명 이상 사업장에서 재해발생 건수는 도급인 재해발생건수에 포함하여 공표(전국으로 관보, 신문, 인터넷)

※ 통합공표 대상 사업장(도급인 + 관계수급인)
상시근로자 500명 이상이고 도급인보다 관계수급인의 사고사망만인율이 높은 사업장(제조업, 철도운송업, 도시철도운송업, 전기업)

(3) 고용노동부장관은 도급인에게 관계수급인에 관한 자료 요청 가능

(4) 재해발생 건수 공표대상 사업장

① 재해로 인한 사망자가 연간 2명 이상 발생한 사업장
② 사망만인율이 규모별 같은 업종의 평균 사망만인율 이상인 사업장(1만 명당 사망자 수의 비율)
③ 폭발, 화재, 누출, 인근지역에 중대산업사고가 발생한 사업장
④ 사업재해 발생 사실을 은폐한 사업장
⑤ 재해 발생 보고를 최근 3년 이내 2회 이상 하지 않은 사업장

(5) 도급인이 지배 · 관리하는 장소

① 토사, 구축물이 붕괴될 우려가 있는 장소
② 기계기구가 넘어질 우려가 있는 장소
③ 안전난간의 설치가 필요한 장소
④ 비계, 거푸집을 설치 · 해체하는 장소
⑤ 건설용 리프트 운행장소
⑥ 지반을 굴착 · 발파하는 장소
⑦ 엘리베이터홀 등 근로자 추락 위험이 있는 장소
⑧ 석면의 물질을 파쇄 · 해체 작업 장소
⑨ 공중전선이 가까이 있는 장소로서 시설물의 설치 · 해체 · 점검 및 수리 등을 할 때 감전의 위험이 있는 장소
⑩ 물체가 떨어지거나 날아올 위험이 있는 장소
⑪ 프레스, 전단기 사용 장소
⑫ 차량계 하역운반기계 등 기계기구 사용 장소
⑬ 전기 기계기구 사용으로 감전 위험이 있는 작업을 하는 장소
⑭ 철도차량에 의한 충돌, 협착 위험이 있는 작업을 하는 장소
⑮ 화재 · 폭발 등 사고 위험이 높은 장소

Occupational Safety Instructor

[5] 안전보건관리책임자

〈법 15조, 영 14조〉

안전보건관리책임자는 사업장을 실질적으로 총괄 · 관리하는 사람이며, 관리감독자는 사업장 생산업무와 근로자를 직접 지휘 · 감독하는 사람을 말한다.

1 총괄업무

(1) 산업재해예방계획의 수립에 관한 사항
(2) 안전보건관리규정의 작성 및 변경에 관한 사항
(3) 근로자의 안전 · 보건교육에 관한 사항
(4) 작업환경측정 등 작업환경의 점검 및 개선에 관한 사항
(5) 근로자의 건강진단 등 건강관리에 관한 사항
(6) 산업재해의 원인 조사 및 재발 방지대책 수립에 관한 사항
(7) 산업재해에 관한 통계의 기록 및 유지에 관한 사항
(8) 안전 · 보건과 관련된 안전장치 및 보호구 구입 시의 적격품 여부 확인에 관한 사항
(9) 그 밖에 근로자의 유해 · 위험 예방조치에 관한 사항으로서 고용노동부령으로 정하는 사항

2 상세업무

(1) 산재예방계획의 수립에 관한 사항

① 계획을 수립할 때에는 법규요구사항, 위험성 평가결과, 안전보건경영활동의 효과적 운영을 위한 필수사항(교육, 훈련, 성과측정, 평가 등)이 포함되도록 고려한다.

② 계획 및 세부계획은 안전보건경영 정책과 부합되도록 하며, 가능한 한 정량화함으로써 모니터링 및 성과측정이 가능토록 설정한다.

③ 계획은 안전보건방침과 일치하여야 하며, 목표 달성을 위한 조직 및 인적 · 물적 자원의 제공을 고려한다.

(2) 추진계획에 포함하여야 할 사항

안전보건활동 목표, 개선내용, 성과지표, 추진일정, 추진부서, 투자예산 등

(3) 목표관리

① 목표는 단순하게, 정량적으로, 달성 가능하게, 시기의 적절성을 반드시 반영하여

야 하며, 1년 단위로 목표를 수립, 반기 단위로 실적을 관리하여야 한다.

② 목표 미달 시 관리방안

- 목표는 기간 내 미달성 시 차기 연도 목표에 반영하여 추진하여야 한다.
- 차기 연도에 반영할 필요가 없을 시 미반영 사유에 대하여 사업주(관리책임자)의 방침을 받아야 한다.

(4) 안전보건관리책임자의 선임 사업장

① 상시근로자 50명 이상(토사석 광업, 1차 금속 제조업, 화학물질 제조업, 금속 · 비금속 등)

② 상시근로자 300명 이상(농업, 어업, 정보서비스, 금융, 보험법 등)

③ 상시근로자 100명 이상(그 외 사업장)

④ 건설업 공사금액 20억 이상 건설현장

[6] 관리감독자

1 관리감독자 〈법 16조, 영 15조〉

관리감독자 선임사업장은 건진법상 안전관리책임자와 안전관리담당자를 둔 것으로 본다.

(1) 관리감독자의 업무(해당 사업장/해당 작업에 국한)

① 기계, 기구, 설비의 안전/보건 점검 및 이상 유무 확인
② 작업복, 보호구, 방호장치의 점검, 착용 관련 교육, 지도
③ 재해발생에 대한 보고 및 응급조치
④ 작업장 정리정돈, 통로확보의 확인 감독
⑤ 안전, 보건관리자/전문기관의 지도 조언에 협조
⑥ 안전관리자 전문기관 안전보건관리담당자의 지도 조언 협조
⑦ 위험성 평가에 대한 참여(유해위험 파악/개선조치)

2 관리감독자의 업무내용

(1) 기계 · 기구 · 설비의 안전보건 점검 및 이상 유무 확인

① 작업 시작 전에 안전보건 사항 점검
② 운전 시작 전에 이상 유무의 확인
③ 재료의 결함 유무, 기구 및 공구의 기능 점검
④ 화학설비 및 부속설비의 사용 시작 전 점검

(2) 근로자의 작업복, 보호구 및 방호장치의 점검과 착용상태 점검

① 작업내용에 따라 적절한 보호구의 지급 · 착용지도
② 작업모 또는 작업복의 올바른 착용지도
③ 드릴작업 등 회전체 작업 시 목장갑 착용 금지
④ 프레스 등 유해위험기계의 안전장치기능 확인

(3) 산업재해에 관한 보고 및 이에 대한 응급조치(사후조치)

① 재해자 발생 시 응급조치 및 병원으로 즉시 이송
② 1개월 이내에 산업재해조사표 작성 또는 요양신청서를 근로복지공단에 제출
③ 중대재해가 발생한 경우 지체 없이 관할 노동관서에 보고

④ 재해발생원인 조사 및 재발방지계획 수립 · 개선

(4) 작업장의 정리정돈 및 안전통로 확보의 확인 · 감독

① 작업장 바닥을 안전하고 청결한 상태로 유지

② 근로자가 안전하게 통행할 수 있도록 통로를 설치 관리

③ 옥내통로는 걸려 넘어지거나 미끄러질 위험이 없도록 관리

(5) 당해 근로자들에 대한 안전보건 교육 및 교육일지 작성

① 매월 실시하는 근로자의 정기안전교육

② 유해위험작업에 배치하기 전 업무와 관계되는 특별안전 교육 등

Occupational Safety Instructor

[7] 안전관리자

〈법 17조, 영 16조〉

안전관리자는 안전에 관한 기술적인 사항에 관하여 사업주 또는 안전보건관리책임자를 보좌하고 관리감독자에게 조언, 지도를 하는 업무를 수행한다.

1 안전관리자 선임기준 〈영 16조, 별표 3〉

(1) 제조업

① 50명 이상~500명 미만 : 1명 이상

② 500명이상 : 2명 이상

(2) 토사석 광업, 금속 · 비금속, 식료품, 1차 금속제조업 외

① 상근자 50~500명 미만 : 1명 이상

② 상근자 500명 이상 : 2명 이상

(3) 농업, 임업, 어업, 운수, 통신, 방송 등

① 상근자 50~1000명 미만 : 1명 이상

② 상근자 1000명 이상 : 2명 이상

(4) 건설업

① (유해위험방지계획서 대상 한정) 50억~120억 원 공사 안전관리자 선임

㉠ (기존) 원청 및 협력사 선임 → (개정) 원청사 선임(시행일 2020. 3. 10)

예 A사 50억 원, B사 65억 원 각각 협력사 1명씩 선임(총 2명)

→ A사 + B사 공사금액을 합산하여 원청사 선임(총 1명)

㉡ (기존 동일 / 유해위험방지계획서 대상 무관) 협력사 120억 원 이상 전담 안전관리자 선임 필수

- 원청사 선임 가능(단, 해당 협력사 업무만 전담)

㉢ ㉠, ㉡ 항목 합산 선임 불가

② (유해위험방지계획서 대상 무관) 50억 원 이상(협력사 100억↑) 공사 선임 단계적 확대 시행

㉠ 100억 원 이상 : 2020. 7. 1

80억 원 이상 : 2021. 7. 1

60억 원 이상 : 2022. 7. 1

50억 원 이상 : 2023. 7. 1 이후

㉡ 기존 유지 : 120억~800억 원 미만, 1명 이상

㉢ 기존 해석 일정 기간(2023. 7. 1까지) 유지 : 유해위험방지계획서 대상 50억 원 이상 협력사 안전관리자 선임 유지

2 안전관리자 안전업무 전담 사업장

① 제조업 상시근로자 300명 이상

② 건설업 120억 이상(토목공사 150억 이상)

3 안전관리자의 안전업무

안전보건위원회(노사협의)와 안전보건관리규정, 취업규칙에서 정한 업무

① 위험성 평가에 관한 보좌, 지도, 조언

② 안전인증대상기계와 자율안전인증대상기계 구입 시 적격품의 선정에 관한 보좌, 지도, 조언

③ 안전교육계획 수립 및 실시에 관한 보좌, 조언, 지도

④ 사업장 순회점검과 지도, 조치의 건의

⑤ 재해발생 원인조사 분석 및 재발방지 기술적 보좌, 지도, 조언

⑥ 산업재해 통계의 유지, 관리, 분석을 위한 보좌, 지도, 조언

⑦ 타 법령의 안전에 관한 사항 이행에 관한 보좌, 지도, 조언

⑧ 업무 수행 내용의 기록, 유지

4 안전관리자 증원, 교체 사유 〈규칙 12조〉

지방고용노동관서의 장은 다음의 경우에 사업주에게 안전(보건)관리자, 안전보건담당자의 증원, 교체를 명할 수 있다.

① 연간재해율이 같은 업종의 평균재해율의 2배 이상인 경우

② 중대재해가 2건 이상 발생한 경우

③ 관리자(안전, 보건, 안전보건담당자)가 질병 등 사유로 3개월 이상 직무 수행 불가 시

④ 화학적 인자로 직업성 질병자가 연간 3명 이상 발생(요양급여 결정일 기준)

5 안전관리자 등의 지도 · 조언 〈법 20조〉

사업주, 안전보건관리책임자 및 관리감독자는 안전관리자, 보건관리자, 안전보건관리담당자 및 위탁기관의 기술지도 · 조언에 응하여야 한다.

6 안전관리자 선임

(1) 둘 이상의 사업장에 1명의 안전관리자 공동 선임 〈영 16조 4항〉
둘 이상 사업장의 합계 상근자가 300명 이내, 건설업 120억 원 이내
① 둘 이상 사업장이 같은 시, 군, 구 지역에 소재
② 둘 이상 사업장의 경계가 15km 이내

(2) 도급인의 사업장에서 도급인이 수급인의 상근자를 전담하는 안전관리자를 선임한 경우 수급인은 안전관리자를 선임하지 않을 수 있음

(3) 사업주는 안전관리자 선임(위탁)일로부터 14일 이내에 고용노동부장관에게 선임서류 제출(장관에게 선임 보고)

7 안전관리자 업무를 전문기관에 위탁 가능한 사업장 〈영 19조〉

상근자 300명 미만 사업장(건설업 제외)

[8] 보건관리자

〈영 20조〉

보건관리자는 보건에 관한 기술적인 사항에 관하여 사업주 또는 안전보건관리책임자를 보좌하고 관리감독자에게 지도, 조언을 하는 업무를 수행하며, 산업보건지도사, 간호사, 의사 등 자격이 있는 사람을 선임한다.

1 보건관리자 선임 기준 〈영 20조, 별표 5〉

(1) 광업, 1차 금속 제조업 외

① 상근자 50~500명 미만 : 1명 이상

② 상근자 500명 이상~2000명 미만 : 2명 이상

③ 상시근로자 2000 명이상 : 2명이상(의사, 간호사 1명 포함)

(2) 농업, 어업, 임업, 방송업, 통신업

① 상근자 50~5,000명 미만 : 1명 이상

② 상근자 5,000명 이상 : 2명 이상(의사, 간호사 1명 포함)

(3) 건설업

① 공사금액 800억 원 이상(토목 1000억 원 이상) : 1명 이상

② 상시근로자 600명 이상 : 1명 이상

③ 1,400억 원 증가/600명 추가 시마다 1명 추가

※ 보건관리자는 상기 사업장 전담이 원칙이나, 상시근로자 300명 미만인 경우 겸직 가능

2 보건관리자 업무 〈영 22조〉

(1) 산업안전보건위원회(노사협의체) 업무와 안전보건관리규정 및 취업규칙에서 정한 업무

(2) 안전인증대상기계 등과 자율안전확인대상기계 중 보건과 관련된 보호구 구입 시 적격품 선정에 대한 보좌 및 지도 · 조언

(3) 위험성 평가에 관한 보좌 및 지도 · 조언

(4) 작성된 물질안전보건자료(MSDS)의 게시, 비치에 관한 보좌, 지도 · 조언

(5) 산업보건의의 직무

(6) 해당 사업장 보건교육계획의 수립, 보건교육 실시에 관한 보좌, 지도 · 조언

(7) 해당 사업장의 근로자 보호를 위해 간호사, 의사가 보건관리자로 선임된 경우 아래 업무 가능

① 가벼운 부상에 대한 치료

② 응급처치가 필요한 사람에 대한 처치

③ 부상 · 질병의 악화를 방지하기 위한 처치

④ 건강진단 결과 발견된 질병자의 요양 지도 및 관리

⑤ 상기 의료행위에 따르는 의약품의 투여

(8) 작업장에 사용되는 전체 환기장치 및 국소 배기장치에 관한 점검과 작업방법의 공학적 개선에 관한 보좌, 지도 · 조언

(9) 사업장 순회점검, 지도 및 조치 건의

(10) 산업재해 발생의 원인 조사 · 분석 및 재발 방지를 위한 기술적 보좌 및 지도 · 조언

(11) 산업재해에 관한 통계의 유지 · 관리 · 분석을 위한 보좌 및 지도 · 조언

(12) 법에 따른 명령으로 정한 보건에 관한 사항의 이행에 관한 보좌, 지도 · 조언

(13) 업무 수행 내용의 기록 유지

3 보건관리 업무 위탁 가능 사업장(건설업 제외) 〈영 23조〉

(1) 건설업을 제외한 사업으로 상시근로자 300명 미만 사업장

(2) 외딴곳으로서 고용노동부장관이 정하는 지역에 있는 사업장

(3) 위탁기관

① 산업보건지도사

② 국가 및 지자체의 소속기관

③ 종합병원(병원)

④ 「고등교육법」에 따른 대학 및 그 부속기관

⑤ 보건관리 업무를 하려는 법인

※ 유해인자별 보건관리전문기관 위탁사업 대상

① 납, 수은, 크롬, 석면 취급 사업

② 근골격계 질환의 원인인 단순반복작업, 영상표시단말기 취급작업(VDT), 중량물 취급작업

Occupational Safety Instructor

[9] 명예산업안전감독관 위촉

〈법 23조〉

고용노동부장관은 산업재해 예방활동의 참여와 지원을 촉진하기 위하여 근로자, 근로자단체, 사업주단체, 재해예방전문단체 등의 소속 사람 중에서 명예산업안전감독관을 위촉할 수 있다.

1 명예산업안전감독관 위촉

(1) 고용노동부장관의 위촉방법

① 산업안전보건위원회(노사협의체)등의 근로자 중에서 근로자대표가 사업주의 의견을 들어 추천하는 사람

② 노동조합 또는 그 지역 대표기구에 소속된 임직원 중에서 노동조합 또는 그 지역 대표기구가 추천하는 사람

③ 전국 규모의 사업주단체 또는 그 산하조직에 소속된 임직원 중에서 해당 단체 또는 그 산하조직이 추천하는 사람

④ 산업재해 예방 관련 업무를 하는 단체 또는 그 산하조직에 소속된 임직원 중에서 해당 단체 또는 그 산하조직이 추천하는 사람

(2) 명예산업안전감독관의 임기는 2년이며 연임 가능

2 명예산업안전감독관의 업무(해당 사업장에 국한)

① 사업장에서 하는 자체점검과 근로감독관이 하는 사업장 감독 참여

② 사업장 산업재해 예방계획 수립 참여 및 사업장에서 하는 기계 · 기구 자체검사 참석

③ 법령을 위반한 사실이 있는 경우 사업주에 대한 개선 요청 및 감독기관에의 신고

④ 산업재해 발생의 급박한 위험이 있는 경우 사업주에 대한 작업중지 요청

⑤ 작업환경측정, 근로자 건강진단 시의 참석 및 그 결과에 대한 설명회 참여

⑥ 직업성 질환의 증상자, 질병 근로자가 여러 명 발생한 경우 사업주에 대한 임시건강진단 실시 요청

⑦ 근로자에 대한 안전수칙 준수 지도

⑧ 법령 및 산업재해 예방정책 개선 건의

⑨ 안전 · 보건 의식을 북돋우기 위한 활동의 참여와 지원

⑩ 산업재해 예방에 대한 홍보와 예방업무와 관련하여 고용노동부장관이 정하는 업무

Occupational Safety Instructor

[10] 산업안전보건위원회

〈법 24조〉

사업주는 사업장의 안전 및 보건의 중요 사항을 심의 · 의결하기 위하여 사업장에 근로자위원과 사용자위원이 같은 수로 구성되는 산업안전보건위원회를 구성 · 운영하여야 한다.

1 산업안전보건위원회의

(1) 심의사항

① 산업재해원인조사 및 재발방지대책수립에 관한 사항

② 안전 · 보건에 관련되는 안전장치 및 보호구 구입 시 적격품 여부 확인에 관한 사항

③ 공정안전보고서 작성에 관한 사항

④ 안전보건개선계획 수립에 관한 사항

⑤ 기타 근로자의 유해 · 위험예방조치에 관한 사랑

(2) 의결사항

① 산업재해예방계획의 수립에 관한 사항

② 안전보건관리규정의 작성 및 그 변경에 관한 사항

③ 근로자의 안전 · 보건교육에 관한 사항

④ 작업환경측정 등 작업환경의 점검 및 개선에 관한 사항

⑤ 근로자의 건강진단 등 건강관리에 관한 사항

⑥ 중대재해의 원인조사 및 재발방지대책의 수립에 관한 사항

⑦ 산업재해에 관한 통계의 기록 · 유지에 관한 사항

⑧ 유해 · 위험한 기계 · 기구 그 밖의 설비를 도입한 경우 안전 · 보건조치에 관한 사항

2 산업안전보건위원회를 두어야 할 사업장

(1) 50명 이상 사업장

① 토사석 광업, 목재 및 나무제품 제조업(가구 제외), 화학물질 및 화학제품 제조업, 비금속 광물제품 제조업, 1차 금속 제조업

② 금속가공제품 제조업, 자동차 및 트레일러 제조업, 기타 제조업

(2) 300명 이상 사업장

① 농업, 어업, 소프트웨어 개발 및 공급업, 컴퓨터 프로그래밍, 시스템 통합 및 관리업, 정보서비스업, 금융 및 보험업

② 임대업(부동산 제외), 전문, 과학 및 기술 서비스업(연구개발업 제외), 사업지원서비스업, 사회복지 서비스업

(3) 건설업 사업장

공사금액 120억 원 이상(토목공사 150억 원 이상)

3 산업안전보건위원회의 구성

(1) 근로자 측 위원 구성

① 근로자대표

② 명예산업안전감독관이 위촉된 경우 근로자대표가 지명하는 1명 이상의 명예산업안전감독관

③ 근로자대표가 지명하는 9명(명예산업안전감독관 위원이 있는 경우에는 9명에서 그 위원의 수를 제외) 이내 근로자

(2) 사용자 측 위원 구성

① 대표자(같은 사업으로서 다른 지역에 사업장이 있는 경우에는 안전보건관리책임자)

② 안전관리자(위탁기관의 담당자) 1명

③ 보건관리자(위탁기관의 담당자) 1명

④ 산업보건의(해당 사업장에 선임한 경우)

⑤ 대표자가 지명하는 사업장 부서의 장(50명 이상 100명 미만 사업장 제외). 단, 건설공사 도급인이 안전/보건의 협의체를 구성한 경우에는 산업안전보건위원회의 위원을 다음의 사람을 포함하여 구성할 수 있음

- 근로자위원 : 도급 또는 하도급 사업을 포함한 전체 사업의 근로자대표, 명예산업안전감독관 및 근로자대표가 지명하는 해당 사업장의 근로자
- 사용자위원 : 도급인 대표자, 관계수급인의 각 대표자 및 안전관리자

(3) 산업안전보건위원회의 위원장

위원장은 위원 중에서 호선(互選). 이 경우 근로자위원과 사용자위원 중 각 1명을 공동위원장으로 선출 가능

4 산업안전보건위원회의 회의 및 의결방법 〈영 37조〉

(1) 산업안전보건위원회의 회의

① 정기회의 : 분기마다 산업안전보건위원회의 위원장이 소집

② 임시회의 : 위원장이 필요하다고 인정할 때 소집

(2) 회의 의결방법

근로자위원 및 사용자위원 각 과반수의 출석으로 개의하고 출석위원 과반수의 찬성으로 의결

(3) 대리 출석 가능자

근로자대표, 명예산업안전감독관, 해당 사업의 대표자, 안전관리자 또는 보건관리자는 회의에 출석할 수 없는 경우에는 해당 사업에 종사하는 사람 중에서 1명을 지정하여 위원으로서의 직무를 대리하게 할 수 있음

(4) 산업안전보건위원회는 다음 사항을 기록한 회의록을 작성하여 비치할 것

① 개최 일시 및 장소

② 출석위원

③ 심의 내용 및 의결 · 결정 사항

④ 그 밖의 토의사항

Occupational Safety Instructor

[11] 안전보건관리규정의 작성

〈법 25조〉

1 안전보건관리규정 작성 사업장 〈규칙 25조, 별표 2〉

안전보건관리규정을 작성해야 할 사업의 종류 및 상시근로자 수는 다음과 같다.

사업의 종류	상시근로자
1. 농업 2. 어업 3. 소프트웨어 개발 및 공급업 4. 컴퓨터프로그래밍, 시스템 통합 및 관리업 5. 정보서비스업 6. 금융 및 보험업 7. 임대업 ; 부동산 제외 8. 전문, 과학 및 기술 서비스업(연구개발업 제외) 9. 사업지원 서비스업 10. 사회복지 서비스업	300명 이상
11. 제1호~제10호까지의 사업을 제외한 사업	100명 이상

2 안전보건관리규정 작성

(1) 안전보건관리규정 작성 내용

① 안전 및 보건에 관한 관리조직과 그 직무에 권한 사항

② 안전보건교육에 관한 사항

③ 작업장의 안전 및 보건 관리에 관한 사항

④ 소방, 가스, 전기, 교통 분야 등의 타 법령에서 정하는 규정과 통합 작성

⑤ 사고 조사 및 대책 수립에 관한 사항

⑥ 그 밖에 안전 및 보건에 관한 사항

(2) 안전보건관리규정 작성(변경) 사유 발생일부터 30일 이내 작성

(3) 안전보건관리규정 작성, 변경 시 산업안전보건위원회 심의 · 의결
(단, 안전보건위원회가 없는 경우 근로자대표의 동의를 받아야 함)

(4) 안전보건관리규정은 단체협약 또는 취업규칙에 반할 수 없음

❸ 안전보건관리규정 작성 세부 내용 〈규칙 25조, 별표 3〉

(1) 총칙

① 안전보건관리규정 작성의 목적 및 적용 범위에 관한 사항

② 사업주 및 근로자의 재해 예방 책임 및 의무 등에 관한 사항

③ 하도급 사업장에 대한 안전보건관리에 관한 사항

(2) 안전 · 보건 관리조직과 그 직무

① 안전 · 보건 관리조직의 구성방법, 소속, 업무 분장 등에 관한 사항

② 안전보건관리책임자(안전보건총괄책임자), 안전관리자, 보건관리자, 관리감독자의 직무 및 선임에 관한 사항

③ 산업안전보건위원회의 설치 · 운영에 관한 사항

④ 명예산업안전감독관의 직무 및 활동에 관한 사항

⑤ 작업지휘자 배치 등에 관한 사항

(3) 안전 · 보건교육

① 근로자 및 관리감독자의 안전 · 보건교육에 관한 사항

② 교육계획의 수립 및 기록 등에 관한 사항

(4) 작업장 안전관리

① 안전 · 보건관리에 관한 계획의 수립 및 시행에 관한 사항

② 기계 · 기구 및 설비의 방호조치에 관한 사항

③ 유해 · 위험기계 등에 대한 자율검사프로그램에 의한 검사 또는 안전검사에 관한 사항

④ 근로자의 안전수칙 준수에 관한 사항

⑤ 위험물질의 보관 및 출입 제한에 관한 사항

⑥ 중대재해 및 중대산업사고 발생, 급박한 산업재해 발생의 위험이 있는 경우 작업중지에 관한 사항

⑦ 안전표지 · 안전수칙의 종류 및 게시에 관한 사항과 그 밖에 안전관리에 관한 사항

(5) 작업장 보건관리

① 근로자 건강진단, 작업환경측정의 실시 및 조치절차에 관한 사항

② 유해물질의 취급에 관한 사항

③ 보호구의 지급 등에 관한 사항

④ 질병자의 근로 금지 및 취업 제한 등에 관한 사항

⑤ 보건표지 · 보건수칙의 종류 및 게시에 관한 사항과 그 밖에 보건관리에 관한 사항

(6) 사고 조사 및 대책 수립

① 산업재해 및 중대산업사고의 발생 시 처리 절차 및 긴급조치에 관한 사항

② 산업재해 및 중대산업사고의 발생원인 조사 및 분석, 대책 수립에 관한 사항

③ 산업재해 및 중대산업사고 발생의 기록 · 관리 등에 관한 사항

(7) 위험성 평가에 관한 사항

① 위험성 평가의 실시 시기 및 방법, 절차에 관한 사항

② 위험성 감소대책 수립 및 시행에 관한 사항

(8) 보칙

① 무재해운동 참여, 안전 · 보건 관련 제안 및 포상 · 징계 등 산업재해 예방을 위하여 필요하다고 판단하는 사항

② 안전 · 보건 관련 문서의 보존에 관한 사항

③ 그 밖의 사항

사업장의 규모 · 업종 등에 적합하게 작성하며, 필요한 사항을 추가하거나 그 사업장에 관련되지 않는 사항은 제외 가능

[12] 안전보건교육

〈법 29조〉

1 안전보건교육 대상, 시간 〈규칙 26조, 별표 4〉

(1) 근로자 안전보건교육(규칙 26조 1항, 28조 1항 관련)

<table>
<tr><th>교육과정</th><th colspan="2">교육대상</th><th>교육시간</th><th>상시근로자 50인 미만의 도매업과 숙박 및 음식점업의 교육시간</th></tr>
<tr><td rowspan="4">가. 정기교육</td><td colspan="2">사무직 종사 근로자</td><td>매분기 3시간 이상</td><td>매분기 1.5시간 이상</td></tr>
<tr><td rowspan="2">사무직 종사 근로자 외의 근로자</td><td>판매업무에 직접 종사하는 근로자</td><td>매분기 3시간 이상</td><td>매분기 1.5시간 이상</td></tr>
<tr><td>판매업무에 직접 종사하는 근로자 외의 근로자</td><td>매분기 6시간 이상</td><td>매분기 3시간 이상</td></tr>
<tr><td colspan="2">관리감독자의 지위에 있는 사람</td><td>연간 16시간 이상</td><td>연간 8시간 이상</td></tr>
<tr><td rowspan="2">나. 채용 시 교육</td><td colspan="2">일용근로자</td><td>1시간 이상</td><td>0.5시간 이상</td></tr>
<tr><td colspan="2">일용근로자를 제외한 근로자</td><td>8시간 이상</td><td>4시간 이상</td></tr>
<tr><td rowspan="2">다. 작업내용 변경 시 교육</td><td colspan="2">일용근로자</td><td>1시간 이상</td><td>0.5시간 이상</td></tr>
<tr><td colspan="2">일용근로자를 제외한 근로자</td><td>2시간 이상</td><td>1시간 이상</td></tr>
<tr><td rowspan="3">라. 특별교육</td><td colspan="2">일용근로자</td><td colspan="2">2시간 이상</td></tr>
<tr><td colspan="2">타워크레인 신호작업에 종사하는 일용근로자</td><td colspan="2">8시간 이상</td></tr>
<tr><td colspan="2">일용근로자를 제외한 근로자</td><td colspan="2">• 16시간 이상(최초 작업에 종사하기 전 4시간 이상 실시하고 12시간은 3개월 이내에서 분할하여 실시 가능)
• 단기간 작업 또는 간헐적 작업인 경우 2시간 이상</td></tr>
<tr><td>마. 건설업 기초 안전 · 보건교육</td><td colspan="2">건설 일용근로자</td><td colspan="2">4시간</td></tr>
</table>

(2) 안전보건관리책임자 등에 대한 교육(규칙 29조 2항 관련)

교육대상	교육시간	
	신규교육	보수교육
가. 안전보건관리책임자	6시간 이상	6시간 이상
나. 안전관리자, 안전관리전문기관 종사자	34시간 이상	24시간 이상
다. 보건관리자, 보건관리전문기관 종사자	34시간 이상	24시간 이상
라. 건설재해예방전문지도기관 종사자	34시간 이상	24시간 이상
마. 석면조사기관 종사자	34시간 이상	24시간 이상
바. 안전보건관리담당자	–	8시간 이상
사. 안전검사기관 · 자율안전검사기관 종사자	34시간 이상	24시간 이상

(3) 특수형태근로종사자에 대한 안전보건교육(규칙 95조 1항 관련)

교육과정	교육시간
가. 최초 노무제공 시 교육	2시간 이상(단기간, 간헐적 작업에 노무를 제공하는 경우 1시간 이상 실시하고, 특별교육 시는 면제)
나. 특별교육	16시간 이상(최초 작업에 종사하기 전 4시간 이상 실시하고 12시간은 3개월 이내에서 분할하여 실시 가능)
	단기간 작업 또는 간헐적 작업인 경우에는 2시간 이상

(4) 검사원 성능검사 교육(규칙 131조 2항 관련)

교육과정	교육대상	교육시간
성능검사 교육	–	28시간 이상

2 안전보건교육 사업장 자체 강사 자격 〈규칙 26조〉

(1) 사업주 자체 강의 자격자

① 안전보건관리책임자

② 관리감독자

③ 안전관리자(전문기관 안전관리자 위탁 시 담당자)

④ 보건관리자(전문기관 보건관리자 위탁 시 담당자)

⑤ 안전보건관리담당자(전문기관에서 안전보건관리담당자의 위탁담당자)

⑥ 산업보건의

(2) 법에서 인정한 강사

① 공단에서 실시한 강사요원 교육과정을 이수한 사람

② 산업안전지도사 또는 산업보건지도사
③ 산업안전보건에 관하여 학식과 경험이 있는 사람으로 고용노동부장관이 정하는 기준에 해당하는 사람

3 안전보건교육 면제 〈규칙 27조〉

(1) 전년도에 산업재해가 발생하지 않은 사업장의 사업주 근로자 정기교육을 다음 연도에 한정하여 실시기준 시간의 100분의 50 범위에서 면제 가능

(2) 안전 및 보건관리자를 선임할 의무가 없는 사업장의 사업주가 노무를 제공하는 근로자의 건강 유지 · 증진을 위하여 설치된 근로자건강센터에서 실시하는 안전보건교육, 건강상담, 건강관리프로그램 등 근로자의 건강관리 건강관리 활동에 근로자를 참여하게 한 경우 정기교육 시간에서 면제(건강관리 활동에 참여한 사실을 입증할 수 있는 서류 보관)

(3) 관리감독자가 전문화교육이수 시 정기교육시간 면제 가능

(4) 근로자가 채용되거나 변경된 작업에 경험이 있을 경우 채용 시 교육 또는 특별교육 시간을 다음 기준에 따라 실시

① 같은 종류의 업종에 6개월 이상 근무한 경험이 있는 근로자를 이직 후 1년 이내에 채용하는 경우 : 채용 시 교육시간의 100분의 50 이상

② 특별교육 대상작업에 6개월 이상 근무한 경험이 있는 근로자가 다음에 해당하는 경우 특별교육 시간의 100분의 50 이상

- 근로자가 이직 후 1년 이내에 채용되어 이직 전과 동일한 특별교육대상작업에 종사하는 경우
- 근로자가 같은 사업장 내 다른 작업에 배치된 후 1년 이내에 배치에 배치 전과 동일한 특별교육 대상작업에 종사하는 경우

③ 채용 시 교육 또는 특별교육을 이수한 근로자가 같은 도급인의 사업장 내에서 이전에 하던 업무와 동일한 업무에 종사하는 경우

4 건설업 기초안전보건교육 면제 〈법 31조, 영 40조, 규칙 28조〉

건설업의 사업주는 건설 일용근로자를 채용할 때에는 안전보건교육을 필히 이수. 다만, 건설 일용근로자가 전에 안전보건교육을 이수한 경우 면제

5 안전보건관리책임자 등에 대한 직무교육 면제〈법 32조, 규칙 29조〉

안전보건관리업자 등의 직무교육 대상자 및 타 법령의 안전보건교육을 받는 등 고용노동부령으로 정하는 경우 교육 면제

① 안전보건관리책임자

② 안전관리자

③ 보건관리자

④ 안전보건관리담당자

⑤ 전문기관의 안전 및 보건 업무 수행자

※ 선임(채용) 후 3개월 이내 신규교육, 매 2년 전후 3개월 내 보수교육

Occupational Safety Instructor

[13] 유해 · 위험 방지 조치

1 법령, 안전보건관리규정 게시(사업주가 개시 · 홍보) 〈법 34조〉

사업주는 이 법과 이 법에 따른 명령 요지 및 안전보건관리규정을 사업장의 근로자가 쉽게 볼 수 있는 장소에 게시 및 널리 알려야 함

2 근로자대표의 통지 요청사항(사업주에게 요청) 〈법 35조〉

(1) 법령 요지의 게시
(2) 산업안전보건위원회(노사협의체)가 의결한 사항
(3) 안전보건진단 결과에 관한 사항
(4) 안전보건개선계획의 수립 · 시행에 관한 사항
(5) 도급인 사업장에서 수급인 근로자를 위한 도급인의 이행 사항
  ① 도급인과 수급인을 구성원으로 하는 안전 및 보건에 관한 협의체의 구성 및 운영
  ② 작업장 순회점검
  ③ 수급인이 근로자에게 안전보건교육을 위한 장소와 자료 제공, 지원
  ④ 수급인이 근로자에게 안전보건교육의 실시 확인
  ⑤ 어느 하나의 경우에 대비한 경보체계 운영과 대피방법 등 훈련
    • 작업 장소에서 발파작업을 하는 경우
    • 작업 장소에서 화재 · 폭발, 토사 · 구축물의 붕괴, 지진 발생 경우
  ⑥ 위생시설의 설치를 위한 장소의 제공, 도급인의 위생시설 이용 협조
(6) 물질안전보건자료에 관한 사항
(7) 작업환경측정에 관한 사항
(8) 그 밖에 고용노동부령으로 정하는 안전 및 보건에 관한 사항
  근로자 건강진단자료(X)

3 위험성 평가 실시(사업주가 시행) 〈법 36조, 규칙 37조〉

(1) 건설물, 기계 · 기구 · 설비, 원재료, 가스, 증기, 분진, 근로자의 작업행동 또는 그 밖의 업무로 인한 유해 · 위험 요인을 찾아
(2) 부상 및 질병으로 이어질 수 있는 위험성의 크기가 허용 가능한 범위인지를 평가 하고,

(3) 그 결과에 따라 이 법과 이 법에 따른 명령에 따른 조치 시행
(4) 근로자에 대한 위험 또는 건강장해 방지를 위한 필요한 추가 조치
(5) 사업주는 위험성 평가 시 작업장의 근로자를 참여시켜야 함
(6) 사업주는 다음 사항을 포함한 위험성 평가 결과와 조치사항을 기록하고 3년간 보존
① 위험성 평가 대상의 유해 · 위험요인
② 위험성 결정의 내용
③ 위험성 결정에 따른 조치의 내용
④ 그 밖에 위험성 평가의 실시내용을 확인하기 위하여 필요한 사항
(7) 위험성 평가의 방법, 절차 및 시기, 그 외 사항은 장관이 정하여 고시

4 안전보건표지 설치 · 부착(사업주가 시행) 〈법 37조, 규칙 38~39조〉

(1) 사업주는 유해하거나 위험한 장소 · 시설 · 물질에 대한 경고,
(2) 비상시 대처를 위한 지시 · 안내와 근로자 안전 및 보건 의식을 고취를 위하여 그림, 기호 및 글자 등으로 나타낸 표지를 근로자가 쉽게 알아 볼 수 있도록 설치하거나 부착
(3) 외국인근로자를 사용하는 사업주는 외국인근로자의 모국어로 안전보건표지 부착
(4) 안전보건표지 종류, 형태, 색채 등은 고용노동부령으로 정함
① 안전보건표지의 표시를 명확히 하기 위하여 필요한 경우에는 그 안전보건표지의 주위에 표시사항을 글자로 덧붙여 적을 수 있음. 이 경우 글자는 흰색 바탕에 검은색 한글고딕체로 표기
② 안전보건표지에 사용되는 색채의 색도기준 및 용도는 별표 8과 같고, 사업주는 사업장에 설치하거나 부착한 안전보건표지의 색도기준이 유지되도록 관리
③ 안전보건표지에 관하여 법 또는 법에 따른 명령에서 규정하지 않은 사항으로서 다른 법 또는 다른 법에 따른 명령에서 규정한 사항이 있으면 그 부분에 대해서는 그 법 또는 명령 적용
④ 사업주는 안전보건표지를 설치하거나 부착할 때에는 근로자가 쉽게 알아볼 수 있는 장소 · 시설 또는 물체에 설치하거나 부착
⑤ 사업주는 안전보건표지를 설치하거나 부착할 때에는 흔들리거나 쉽게 파손되지 않도록 견고하게 설치하거나 부착
⑥ 안전보건표지의 성질상 설치하거나 부착하는 것이 곤란한 경우에는 해당 물체에 직접 도색 가능

5 사업주의 안전조치(사업주가 조치) 〈법 38조〉

위험으로 인한 산업재해 예방를 위한 사업주의 조치시항

(1) 기계 · 기구, 그 밖의 설비에 의한 위험

(2) 폭발성, 발화성 및 인화성 물질 등에 의한 위험

(3) 전기, 열, 그 밖의 에너지에 의한 위험

(4) 사업주는 굴착, 채석, 하역, 벌목, 운송, 조작, 운반, 해제, 중량물취급 등 불량한 작업방법의 위험으로 인한 산업재해를 예방조치

(5) 사업주는 다음의 해당하는 장소에서 작업 시 산업재해 예방을 위한 필요 조치를 해야 함

① 근로자가 추락할 위험이 있는 장소

② 토사, 구축물 등이 붕괴할 우려가 있는 장소

③ 물체가 떨어지거나 날아올 위험이 있는 장소

④ 천재지변으로 인한 위험이 발생할 우려가 있는 장소

(6) 사업주가 상기 조치에 관한 구체적인 사항은 고용노동부령으로 정함

6 사업주의 보건조치(사업주가 조치) 〈법 39조〉

(1) 사업주는 근로자의 건강장해 예방을 위한 필요한 조치를 해야 함

① 원재료 · 가스 · 증기 · 분진 흄, 미스트(공기 중 액체방울) · 산소결핍 · 병원체 등에 의한 건강장해

② 방사선 · 유해광선 · 고온, 저온 · 초음파 · 소음 · 진동 · 이상기압 등에 의한 건강장해

③ 사업장에서 배출되는 기체 · 액체 또는 찌꺼기 등에 의한 건강장해

④ 계측감시, 컴퓨터 조작, 정밀공작 등의 작업에 의한 건강장해

⑤ 단순 반복작업, 인체에 과도한 부담을 주는 작업에 의한 건강장해

⑥ 환기 · 채광 · 조명 · 보온 · 방습 · 청결 등의 적정기준을 유지하지 아니하여 발생하는 건강장해

(2) 사업주의 보건조치에 관한 구체적인 사항은 고용노동부령으로 정함

(3) 사업주의 안전조치 및 보건조치 시행은 고용노동부령 조치이므로 근로자는 지켜야 함

Occupational Safety Instructor

[14] 고객응대근로자 건강장해 예방조치

〈법 41조, 영 41조, 규칙 41조〉

(1) 고객을 직접 대면, 통신망을 통하여 상품을 판매, 서비스를 제공하는 업무에 종사하는 근로자에게 고객의 폭언, 폭행으로 인한 건강장해를 예방하기 위한 필요한 조치를 하여야 한다.

① 폭언 등을 하지 않도록 요청하는 문구 게시 또는 음성 안내
② 고객과 문제 발생 시 대처방법과 고객응대업무 매뉴얼 마련
③ 고객응대업무 매뉴얼의 내용 및 건강장해 예방 관련 교육 실시
④ 고객응대근로자의 건강장해 예방을 위하여 필요한 조치

(2) 고객의 폭언 등으로 인하여 고객응대근로자에게 건강장해가 발생하거나 발생할 우려가 있는 경우, 업무의 일시적 중단 또는 전환 등 대통령령으로 정하는 필요한 조치를 하여야 한다.

① 업무의 일시적 중단 또는 전환
② 휴게시간의 연장
③ 폭언 등으로 인한 건강장해 관련 치료 및 상담 지원
④ 관할 수사기관 또는 법원에 증거물 · 증거서류를 제출하는 등과 폭언 등으로 인하여 고소, 고발 또는 손해배상 청구 등을 지원

(3) 고객응대근로자는 사업주에게 (2)에 따른 조치 요구 가능, 사업주는 고객응대근로자의 요구를 이유로 해고, 불리한 처우 불가

Occupational Safety Instructor

[15] 유해위험방지계획서 작성 · 제출

1 유해위험방지계획서 작성 · 제출〈법42조, 영 42조, 규칙42조〉

사업주는 다음에 해당하는 경우에는 유해위험방지계획서를 작성하고 고용노동부장관에게 제출하고 심사받아야 한다. 다만, (3)에 해당하는 사업주 중 산업재해발생률 등을 고려하여 고용노동부령으로 정하는 기준에 해당하는 사업주는 유해위험방지계획서를 스스로 심사하고, 그 심사결과서를 작성하여 고용노동부장관에게 제출하여야 한다.

(1) 아래 사업의 종류 및 규모에 해당하는 사업으로 건설물 기계 · 기구 및 설비 등 설치 · 이전, 구조부분을 변경하려는 경우(전기 계약용량이 300킬로와트 이상)

① 금속가공제품 제조업 ; 기계 및 가구 제외
② 비금속 광물제품 제조업
③ 기타 기계 및 장비 제조업
④ 자동차 및 트레일러 제조업
⑤ 식료품 제조업
⑥ 고무제품 및 플라스틱제품 제조업
⑦ 목재 및 나무제품 제조업
⑧ 기타 제품 제조업
⑨ 1차 금속 제조업
⑩ 가구 제조업
⑪ 화학물질 및 화학제품 제조업
⑫ 반도체 제조업
⑬ 전자부품 제조업

(2) 아래의 유해하거나 위험한 작업 또는 장소에서 사용하거나 건강장해를 방지를 위한 기계 · 기구 및 설비를 설치 · 이전, 구조부분을 변경하려는 경우

① 금속이나 그 밖의 광물의 용해로
② 화학설비
③ 건조설비
④ 가스집합 용접장치
⑤ 제조 등 금지물질 또는 허가대상물질 관련 설비
⑥ 분진작업 관련 설비

(3) 대통령령으로 정하는 크기, 높이 등의 건설공사를 착공하는 경우
(재해발생률이 높은 건설업은 자체 심사 및 그 결과를 장관에게 제출)

① 아래 건축물 또는 시설 등의 건설 · 개조 또는 해체공사

㉠ 지상높이가 31미터 이상인 건축물 또는 인공구조물

㉡ 연면적 3만제곱미터 이상인 건축물

㉢ 아래의 연면적 5천제곱미터 이상인 시설

- 문화 및 집회시설
- 판매시설, 운수시설(철도의 역사 제외)
- 종교시설
- 의료시설 중 종합병원
- 숙박시설 중 관광숙박시설
- 지하도상가
- 냉동 · 냉장 창고시설

② 연면적 5천제곱미터 이상인 냉동 · 냉장 창고시설 설비공사 및 단열공사

③ 최대 지간(支間)길이(보와 보의 거리)가 50미터 이상인 다리 건설

④ 터널의 건설 등 공사

⑤ 다목적댐, 발전용, 저수용량 2천만톤 이상의 용수 전용 댐

⑥ 깊이 10미터 이상인 굴착공사

(4) 건설공사는 유해위험방지계획서를 작성할 때 건설안전 분야의 자격을 갖춘 자의 의견을 들어야 한다.

① 건설안전분야 산업안전지도사

② 건설안전기술사(토목 · 건축기술사)

③ 건설안전기사 취득 후 실무경력 5년

④ 건설산업안전기사 취득 후 실무경력 7년

(5) 공정안전보고서를 장관에게 제출 시 유해위험방지계획서 제출로 본다.

(6) 고용노동부장관은 제출된 유해위험방지계획서를 심사하여 그 결과를 사업주에게 서면 통보(작업, 공사 중지와 유해위험방지계획서의 변경 명함)

① 제출 : 해당 작업 시작 15일 전, 건설공사는 착공 전날까지

② 부수 : 2부(공단 제출)

③ 심사 : 접수일 15일 이내 심사, 그 결과를 사업주에게 통보

(7) 사업주는 스스로 심사하거나 고용노동부장관이 심사한 유해위험방지계획서와 그 심사결과서를 사업장에 갖추어(비치) 두어야 한다.

※ 자체심사 건설업자 기준(자체심사 할 수 있는 건설업)

직전 3년간 평균산업재해발생률 이하이며, 안전관리자를 3명 이상의 안전만을 전담하는 과 또는 팀 별도 조직이 있고 직전연도 건설업체 산업재해예방활동 실적 평가 점수가 70점 이상이고 동시에 2명 이상의 근로자가 사망한 재해가 없는 건설업체. 다만, 동시에 2명 이상 사망 시 즉시 자체심사 및 확인업체에서 제외

(8) 건설공사 사업주로서 유해위험방지계획서 및 그 심사결과서를 사업장에 갖추어 둔 사업주는 공사의 공법의 변경 등으로 인하여 그 유해위험방지계획서를 변경한 경우도 갖추어 두어야 한다.

※ 건설공사는 유해위험방지계획서와 안전관리계획서를 통합 작성하여 제출 가능

(9) 유해위험방지계획서 첨부서류

① 작성기준, 작성자, 신사기준

② 건축물 각층 평면도

③ 기계, 설비의 개요내용 서류

④ 기계, 설비의 배치도면

⑤ 원재료, 제품의 취급 · 제조 등 작업방법의 개요

※ 공단은 심사 결과 부적정 판정을 한 경우 통지서에 그 이유를 기재하여 지방고용노동관서의 장에게 통보하고, 사업장 소재지 특별자치시장 · 특별자치도지사 · 시장 · 군수 · 구청장에게 통보해야 한다(지방고용노동관서의 장은 사실 여부를 확인한 후 공사착공중지명령, 계획변경명령 등 필요한 조치를 해야 한다).

2 유해위험방지계획서 이행의 확인 〈법 43조, 영 42조, 규칙 46조〉

(1) 유해위험방지계획서의 이행에 관하여 고용노동부장관(공단)의 확인을 받음

① 기계, 기구, 설비는 시운전 단계

② 건설공사는 6개월 이내마다

※ 유해위험방지계획서 이행 확인 결과 적정 시 5일 이내 통보

(2) 유해위험방지계획서의 이행에 관하여 건설공사 스스로 확인. 다만, 근로자가 사망한 경우에는 유해위험방지계획서의 이행은 고용노동부장관의 확인을 받아야 한다.

(3) 유해 · 위험방지를 위한 조치가 되지 아니하는 경우에는 장관은 시설의 개선, 사용중지, 작업중지 등 필요한 조치를 명할 수 있다.

① 공단은 중대한 유해위험이 있는 경우 지체 없이 관할 노동관서의 장에게 보고

② 경미한 개선 권고에 응하지 않을 경우 개선요청 만료일 10일 이내에 관할지방 노동관서의 장에게 보고

(4) 시설 등의 개선, 사용중지 또는 작업중지 등의 절차 및 방법, 그 밖에 필요한 사항은 고용노동부령으로 정한다.

Occupational Safety Instructor

[16] 공정안전보고서 작성 · 제출

〈법 44조, 영 43조, 규칙 50조〉

(1) 사업주는 유해하거나 위험한 아래의 설비가 있는 경우 공정안전보고서 작성, 제출, 심의

※ 중대산업사고 : 1항~7항까지의 사업으로 발생하는 사고

- 근로자가 사망하거나 부상을 입을 수 있는 누출 · 화재 · 폭발 사고
- 인근 지역의 주민이 인적 피해를 입을 수 있는 누출 · 화재 · 폭발 사고

① 원유 정제처리업

② 기타 석유정제물 재처리업

③ 석유화학계 기초화학물질 제조업, 합성수지, 플라스틱 제조업

④ 질소 화합물, 질소 · 인산 및 질소질 비료 제조

⑤ 복합비료 및 복합비료 제조

⑥ 화학 살균 · 살충제 및 농업용 약제 제조업

⑦ 화약 및 불꽃제품 제조업

※ 사업주는 중대산업사고 예방을 위한 공정안전보고서를 작성 · 제출하고 고용노동부장관의 심의를 받음

※ 심사 후 적합 통보받기 전 유해 · 위험 설비를 가동하면 안 됨

(2) 다음 설비는 유해 · 위험한 설비로 보지 않는다.

① 원자력 설비

② 군사시설

③ 사업장 내에서 직접 사용를 위한 난방용 연료의 저장 및 사용설비

④ 도매 · 소매시설

⑤ 차량 등의 운송설비

⑥ 「액화석유가스의 안전관리법」의 액화석유가스의 충전, 저장시설

⑦ 「도시가스사업법」에 따른 가스공급시설

(3) 공정안전보고서를 작성할 때 산업안전보건위원회의 심의를 거쳐야 함. 다만, 공정안전보건위원회가 없는 사업장은 근로자대표의 의견 수렴

(4) **공정안전보고서 세부 내용**

① 공정안전자료

② 공정위험성 평가서

③ 안전운전계획

④ 비상조치계획

⑤ 공정상의 안전에 대한 필요하다고 인정하여 고시하는 사항

1~4항까지 규정의 세부 내용은 고용노동부령으로 정한다.

(5) **고용노동부장관은 공정안전보고서를 심사하여 결과를 사업주에게 서면 통보**

① 공단은 공정안전보고서를 제출받은 날부터 30일 이내에 심사

② 1부를 사업주에게 송부하고, 지방고용노동관서의 장에게 보고

③ 공단은 공정안전보고서 화재의 예방 · 소방 등과 관련된 내용을 관할 소방관서의 장에게 통보

④ 장관은 공정안전보고서의 변경 명령가능

※ 사업주는 심사를 받은 공정안전보고서를 사업장에 비치하고 근로자와 사업주는 공정안전보고서의 내용을 이행해야 한다.

(6) **사업주는 심사받은 공정안전보고서의 내용의 실제 이행 여부를 고용노동부장관에게 확인받아야 한다.**

① 공정안전보고서를 제출하여 심사를 받은 다음의 시기별로 공단의 확인을 받아야 한다(자체감사 결과를 공단에 제출 시 생략).

- 신규설비, 유해 · 위험한 설비 설치과정 완료 후 시운전단계 각 1회
- 기존에 사용 중인 유해 · 위험한 설비 심사 완료 후 3개월 이내
- 유해 · 위험한 설비의 중대한 변경시 변경 완료 후 1개월 이내
- 유해 · 위험설비 공정에 중대한 사고, 결함 발생 시 1개월 이내(안전보건진단을 받은 사업장 등 장관이 고시하는 사업장의 경우에는 공단의 확인을 생략할 수 있다)
- 공단은 사업주로부터 확인요청을 받은 날부터 1개월 이내에 확인하고, 확인한 날부터 15일 이내에 사업주에게 통보, 관할 장에게 보고

(7) **심사를 받은 공정안전보고서의 내용을 변경 사유가 발생 즉시 변경**

(8) **고용노동부장관은 공정안전보고서의 이행 상태를 정기적으로 평가 가능**

① 공정안전보고서의 확인(신규는 설치 완료 후 시운전단계) 후 1년이 지난 날부터 2년 이내에 공정안전보고서 이행상태 평가

② 장관은 이행상태 평가 후 4년마다 이행상태를 평가해야 함. 다만, 다음 경우에는 1년 또는 2년마다 이행상태 평가
  - 이행상태 평가 후 사업주가 이행상태 평가를 요청하는 경우
  - 변경요소 미준수로 공정안전보고서 이행상태가 불량한 것으로 인정되는 경우 등 고용노동부장관이 정하여 고시하는 경우

③ 이행상태 평가는 공정안전보고서의 세부내용에 관하여 실시한다.
  ㉠ 공정안전자료
    - 취급 · 저장하려는 유해 · 위험물질의 종류 및 수량
    - 유해 · 위험물질에 대한 물질안전보건자료
    - 유해하거나 위험한 설비의 목록 및 사양
    - 유해 · 위험한 설비의 운전방법을 알 수 있는 공정도면
    - 각종 건물 · 설비의 배치도
    - 폭발위험장소 구분도 및 전기단선도
    - 위험설비의 안전설계 · 제작 및 설치 관련 지침서
  ㉡ 공정위험성평가서 및 잠재위험의 사고예방 · 피해 최소화 대책
    - 체크리스트(Check List)
    - 상대위험순위 결정(Dow and Mond Indices)
    - 작업자 실수 분석(HEA)
    - 사고 예상 질문 분석(What-if)
    - 위험과 운전 분석(HAZOP)
    - 이상위험도 분석(FMECA)
    - 결함 수 분석(FTA)
    - 사건 수 분석(ETA)
    - 원인결과 분석(CCA)
    - 상기 규정과 같은 수준 이상의 기술적 평가기법
  ㉢ 안전운전계획
    - 안전운전지침서
    - 설비점검 · 검사 및 보수계획, 유지계획 및 지침서
    - 안전작업허가
    - 도급업체 안전관리계획
    - 근로자 등 교육계획
    - 가동 전 점검지침

- 변경요소 관리계획
- 자체감사 및 사고조사계획
- 그 밖에 안전운전에 필요한 사항

㉣ 비상조치계획

- 비상조치를 위한 장비 · 인력 보유현황
- 사고발생 시 각 부서 관련 기관과의 비상연락체계
- 사고발생 시 비상조치를 위한 조직의 임무 및 수행 절차
- 비상조치계획에 따른 교육계획
- 주민홍보계획
- 그 밖에 비상조치 관련 사항

(9) 고용노동부장관은 평가 결과 불량한 사업장의 사업주에게는 공정안전보고서의 변경을 명할 수 있고, 이를 불이행 시 다시 제출 명함

Occupational Safety Instructor

[17] 안전보건진단

〈법 47조, 영 46조, 규칙 55조〉

1 안전보건진단

(1) 고용노동부장관은 추락 · 붕괴 · 화재 · 폭발, 유해, 위험한 물질의 누출 등 산업재해 발생의 위험이 현저히 높은 사업장의 사업주에게 "안전보건진단기관"이 실시하는 안전보건진단을 명할 수 있다.

※ 기계, 화공, 전기, 건설 등 분야별로 한정하여 진단 명령

(2) 사업주는 안전보건진단 명령을 받고 15일 이내 안전보건진단기관에 안전보건진단을 의뢰하여야 한다.

(3) 사업주는 안전보건진단에 적극 협조하고, 방해 또는 기피해서는 아니 된다. 근로자대표가 요구 시 안전보건진단에 근로자대표를 참여시킴

(4) 안전보건진단기관은 안전보건진단 결과보고서를 진단의뢰를 받은 날로부터 30일 이내에 사업주와 관할노동관서 장에게 제출

① 진단결과보고서 내용

- 산업재해 또는 사고의 발생원인, 작업조건과 작업방법에 대한 평가
- 조사내용의 평가 및 측정결과와 개선방법

2 안전보건진단의 종류 및 내용 〈영 46조 1항, 별표 14〉

종류	진단내용
종합진단	1. 경영 · 관리적 사항에 대한 평가 가. 산업재해 예방계획의 적정성 나. 안전 · 보건 관리조직과 그 직무의 적정성 다. 산업안전보건위원회 설치 · 운영, 명예산업안전감독관의 역할 등 근로자의 참여 정도 라. 안전보건관리규정 내용의 적정성 2. 산업재해 또는 사고의 발생 원인(산업재해 또는 사고가 발생한 경우만 해당한다) 3. 작업조건 및 작업방법에 대한 평가 4. 유해 · 위험요인에 대한 측정 및 분석 가. 기계 · 기구 또는 그 밖의 설비에 의한 위험성 나. 폭발성 · 물반응성 · 자기반응성 · 자기발열성 물질, 자연발화성 액체 · 고체 및 인화성 액체 등에 의한 위험성

종류	진단내용
종합진단	다. 전기 · 열 또는 그 밖의 에너지에 의한 위험성 라. 추락, 붕괴, 낙하, 비래(飛來) 등으로 인한 위험성 마. 그 밖에 기계 · 기구 · 설비 · 장치 · 구축물 · 시설물 · 원재료 및 공정 등에 의한 위험성 바. 법 제118조제1항에 따른 허가대상물질, 고용노동부령으로 정하는 관리대상 유해질 및 온도 · 습도 · 환기 · 소음, 진동 · 분진, 유해광선 등의 유해성 또는 위험성 5. 보호구, 안전 · 보건장비 및 작업환경 개선시설의 적정성 6. 유해물질의 사용 · 보관 · 저장, 물질안전보건자료의 작성, 근로자 교육 및 경고표시 부착의 적정성 7. 그 밖에 작업환경 및 근로자 건강 유지 · 증진 등 보건관리의 개선을 위하여 필요한 사항
안전진단	종합진단 내용 중 제2호 · 제3호, 제4호가목부터 마목까지 및 제5호 중 안전 관련 사항
보건진단	종합진단 내용 중 제2호 · 제3호, 제4호바목, 제5호 중 보건 관련 사항, 제6호 및 제7호

Occupational Safety Instructor

[18] 고용노동부장관의 시정조치 명령 사항

〈법 53조, 규칙 63조〉

(1) 고용노동부장관의 시정조치

장관은 사업주가 사업장의 안전 및 보건에 필요한 조치를 하지 아니하여 근로자에게 현저한 유해 · 위험의 우려가 있는 건설물 · 기계 · 기구 · 설비 · 원재료에 대하여 사용중지 · 대체 · 제거 또는 시설의 개선, 안전 및 보건에 필요한 시정조치를 명할 수 있다.

(2) 안전 및 보건에 필요한 시정조치 사항

① 안전보건규칙에서 건설물 · 기계 · 기구 · 설비 · 원재료의 안전, 보건조치
② 제조, 수입, 양도 등 불법적인 안전인증대상기계 등의 사용금지
③ 제조, 수입, 양도 등 불법적인 자율안전확인대상기계 등의 사용금지
④ 안전검사 미검사/불합격한 안전검사대상기계 등의 사용금지
⑤ 인정이 취소된 안전검사대상기계 등의 사용금지
⑥ 제조, 수입, 양도 등 금지물질의 사용금지
⑦ 허가대상물질에 대한 허가의 취득(후 사용)

(3) 사업주는 해당 기계 · 설비 등에 대하여 시정조치를 완료할 때까지 시정조치명령 사항을 근로자가 쉽게 볼 수 있는 장소에 게시

① 사업주는 위반 장소 또는 사내 게시판 부착하여 근로자 알려야 함
② 시정조치 해제 시까지 건설물 · 기계 · 설비 · 원재료 등 사용금지

(4) 장관이 기계 · 설비 등에 대한 시정조치 명령 불이행으로 유해 · 위험이 있는 경우 당해 설비와 관련된 작업의 전부, 일부의 중지를 명함

(5) 작업중지 명령을 받고 그 시정조치를 완료한 경우 작업중지 해제요청

(6) 장관은 해제요청에 대한 시정조치 완료 판단 시 사용중지, 작업중지 해제

Occupational Safety Instructor

[19] 중대재해 발생 시 사업주의 조치 사항

〈법 54조, 규칙 67조〉

1 중대재해 발생 시 사업주의 조치

(1) 사업주는 중대재해 발생 시 즉시 해당 작업을 중지시키고 근로자를 작업장소에서 대피시키는 등 안진 보건의 필요한 조치를 하여야 함

(2) 중대재해 발생 시 지체 없이 고용노동부장관 장에게 보고(천재지변 등 부득이한 사유 발생 시 그 사유가 소멸되면 지체 없이 보고)

① 보고방법 : 전화, 팩스, 적절한 방법

② 보고사항

- 발생 개요 및 피해 상황
- 조치 및 전망
- 그 밖의 중요한 사항

2 중대재해 발생 시 고용노동부장관의 작업중지 조치

(1) 장관은 중대재해 시 다음에 해당하는 작업으로 해당 사업장에 산업재해가 다시 발생할 급박한 위험이 있다고 판단되는 경우에는 그 작업의 중지를 명할 수 있음(작업중지명령서 발부)

① 중대재해가 발생한 해당 작업

② 중대재해가 발생한 작업과 동일한 작업

(2) 장관은 토사 · 구축물의 붕괴, 화재 · 폭발, 유해하거나 위험한 물질의 누출로 중대재해가 발생하여 그 재해가 발생한 장소 주변으로 산업재해가 확산될 수 있다고 판단되는 등 불가피한 경우에는 해당 사업장의 작업 중지 가능

(3) 장관은 사업주가 작업중지의 해제를 요청한 경우에는 작업중지 해제에 관한 전문가 등으로 구성된 심의위원회의 심의를 거쳐 작업중지 해제

(4) 작업중지 해제의 요청 절차 및 방법, 심의위원회의 구성 · 운영

① 사업주가 작업중지명령 해제신청서를 관할지방의 장에게 제출

② 미리 유해 · 위험요인 개선내용을 중대재해가 발생한 해당 작업근로자의 의견을 청취

③ 지방고용노동관서의 장은 해제를 요청받은 경우에는 근로감독관의 안전 · 보건 조치를 확인하도록 하고, 천재지변 등 불가피한 경우를 제외하고는 해제요청일 다음 날부터 4일 이내 작업중지해제 심의위원회를 개최하여 심의한 후 해당조치가 완료 판단 시 즉시 명령 해제

④ 심의위원회는 관할관서의 장, 공단 내 전문가 및 해당 사업장과 이해관계가 없는 외부전문가 등을 포함하여 4명 이상 구성

3 중대재해의 원인조사

(1) 장관은 중대재해 발생 시 원인규명과 산업재해 예방대책 수립을 위하여 그 발생 원인을 조사할 수 있음

(2) 장관은 중대재해가 발생한 사업장의 사업주에게 안전보건개선계획의 수립 · 시행, 그 밖에 필요한 조치를 명할 수 있다.

(3) 중대재해 발생 현장을 훼손하거나 원인조사를 방해해서는 안 됨

(4) 중대재해 발생 시 원인조사의 내용 및 절차, 필요한 사항

① 현장을 방문하여 조사

② 조사에 필요한 안전보건 관련 서류 조사

③ 목격자의 진술 확보

④ 중대재해의 원인이 사업주의 법 위반인지 조사

Occupational Safety Instructor

[20] 산업재해의 보고 및 기록 · 보존

〈법 57조, 규칙 72조〉

1 산업재해 기록

사업주는 산업재해의 발생 시 다음 사항을 기록 · 보존

(1) 사업장의 개요 및 근로자의 인적사항

(2) 재해 발생의 일시 및 장소

(3) 재해 발생의 원인 및 과정

(4) 재해 재발방지 계획

2 산업재해 발생 보고

사업주는 산업재해의 발생 개요 · 원인 및 보고 시기, 재발방지 계획 등을 고용노동부장관에게 보고

(1) 산업재해로 사망자가 발생하거나 3일 이상의 휴업이 필요한 부상을 입거나 질병에 걸린 사람이 발생한 경우

→ 산업재해가 발생한 날부터 1개월 이내에 산업재해조사표를 지방고용노동관서의 장에게 제출(전자문서로 제출 가능)

(2) 사업주는 산업재해조사표에 근로자대표의 확인과 이견의 내용 첨부
(근로자대표가 없는 경우, 재해자 본인의 확인을 받아 제출)

(3) 산업재해발생 보고에 필요한 사항은 고용노동부장관이 정함

(4) 「산업재해보상보험법」에 따라 요양급여의 신청을 받은 근로복지공단은 공단으로부터 요양신청서 사본, 요양업무 관련 전산입력자료, 산업재해예방업무 수행에 필요한 자료의 송부 요청에 협조

Occupational Safety Instructor

[21] 도급사업의 산업재해 예방

〈법 · 규칙 5장〉

1 유해작업 도급금지

사업주는 근로자에 유해하거나 위험한 작업으로서, 수급인의 근로자 그 작업을 하도록 해서는 아니 된다.

(1) 도금작업

(2) 수은, 납 또는 카드뮴을 제련, 주입, 가공 및 가열하는 작업

(3) 허가대상물질을 제조하거나 사용하는 작업

2 유해작업 중 도급 가능 작업

(1) 사업주는 다음 경우에 작업을 도급하여 자신의 사업장에서 수급인의 근로자가 그 작업을 하도록 할 수 있음(사업주는 산업재해 예방을 위한 조치 능력을 갖춘 사업주에게 도급 의무)

① 일시 · 간헐적으로 하는 작업을 도급하는 경우

② 수급인이 보유한 기술이 전문적이고 사업주의 사업 운영에 필수 불가결한 경우로서 고용노동부장관의 승인을 받은 경우

(2) 사업주는 고용노동부장관의 도급승인을 받으려는 경우에는 장관이 실시하는 다음의 안전 및 보건에 관한 평가를 받아야 한다.

① 작업조건 및 작업방법에 대한 평가

② 유해 · 위험요인에 대한 측정 및 분석

③ 보호구, 안전 · 보건장비 및 작업환경 개선시설의 적정성

④ 유해물질의 사용 · 보관 · 저장, 물질안전보건자료의 작성, 근로자 교육 및 경고표시 부착의 적정성

⑤ 수급인의 안전보건관리 능력의 적정성

⑥ 작업환경 및 근로자 건강 유지 · 증진 등 보건관리의 개선을 위하여 필요한 사항

(3) 도급승인의 유효기간은 3년의 범위에서 정한다.

(4) 장관은 유효기간 만료 시 사업주가 유효기간의 연장을 신청하면 승인의 유효기간이 만료되는 날의 다음 날부터 3년의 범위 연장

※ 사업주는 도급 연장 시 안전 및 보건에 관한 평가를 받아야 함

(5) 사업주는 승인을 받은 사항 중 사항을 변경하려는 경우에는 승인을 받아야 함

(6) 승인, 연장승인 또는 변경승인을 받은 자가 기준에 미달하게 된 경우에는 승인, 연장승인 또는 변경승인을 취소

(7) 승인, 연장승인 또는 변경승인의 기준 · 절차 및 방법, 필요사항은 고용노동부령으로 정함(신청일로부터 14일 이내 승인서 발급)

(8) 도급승인 변경요청 가능 사항

① 도급공정

② 도급공정 사용 최대 유해화학 물질량

③ 도급기간 3년 미만 내에서 연장하려는 경우

(9) 도급승인 신청 시 첨부서류

① 도급대상 작업의 공정 관련 서류

② 도급작업 안전보건관리계획서

③ 안전 및 보건에 관한 평가 결과

④ 작업공정의 안전성

3 도급의 승인 시 하도급 금지

승인, 연장승인 또는 변경승인 받은 작업을 도급받은 수급인은 그 작업을 하도급할 수 없다.

4 도급인의 안전조치 및 보건조치 〈법 63조〉

도급인은 관계수급인 근로자가 도급인의 사업장에서 작업을 하는 경우에 자신의 근로자와 관계수급인 근로자의 산업재해를 예방하기 위하여 안전조치 및 보건조치를 하여야 한다(보호구 착용의 지시 등 관계수급인 근로자의 작업행동에 관한 직접적인 조치는 제외).

5 도급인의 산업재해 예방조치 〈법 64조〉

(1) 도급인은 관계수급인 근로자가 도급인의 사업장에서 작업을 하는 경우 다음 사항을 이행하여야 한다.

① 도급인과 수급인을 구성원으로 하는 안전 및 보건에 관한 협의체의 구성 및 운영

㉠ 협의체 구성은 도급인 및 그의 수급인 전원으로 구성

㉡ 협의체는 매월 1회 이상 정기적으로 회의하고 결과를 기록, 보존

㉢ 협의체의 협의사항
- 작업의 시작 시간
- 작업 또는 작업장 간의 연락방법
- 재해발생 위험이 있는 경우 대피방법
- 작업장에서의 법 제36조에 따른 위험성 평가의 실시에 관한 사항
- 사업주와 수급인(상호 간)의 연락 방법 및 작업공정의 조정

② 작업장 순회점검

㉠ 2일에 1회 이상
- 건설업
- 제조업
- 토사석 광업
- 서적, 잡지 및 기타 인쇄물 출판업
- 음악 및 기타 오디오물 출판업
- 금속 및 비금속 원료 재생업

㉡ 1주일에 1회 이상 : 상기 사업을 제외한 사업

※ 관계수급인은 도급인이 실시하는 순회점검을 거부 · 방해, 기피해서는 안 되며 점검 결과 도급인의 시정요구에 응해야 하고 도급인은 관계수급인이 실시하는 근로자의 안전 · 보건교육에 필요한 장소 및 자료의 제공에 협조해야 함

③ 관계수급인이 근로자에게 하는 안전보건교육의 장소 및 자료의 제공 등 지원

④ 관계수급인이 근로자에게 하는 안전보건교육의 실시 확인

⑤ 다음의 경우에 대비한 경보체계 운영과 대피방법 등 훈련
- 작업 장소에서 발파작업을 하는 경우
- 작업장에서 화재 · 폭발, 토사 · 구축물 등의 붕괴 · 지진이 발생한 경우

⑥ 위생시설 설치를 위해 필요한 장소의 제공 또는 도급인이 설치한 위생시설 이용의 협조

(2) 도급인은 자신의 근로자 및 관계수급인 근로자와 함께 정기적으로 또는 수시로 작업장의 안전 및 보건에 관한 점검을 하여야 함

(3) 안전 및 보건에 관한 협의체 구성 및 운영, 작업장 순회점검, 안전보건교육 지원, 그 밖에 필요한 사항은 고용노동부령으로 정함

6 도급인의 안전 및 보건 정보를 수급인에게 제공 〈법 65조〉

(1) 도급하는 자는 수급인 근로자의 산업재해를 예방을 위하여 작업 시작 전에 수급인에게 안전 및 보건의 정보를 문서로 제공

① 화학물질 또는 그 화학물질을 함유한 혼합물을 제조 · 사용 · 운반 또는 저장하는 반응기 · 증류탑 · 배관 또는 저장탱크로서 설비를 개조 분해해체 또는 철거하는 작업

② 1항 설비의 내부에서 이루어지는 작업

③ 질식 또는 붕괴의 위험이 있는 작업

- 산소결핍, 유해가스 장소의 작업
- 토사 · 구축물 · 인공구조물 등의 붕괴 우려가 있는 장소의 작업

(2) 도급인이 안전 및 보건 정보를 해당 작업 시작 전까지 제공하지 아니한 경우에는 수급인이 정보 제공을 요청

※ 도급받은 수급인이 하도급하는 경우 제공받은 문서의 사본을 작업 시작 전에 제공

(3) 도급인은 수급인이 제공받은 안전 및 보건에 관한 정보에 따라 필요한 안전조치 및 보건조치를 확인

(4) 수급인은 도급인이 정보를 제공하지 아니하는 경우에는 해당 도급 작업을 아니할 수 있음. 이 경우 수급인은 이행 지체의 책임을 지지 않음

7 도급인이 수급인에게 시정조치 지시 〈법 66조〉

(1) 도급인은 관계수급인이 도급받은 작업 시 법 또는 이 법에 따른 명령을 위반하면 시정조치를 지시할 수 있음. 이 경우 관계수급인은 정당한 사유가 없으면 그 조치에 따라야 함

(2) 도급인은 다음 작업을 도급하는 경우에 수급인에게 그 위반행위를 시정하도록 필요한 조치 가능

① 화학물질 또는 그 화학물질개조, 분해 해체 또는 철거하는 작업

② 1항 설비의 내부에서 이루어지는 작업

③ 질식 또는 붕괴의 위험이 있는 작업

- 산소결핍, 유해가스 장소의 작업
- 토사 · 구축물 · 인공구조물 등의 붕괴 우려가 있는 장소의 작업

Occupational Safety Instructor

[22] 안전보건총괄책임자

〈법 62조, 영 52조〉

1 안전보건총괄책임자

(1) 도급인은 관계수급인 근로자가 도급인의 사업장에서 작업을 하는 경우에는 도급인의 근로자와 관계수급인 근로자의 산업재해를 예방하기 위한 업무를 총괄하여 관리하는 안전보건총괄책임자로 지정

※ 안전보건관리책임자를 두지 아니하여도 되는 사업장에서는 그 사업장에서 사업을 총괄하는 안전보건총괄책임자로 지정

(2) 안전보건총괄책임자를 지정한 경우에는 「건설기술 진흥법」에 따른 안전총괄책임자를 둔 것으로 봄

(3) 안전보건총괄책임자를 지정하여야 하는 사업의 종류와 사업장의 상시근로자 수, 안전보건총괄책임자의 직무 · 권한

2 안전총괄책임자를 지정해야 하는 사업장

(1) 관계수급인에게 고용된 근로자를 포함한 상시근로자가 100명 이상

(2) 선박, 보트 건조업, 1차 금속 제조업, 토사석 광업: 50명 이상

(3) 건설업 : 관계수급인의 공사금액을 포함 총공사금액이 20억 원 이상

3 안전보건총괄책임자의 직무

(1) 안전보건총괄책임자의 직무

① 위험성 평가의 실시에 관한 사항

② 사업주는 급박한 위험 시 근로자의 작업 중지

③ 도급 시 산업재해 예방조치

④ 산업안전보건관리비의 관계수급인 간의 사용에 관한 협의 · 조정 및 그 집행의 감독

⑤ 안전인증대상기계 등과 자율안전확인대상기계 등의 사용 여부 확인

(2) 안전보건총괄책임자를 "안전보건관리책임자"로 봄

(3) 사업주는 안전보건총괄책임자를 선임 시 선임 서류 비치

[23] 건설업의 산업재해 예방

〈법 67조, 영 55조, 규칙 86조〉

1 건설공사발주자의 산업재해 예방 조치

(1) 총공사금액이 50억 원 이상인 건설공사의 공사발주자는 건설공사의 계획, 설계 및 시공 단계에서 각 대장를 작성하게 하여야 한다.

① 건설공사 계획단계

건설공사에서 중점적으로 관리할 유해 · 위험요인과 이의 감소방안을 포함한 기본안전보건대장을 작성할 것

- 공사규모, 공사예산 및 공사기간 등 사업개요
- 공사현장 제반 정보
- 공사 시 유해 · 위험요인과 감소대책 수립을 위한 설계조건

② 건설공사 설계단계

기본안전보건대장을 설계자에게 제공하고, 설계자로 하여금 유해 · 위험요인의 감소방안을 포함한 설계안전보건대장을 작성하게 하고 이를 확인할 것

- 안전한 작업을 위한 적정 공사기간 및 공사금액 산출서
- 설계조건을 반영하여 공사 중 발생할 수 있는 주요 유해 · 위험요인 및 감소대책에 대한 위험성 평가 내용
- 유해위험방지계획서의 작성계획
- 안전보건조정자의 배치계획
- 산업안전보건관리비의 산출내역서
- 건설공사의 산업재해 예방 지도의 실시계획

③ 건설공사 시공단계

최초로 도급받은 수급인에게 설계안전보건대장을 제공하고, 안전한 작업을 위한 공사안전보건대장을 작성하게 하고 그 이행 여부를 확인할 것

- 설계안전보건대장의 위험성 평가 내용이 반영된 공사 중 안전보건 조치 이행계획
- 유해위험방지계획서의 심사 및 확인결과에 대한 조치내용
- 계상된 산업안전보건관리비의 사용계획 및 사용내역
- 건설공사의 산업재해 예방 지도를 위한 계약 여부, 지도결과 및 조치 내용

(2) 기본안전보건대장, 설계안전보건대장 및 공사안전보건대장의 작성과 공사안전보건대장의 이행 여부 확인 방법 및 절차 등에 관하여 필요한 사항은 고용노동부장관이 정하여 고시

2 안전보건조정자 선임

(1) 건설공사가 같은 장소에 2개 이상의 건설공사로 각 공사의 금액의 합이 50억 원 이상이면 발주자는 산업재해를 예방하기 위하여 건설공사 현장에 다음 자격 · 조건을 가진 안전보건조정자를 두어야 함

① 산업안전지도사 자격을 가진 사람

② 발주청이 선임한 공사감독자

③ 건설공사 중 주된 공사의 책임감리자

- 「건축법」에 따라 지정된 공사감리자
- 감리업무를 수행하는 자
- 「주택법」에 따라 지정된 감리자
- 「전력기술관리법」에 따라 배치된 감리원
- 「정보통신공사업법」에 따라 해당 공사에 감리업무를 수행하는 자

④ 안전보건관리책임자로서 3년 이상 재직한 사람

⑤ 건설안전기술사

⑥ 건설안전기사 자격 취득 후 건설안전 분야에서 5년 이상의 경력자

⑦ 건설안전산업기사 자격 취득 후 건설안전 분야에서 7년 이상 경력자

(2) 건설공사발주자는 안전보건조정자를 착공일 전날까지 각각의 공사 도급인에게 통지

3 안전보건조정자의 임무

(1) 같은 장소에서 이루어지는 각각의 공사 간에 혼재된 작업 파악

(2) 혼재된 작업으로 인한 산업재해 발생의 위험성 파악

(3) 혼재된 작업에서 작업의 시기 · 내용 및 안전보건 조치 등의 조정

(4) 각각의 공사 도급인의 안전보건관리책임자 간 작업 내용에 관한 정보 공유 여부 확인

(5) 안전보건조정자는 업무 수행을 위해 공사의 도급인과 관계수급인에게 자료의 제출 요구 가능

4 공사기간 단축 및 공법변경 금지

건설공사발주자 또는 공사도급인은 설계도서 등에 따라 산정된 공사시간 단축 불가 (공사비 축소로 위험성이 있는 공법/정당성 없는 공법 변경 불가)

5 건설공사 기간의 연장

(1) 건설공사발주자는 산업재해 예방을 위하여 공사기간의 연장을 요청하면 특별한 사유가 없으면 공사기간을 연장하여야 함

① 태풍 · 홍수 등 악천후, 전쟁 · 사변, 지진, 화재, 전염병, 폭동, 그 밖에 계약 당사자가 통제할 수 없는 사태의 발생 등 불가항력의 사유

② 건설공사발주자에게 책임이 있는 사유로 착공이 지연, 시공이 중단된 경우

(2) 건설공사의 관계수급인도 상기 사유로 건설공사도급인 또는 건설공사 발주자에게 그 기간의 연장을 요청하여야 함

6 설계변경의 요청 〈법 71조, 영 58조, 규칙 88조〉

(1) 건설공사도급인은 산업재해가 발생할 위험이 있다고 판단되면 건설공사 발주자에게 해당 건설공사의 변경 요청 가능. 단, 설계와 일괄 발주(턴키공사)는 제외

① 산업재해 발생 위험이 있어 설계변경이 가능한 구조물

- 높이 31미터 이상인 비계
- 작업발판 일체형 거푸집 또는 높이 6미터 이상인 거푸집동바리
- 터널의 지보공 또는 높이 2미터 이상인 흙막이 지보공
- 동력을 이용하여 움직이는 가설구조물

② 설계변경 가능 의견 수렴은 건축 · 토목분야 전문가로 건설공사도급인 또는 관계수급인에게 고용되지 않은 사람으로 선정

- 건축구조기술사
- 토목구조기술사
- 토질및기초기술사
- 건설기계기술사

(2) 공사중지 또는 유해위험방지계획서의 변경 명령을 받은 건설공사도급인은 건설공사 발주자에게 설계변경을 요청할 수 있음

① 공사중지 또는 유해위험방지계획서의 변경 발주자에게 요청 시 첨부서류

- 유해위험방지계획서 심사결과 통지서
- 지방고용노동관서의 장이 명령한 공사착공중지명령 또는 계획변경명령 내용
- 설계변경 요청 대상 공사의 도면

• 당초 설계의 문제점 및 변경요청 이유서
• 재해발생의 위험이 높아 설계변경이 필요함을 증명할 서류

(3) 건설공사의 관계수급인은 건설공사도급인 또는 건설공사발주자에게 설계변경을 요청하여야 함

(4) 설계변경 요청을 받은 건설공사발주자는 그 요청받은 내용이 기술적으로 적용이 불가능한 명백한 경우가 아니면 이를 반영하여 설계를 변경하여야 함

(5) 설계변경의 요청 절차 · 방법, 그 밖에 필요한 사항은 국토교통부장관과 협의하여야 함

① 건설공사 설계변경 요청서에 다음 서류 첨부
• 설계변경 요청 대상 공사의 도면
• 당초 설계의 문제점 및 변경요청 이유서
• 가설구조물의 구조계산서 등 당초 설계의 안전성에 관한 전문가의 검토의견서 및 그 전문가의 자격증 사본
• 재해발생의 위험이 높아 설계변경이 필요함을 증명할 서류

② 건설공사도급인은 요청서를 받은 날부터 30일 이내 설계변경 승인을 수급인에게 통지 또는 수급인의 설계변경 요청서를 받은 날부터 10일 이내에 공사발주자에게 제출. 이때 1항 서류 첨부 제출

③ 건설공사발주자는 설계변경 요청서를 받은 날부터 30일 이내에 설계를 변경한 후 건설공사도급인에게 통보

④ 수급인이 설계변경을 요청한 경우 도급인은 통보받은 날부터 5일 이내에 관계수급인에게 그 결과를 통보

7 건설공사의 산업안전보건관리비 계상 〈법 72조, 규칙 89조〉

(1) 건설공사발주자가 건설공사 사업 계획을 수립할 때에는 산업안전보건관리비를 도급금액 또는 사업비에 계상(計上)하여야 함

(2) 고용노동부장관은 산업안전보건관리비의 효율적인 사용을 위하여 다음 사항을 정할 수 있음
• 사업의 규모별 · 종류별 계상 기준
• 건설공사의 진척 정도에 따른 사용비율 등 기준
• 그 밖에 산업안전보건관리비의 사용에 필요한 사항

(3) 건설공사도급인은 산업안전보건관리비의 사용명세서를 작성 · 보존해야 함

① 매월 작성하고 건설공사 종료 후 1년간 보존

② 산업재해보상보험법의 적용을 받는 공사 중 총공사금액 4천만 원 이상인 공사의 공사진척에 다른 안전관리비 사용기준

공사 공정률	50% 이상 70% 미만	70% 이상 90% 미만	90% 이상
안전비 사용기준	50% 이상	70% 이상	90% 이상

(4) 선박의 건조 또는 수리를 최초로 도급받은 수급인은 사업 계획을 수립할 때에는 산업안전보건관리비를 사업비에 계상하여야 함

(5) 건설공사도급인, 선박의 건조 또는 수리를 최초로 도급받은 수급인은 산업안전보건관리비를 산업재해 예방 외의 목적으로 사용 불가

8 건설공사의 산업재해 예방 지도 〈법 73조, 영 59조〉

(1) 아래 건설공사도급인은 해당 건설공사를 하는 동안에 지정받은 전문기관(건설재해예방전문지도기관)에서 건설 산업재해예방 지도를 받으며 발주자가 지도기관을 선정

① 건설공사 금액 1억 원 이상 120억 원(토목공사 150억 원) 미만 공사

② 「건축법」에 따른 건축허가의 대상이 되는 공사를 하는 자

③ 건설공사 예방 지도 예외 공사

- 1개월 미만 공사
- 육지와 연결되지 않은 섬 지역 공사
- 안전관리자의 자격을 가진 사람을 선임하고 안전관리자의 업무만을 전담하도록 하는 공사
- 유해위험방지계획서를 제출해야 하는 공사

(2) 건설재해예방전문지도기관의 지도업무의 내용, 지도대상 분야, 지도의 수행방법, 그 밖에 필요한 사항은 대통령령으로 정함

9 건설공사의 안전보건협의체 구성 · 운영 〈법 75조, 영 63조, 규칙 93조〉

(1) 건설공사 금액이 120억 원(토목공사 150억 원) 이상인 건설공사건설공사도급인은 현장에 근로자위원과 사용자위원을 같은 수로 하여 안전 · 보건에 관한 협의체(노사협의체) 구성 · 운영

① 노사협의체 구성원

㉠ 근로자위원

- 도급 또는 하도급 사업을 포함한 전체 사업의 근로자대표

- 근로자대표가 지명하는 명예산업안전감독관 1명. 명예산업안전감독관이 없는 경우 근로자대표가 지명하는 근로자
- 공사금액이 20억원 이상인 공사의 관계수급인의 각 근로자대표 1명

㉡ 사용자위원
- 도급 또는 하도급 사업을 포함한 전체 사업의 대표자
- 안전관리자 1명
- 보건관리자 1명(보건관리자 선임대상 건설업으로 한정)
- 공사금액이 20억 원 이상인 공사의 관계수급인의 각 대표자

※ 근로자위원과 사용자위원은 합의하여 노사협의체에 공사금액이 20억 원 미만인 공사의 관계수급인을 위원으로 위촉 가능

② 노사협의체의 근로자위원과 사용자위원은 합의하여 건설기계를 직접 운전하는 사람을 노사협의체에 참여하도록 할 수 있음

③ 노사협의체 운영
- 노사협의체의 회의는 정기회의와 임시회의로 구분 개최
- 정기회의는 2개월마다 노사협의체의 위원장이 소집하며, 임시회의는 위원장이 필요하다고 인정할 때에 소집

④ 노사협의체 위원장의 선출, 노사협의체의 회의, 노사협의체에서 의결되지 않은 사항에 대한 처리방법 및 회의 결과 등의 공지에 관하여는 "산업안전보건위원회"와 동일 "노사협의체"로 본다.

(2) 건설공사도급인이 (1)에 따라 노사협의체를 구성 · 운영하는 경우에는 산업안전보건위원회 구성 · 운영하는 것으로 봄

(3) 노사협의체를 구성 · 운영하는 건설공사도급인은 다음 사항에 대하여 노사협의체의 심의 · 의결을 거쳐야 함

① 안전보건관리책임자 업무 심의 · 의결
㉠ 사업장의 산업재해 예방계획의 수립에 관한 사항
㉡ 안전보건관리규정의 작성 및 변경에 관한 사항
㉢ 안전보건교육에 관한 사항
㉣ 작업환경측정 등 작업환경의 점검 및 개선에 관한 사항
㉤ 근로자의 건강진단 등 건강관리에 관한 사항
㉥ 산업재해의 원인 조사 및 재발 방지대책 수립에 관한 사항(X)
㉦ 산업재해에 관한 통계의 기록 및 유지에 관한 사항
㉧ 안전장치 및 보호구 구입 시 적격품 여부 확인에 관한 사항

② 중대재해에 관한 사항(㉥항 비교)

③ 유해하거나 위험한 기계 · 기구설비를 도입한 경우 안전 및 보건 관련 조치에 관한 사항

④ 근로자의 안전 및 보건을 유지 · 증진시키기 위하여 필요한 사항

⑤ 노사협의체는 회의를 개최하고 그 결과를 회의록 작성하여 보존

⑥ 산업재해 예방 및 산업재해가 발생한 경우 노사협의체의 협의 사항

- 산업재해 예방방법 및 산업재해가 발생한 경우의 대피방법
- 작업의 시작시간, 작업 및 작업장 간의 연락방법
- 그 밖의 산업재해 예방과 관련된 사항

⑦ 도급인 · 근로자 및 관계수급인 · 근로자는 노사협의체가 심의 · 의결 사항을 성실하게 이행

⑧ 노사협의체에 관하여는 이 법, 이 법에 따른 명령, 단체협약, 취업규칙 안전보건관리규정에 반하는 내용으로 심의 · 의결해서는 안 되며, 사업주는 노사협의체 위원에게 직무 수행과 관련한 사유로 불리한 처우를 해서는 안 됨. 이 경우 "산업안전보건위원회"는 "노사협의체"로 봄

⑩ 건설공사 기계 · 기구의 안전조치 〈법 76조, 영 66조, 규칙 94조〉

(1) 건설공사도급인은 자신의 사업장에서 타워크레인 등 대통령령으로 정하는 기계 · 기구 또는 설비 등이 설치되어 있거나 작동하고 있는 경우 또는 이를 설치 · 해체 · 조립하는 등의 작업이 이루어지고 있는 경우에는 필요한 안전조치 및 보건조치를 하여야 함

① 타워크레인 등 대통령령으로 정하는 기계 · 기구 또는 설비 등

- 타워크레인
- 건설용 리프트
- 항타기 및 항발기(박힌 말뚝을 빼내는 기계)

(2) 건설공사도급인은 상기 기계 · 기구 또는 설비가 설치되어 있거나 작동하고 있는 경우 또는 이를 설치 · 해체 · 조립하는 등의 작업을 하는 경우에는 다음 사항을 실시 · 확인 또는 조치해야 함

① 작업시작 전 기계 · 기구 등을 소유 또는 대여하는 자와 합동으로 안전점검 실시

② 작업을 수행하는 사업주의 작업계획서 작성 및 이행 여부 확인

③ 작업자가 자격 · 면허 · 경험 또는 기능을 가지고 있는지 여부 확인

④ 기계 · 기구 또는 설비 등에 대하여 안전보건규칙에서 정하고 있는 안전보건 조치

⑤ 기계 · 기구 등의 결함, 작업방법과 절차 미준수, 강풍 등 이상 환경으로 인하여 작업수행 시 현저한 위험이 예상되는 경우 작업중지 조치

Occupational Safety Instructor

[24] 유해 · 위험 기계등에 대한 방호조치

1 유해 · 위험한 기계 · 기구 방호조치 〈법 80조, 영 70조, 규칙 98조〉

(1) 누구든지 동력(動力)으로 작동하는 기계 · 기구는 위험 방지를 위한 방호조치를 하고, 양도, 대여, 설치, 사용에 제공 및 진열 가능

① 작동 부분에 돌기 부분이 있는 것

② 동력전달 부분 또는 속도조절 부분이 있는 것

③ 회전기계에 물체 등이 말려 들어갈 부분이 있는 것

※ 방호조치가 필요한 기계기구 〈영 별표 20〉

- 예초기 : 접촉 예방장치
- 원심기 : 회전체 접촉 예방장치
- 공기압축기 : 압력방출장치
- 금속절단기 : 날접촉 예방장치
- 지게차 : 헤드 가드, 백레스트, 전조등, 후미등, 안전벨트
- 포장기계 : 구동부 방호 연동장치

(2) 사업주 방호조치가 정상으로 발휘하도록 상시적으로 점검과 정비

(3) 사업주와 근로자는 방호조치 해체 시 안전조치 및 보건조치 시행

(4) 기계기구의 방호조치 요령

① 작동 부분의 돌기부분은 묻힘형 또는 덮개를 부착할 것

② 동력전달부분 및 속도조절부분에는 덮개 부착 또는 방호망을 설치할 것

③ 회전기계의 물림점에는 덮개 또는 울을 설치할 것

(5) 기계기구 방호조치 해체 시 안전 · 보건 조치사항

① 방호조치를 해체하려는 경우 사업주의 허가를 받아 해체할 것

② 방호조치 해체 사유가 소멸된 경우 : 방호조치를 지체 없이 원상 회복

③ 방호조치의 기능이 상실된 것을 발견한 경우 : 지체 없이 사업주에게 신고

(6) 사업주는 방호조치 상실 신고가 있으면 즉시 수리, 보수 및 작업중지 등 적절한 조치를 해야 함

2 기계기구 등의 대여자 등의 조치 〈법 81조, 영 71조, 규칙 100 · 101조〉

(1) 기계 · 기구 · 설비 또는 건축물 등을 타인에게 대여하거나 대여받는 자는 필요한 안전조치 및 보건조치를 하여야 함

대여자 등이 안전조치 등을 해야 하는 기계 · 기구 · 설비 및 건축물 등 〈영 71조, 별표 21〉

1. 사무실 및 공장용 건축물
2. 이동식 크레인
3. 타워크레인
4. 불도저
5. 모터 그레이더
6. 로더
7. 스크레이퍼
8. 스크레이퍼 도저
9. 파워 셔블
10. 드래그라인
11. 클램셸
12. 버킷굴착기
13. 트렌치
14. 항타기
15. 항발기
16. 어스드릴
17. 천공기
18. 어스오거
19. 페이퍼드레인머신
20. 리프트
21. 지게차
22. 롤러기
23. 콘크리트 펌프
24. 고소작업대
25. 산업재해보상보험 및 예방심의위원회 심의를 거쳐 고시하는 기계, 기구, 설비 및 건축물 등

(2) 대여하는 자가 해야 할 유해 · 위험 방지조치

① 기계 등을 미리 점검하고 이상 시 즉시 보수 또는 필요한 정비를 할 것

② 기계 등을 대여받은 자에게 다음 사항을 서면으로 발급

- 해당 기계등의 성능 및 방호조치의 내용
- 해당 기계등의 특성 및 사용 시의 주의사항
- 해당 기계등의 수리 · 보수 및 점검 내역과 주요 부품의 제조일
- 기계의 정밀진단 및 안전점검 내역, 주요 안전부품의 교환이력 및 제조일

(3) 대여받는 자는 그가 사용하는 근로자가 아닌 사람에게 해당 기계등을 조작하도록 하는 경우에는 다음 조치를 해야 함. 다만, 해당 기계등을 구입할 목적으로 기종(變種)의 선정 등을 위하여 일시적으로 대여받는 경우에는 그렇지 않음

① 기계등을 조작하는 사람이 관계 법령에서 정하는 자격이나 기능을 가진 사람인지 확인할 것

② 기계등을 조작하는 사람에게 다음 사항을 주지시킬 것

- 작업의 내용
- 지휘계통

• 연락 · 신호 등의 방법
• 운행경로, 제한속도, 그 밖에 해당 기계등의 운행에 관한 사항
• 기계등의 조작에 따른 산업재해를 방지하기 위하여 필요한 사항

Occupational Safety Instructor

[25] 안전인증(기계기구, 설비, 방호장치, 보호구)

〈법 83 · 84조, 영 74조, 규칙 108조〉

1 안전인증 기준 및 면제 조건

(1) 유해 위험한 기계 · 기구설비 및 방호장치 보호구의 안전성을 평가하기 위하여 그 안전에 관한 성능과 제조자의 기술 능력 및 생산체계 등에 관한 기준(안전인증기준)을 정하여 고시

(2) 안전인증기준은 유해 · 위험기계등의 종류별, 규격 및 형식별로 정함

안전인증의 기계기구, 방호장치, 보호구의 종류

기계, 설비	방호장치	보호구
가. 프레스 나. 전단기, 절곡기 다. 크레인 라. 리프트 마. 압력용기 바. 롤러기 사. 사출성형기 아. 고소 작업대 자. 곤돌라	가. 프레스 및 전단기 방호장치 나. 양중기용 과부하 방지장치 다. 보일러 압력방출용 안전밸브 라. 압력용기 압력방출용 안전밸브 마. 압력용기 압력방출용 파열판 바. 절연용 방호구 및 활선작업용 기구 사. 방폭구조전기기계 · 기구 및 부품 아. 추락 · 낙하 및 붕괴 등의 위험 방지 및 보호에 필요한 가설기자재 자. 충돌 · 협착 등의 위험 방지에 필요한 산업용 로봇 방호장치	가. 추락 및 감전 위험방지용 안전모 나. 안전화 다. 안전장갑 라. 방진마스크 마. 방독마스크 바. 송기(送氣)마스크 사. 전동식 호흡보호구 아. 보호복 자. 안전대 차. 차광 및 비산물 위험방지용 보안경 카. 용접용 보안면 타. 방음용 귀마개 또는 귀덮개

(3) 유해 · 위험기계등 위해(危害)를 미칠 수 있다고 인정되는 안전인증대상기계등을 제조하거나 수입하는 자(설치, 이전, 구조변경)는 안전인증을 받아야 함

(4) 안전인증 면제 조건

① 안전인증의 전부 또는 일부 면제 조건

- 연구 · 개발을 목적으로 제조 · 수입, 수출을 목적으로 제조하는 경우
- 외국의 안전인증기관에서 인증을 받은 경우
- 다른 법령에 따라 안전성에 관한 검사나 인증을 받은 경우

② 전부 면제 조건

- 「건설기계관리법」 검사를 받은 경우 또는 형식신고를 한 경우
- 「고압가스 안전관리법」 검사를 받은 경우
- 「광산안전법」 설치 또는 변경공사가 완료되었을 때에 받는 검사를 받은 경우
- 「방위사업법」 품질보증을 받은 경우
- 「선박안전법」 검사를 받은 경우
- 「에너지이용 합리화법」 검사를 받은 경우
- 「원자력안전법」 검사를 받은 경우
- 「위험물안전관리법」 검사를 받은 경우
- 「전기사업법」 검사를 받은 경우
- 「항만법」 검사를 받은 경우
- 「화재예방, 소방시설 설치 · 유지 및 안전관리에 관한 법률」 형식승인을 받은 경우

(5) 안전인증대상기계등이 아닌 유해 · 위험기계등을 제조하거나 수입하는 자가 그 유해 · 위험기계등의 안전에 관한 성능 등을 평가받으려면 고용노동부장관에게 안전인증을 신청할 수 있음

(6) 안전인증을 받은 자가 안전인증기준을 지키고 있는지를 3년 이하의 범위에서 주기마다 확인하여야 함. 안전인증의 일부를 면제받은 경우에는 확인의 전부 또는 일부를 생략할 수 있음

(7) 안전인증을 받은 자는 안전인증대상기계 등에 제품명 · 모델명 · 제조 수량 · 판매수량 및 판매처 현황 등의 사항을 기록하여 보존

(8) 안전인증대상기계등을 제조 · 수입 또는 판매하는 자에게 안전인증대상기계제조 · 수입 또는 판매에 관한 자료를 공단에 제출

(9) 안전인증의 신청 방법 · 절차, 확인의 방법, 절차 등을 고용노동부령으로 정함

(10) 안전인증대상기계등이 인증 또는 시험을 받았거나 그 일부 항목이 안전인증기준과 같은 수준 이상인 것으로 인정되는 경우 안전인증의 일부를 면제

① 장관이 고시하는 외국의 안전인증기관에서 인증을 받은 경우

② 국제전기기술위원회(IEC)의 국제방폭전기기계 · 기구 상호인정제도에 따라 인증을 받은 경우

③ 「국가표준기본법」의 시험 · 검사기관에서 실시하는 시험을 받은 경우

④ 「산업표준화법」 인증을 받은 경우

⑤ 「전기용품 및 생활용품 안전관리법」 안전인증을 받은 경우

2 안전인증 심사의 종류 및 방법

(1) 안전인증기관의 심사방법

① 예비심사 기계 및 방호장치 · 보호구가 유해 · 위험기계등인지를 확인하는 심사

② 서면심사 : 유해 · 위험기계등의 종류별 또는 형식별로 설계도면 등 유해 · 위험기계등의 제품기술과 관련된 문서가 안전인증기준에 적합한지에 대한 심사

③ 기술능력 및 생산체계 심사 : 유해 · 위험기계등의 안전성능을 지속적으로 유지 · 보증하기 위하여 사업장에서 갖추어야 할 기술능력과 생산체계가 안전인증기준에 적합한지에 대한 심사

④ 제품심사 : 유해 · 위험기계등이 서면심사 내용과 일치하는지와 유해 · 위험기계등의 안전에 관한 성능이 안전인증기준에 적합한지에 대한 심사

(2) 심사종류별 심사기간

① 안전인증기관은 안전인증 신청서를 제출받으면 기간 내에 심사. 다만, 부득이한 사유 시 15일의 범위에서 심사기간 연장

㉠ 예비심사 : 7일

㉡ 서면심사 : 15일(외국에서 제조한 경우는 30일)

㉢ 기술능력 및 생산체계 심사 : 30일(외국에서 제조 시 45일)

㉣ 제품심사

- 개별 제품심사 : 15일
- 형식별 제품심사 : 30일

(3) 안전인증심의위원회의 구성 · 기능 및 운영 등에 필요한 사항은 고용노동부장관이 정하여 고시

3 확인의 방법 및 주기

(1) 안전인증기관이 안전인증을 받은 자에 대한 확인 사항

① 안전인증서의 사업장에서 해당 유해위험기계등의 생산 여부

② 안전인증을 받은 유해 · 위험기계등이 안전인증기준에 적합한지 여부

③ 제조자가 안전인증을 받을 당시의 기술능력 · 생산체계를 지속적 유지 여부

④ 유해 · 위험기계등이 서면심사 내용과 같은 수준 이상의 재료 및 부품 사용 여부

(2) 안전인증기관은 안전인증을 받은 자의 기준 준수 확인을 2년에 1회 이상 확인. 다만, 다음의 경우에는 3년에 1회 이상 확인

① 최근 3년 동안 안전인증이 취소, 사용금지 또는 시정명령을 받은 사실이 없는 경우

② 최근 2회의 확인 결과 기술능력 및 생산체계가 기준 이상인 경우

(3) 안전인증기관은 안전인증확인 통지서를 제조자에게 발급해야 함

(4) 안전인증기관은 안전인증 확인 결과 그 사실을 증명할 수 있는 서류를 첨부하여 유해위험기계등을 제조하는 사업장의 소재지를 관할하는 지방고용노동관서의 장에게 지체 없이 알려야 함

(5) 안전인증기관은 일부 항목에 한정하여 안전인증을 면제한 경우에는 외국의 해당 안전인증기관에서 실시한 인전인증 확인의 결과를 제출받아 확인의 전부 또는 일부를 생략할 수 있음

(6) 안전인증을 받은 자는 안전인증을 받은 유해위험기계등이나 이를 담은 용기 또는 포장에 "안전인증표시"를 하여야 함

Occupational Safety Instructor

[26] 자율안전확인대상기계

〈법 89조, 영 77조, 규칙 119조〉

1 자율안전확인 신고

(1) 안전인증대상기계등이 아닌 유해위험기계로서 자율안전확인대상기계등을 제조, 수입자는 자율안전확인대상기계등의 안전에 관한 성능이 자율안전기준에 맞는지 확인하여 고용노동부장관에게 신고. 다만, 다음에 해당하는 경우에는 신고 면제

① 연구 · 개발을 목적으로 제조 · 수입, 수출을 목적으로 제조하는 경우

② 안전인증을 받은 경우

③ 다른 법령에 따라 안전성에 관한 검사나 인증을 받은 경우

- 「농업기계화촉진법」에 따른 검정을 받은 경우
- 「산업표준화법」에 따른 인증을 받은 경우
- 「전기용품 및 생활용품 안전관리법」 안전인증 및 안전검사를 받은 경우
- 국제전기기술위원회(IEC)의 국제방폭전기기계 · 기구 상호인정제도에 따라 인증을 받은 경우

(2) 신고를 한 자는 자율안전확인대상기계등이 자율안전기준에 맞는 것임을 증명하는 서류를 보존하여야 함

(3) 자율안전확인대상기계등

기계, 설비	방호장치	보호구
가. 연삭기 또는 연마기 나. 산업용 로봇 다. 혼합기 라. 파쇄기 · 분쇄기 마. 식품가공용 기계 바. 컨베이어 사. 자동차정비용 리프트 아. 공작기계(선반, 드릴기, 평삭 · 형삭기, 밀링만 해당) 자. 고정형 목재가공용 기계(둥근톱, 대패, 루타기, 띠톱, 모떼기 기계만 해당) 차. 인쇄기	가. 아세틸렌 용접장치용 또는 가스집합 용접장치용 안전기 나. 교류 아크용접기용 자동전격방지기 다. 롤러기 급정지장치 라. 연삭기 덮개 마. 목재 가공용 둥근톱 반발 예방장치와 날 접촉 예방장치 바. 동력식 수동대패용 칼날 접촉 방지장치 사. 추락 · 낙하 및 붕괴 등의 위험 방지와 보호에 필요한 가설기자재	가. 안전모(추락 · 방전용 안전모 제외) 나. 보안경(차광, 비산물위험 방지용 보안경 제외) 다. 보안면(용접용 보안면 제외)

❷ 자율안전확인대상기계등 신고방법 · 자율안전확인 표시

(1) 신고해야 하는 자는 자율안전확인대상기계등을 출고, 수입하기 전에 자율안전확인 신고서에 다음 서류를 첨부하여 공단에 제출해야 함

① 제품의 설명서

② 자율안전확인대상기계등의 자율안전기준을 충족함을 증명하는 서류

(2) 자율안전확인의 표시는 안전인증대상기계기구와 동일하며, 자율안전대상기계기구 및 그를 담은 용기 또는 포장지에 자율안전인증표시를 해야 함

Occupational Safety Instructor

[27] 유해 · 위험 기계 · 기구의 안전검사

〈법 93조, 영 78조, 규칙 124조〉

(1) 유해하거나 위험한 기계 · 기구, 설비(안전검사대상기계등)를 사용하는 사업주는 안전에 관한 성능이 검사기준에 맞는지 장관이 실시하는 안전검사를 받아야 함(사업주 · 소유자가 다른 때는 안전검사대상기계등의 소유자가 안전검사)

안전검사대상기계등

1. 프레스 2. 전단기 3. 크레인(정격 하중이 2톤 미만인 것은 제외) 4. 리프트 5. 압력용기 6. 곤돌라 7. 국소 배기장치(이동식은 제외) 8. 원심기(산업용만 해당) 9. 롤러기(밀폐형 구조는 제외)	10. 사출성형기[형 체결력(型 締結力) 294 킬로뉴턴(kN) 미만은 제외] 11. 고소작업대 (「자동차관리법」 제3조 제3호 또는 제4호에 따른 화물자동차 또는 특수자동차에 탑재한 고소작업대로 한정) 12. 컨베이어 13. 산업용 로봇

(2) 다른 법령에 따라 안전성에 관한 검사나 인증을 받은 경우에는 안전검사 면제

① 「건설기계관리법」 검사를 받은 경우
② 「고압가스 안전관리법」 검사를 받은 경우
③ 「광산안전법」 광업시설의 설치 · 변경공사 완료 후 일정한 기간이 지날 때마다 받는 검사를 받은 경우
④ 「선박안전법」 검사를 받은 경우
⑤ 「에너지이용 합리화법」 검사를 받은 경우
⑥ 「원자력안전법」 검사를 받은 경우
⑦ 「위험물안전관리법」 정기점검 또는 정기검사를 받은 경우
⑧ 「전기사업법」 검사를 받은 경우
⑨ 「항만법」 검사를 받은 경우
⑩ 「화재예방, 소방시설 설치 · 유지 및 안전관리에 관한 법률」 자체점검 등을 받은 경우
⑪ 「화학물질관리법」 정기검사를 받은 경우

(3) 안전검사의 신청, 검사 주기 및 검사합격 표시방법, 그 밖에 필요한 사항은 고용노동부령으로 정함

※ 안전검사대상기계등의 안전검사 주기

① 크레인, 리프트 및 곤돌라 : 사업장에 설치가 끝난 날부터 3년 이내에 최초 안전검사를 실시하되, 그 이후부터 2년마다(건설현장에서 사용하는 것은 최초로 설치한 날부터 6개월마다)

② 이동식 크레인, 이삿짐운반용 리프트 및 고소작업대 : 「자동차관리법」에 따른 신규등록 이후 3년 이내에 최초 안전검사를 실시, 그 이후 2년마다

③ 프레스, 전단기, 압력용기, 국소 배기장치, 원심기, 롤러기, 사출성형기, 컨베이어 및 산업용 로봇 : 사업장에 설치가 끝난 날부터 3년 이내에 최초 안전검사를 실시하되, 그 이후부터 2년마다

④ 공정안전보고서를 제출하여 확인을 받은 압력용기 : 4년마다

(4) 안전검사의 합격표시 및 표시방법

안전검사합격증명서	
① 안전검사대상기계명	
② 신청인	
③ 형식번(기)호(설치장소)	
④ 합격번호	
⑤ 검사유효기간	
⑥ 검사기관(실시기관)	○○○○○○ (직인) 검사원 : ○○○
고 용 노 동 부 장 관	직인 생략

(5) 안전검사 신청서를 검사 주기 만료일 30일 전에 안전검사기관에 제출

(6) 안전검사기관은 검사 주기 만료일 전후 각각 30일 이내에 해당 기계 · 기구 및 설비별로 안전검사 시행

(7) 안전검사기관은 안전검사대상기계등을 발견하였을 때에는 이를 고용노동부장관에게 지체 없이 보고

Occupational Safety Instructor

[28] 자율검사프로그램에 따른 안전검사법

〈법 98조, 영 77조, 규칙 130조〉

(1) 사업주가 근로자대표와 협의하여 검사기준, 검사주기 등을 충족하는 자율검사프로그램을 정하고 고용노동부장관의 인정을 받아 다음의 해당하는 사람으로부터 자율검사프로그램에 따라 안전에 관한 성능검사(자율안전검사)를 받으면 안전검사를 받은 것으로 봄

① 고용노동부령으로 정하는 안전에 관한 성능검사와 관련된 자격 및 경험을 가진 사람

② 고용노동부령으로 정하는 바에 따라 안전에 관한 성능검사 교육을 이수하고 해당 분야의 실무 경험이 있는 사람

(2) 자율검사프로그램의 유효기간은 2년으로 함

(3) 사업주는 자율안전검사를 받은 경우에는 그 결과를 기록하여 보존

(4) 자율안전검사를 받으려는 사업주는 지정받은 자율안전검사기관에 자율안전검사를 위탁할 수 있음

(5) 자율검사프로그램에 포함되어야 할 내용, 자율검사프로그램의 인정 요건, 인정 방법 및 절차, 그 밖에 필요한 사항은 장관이 정함

[29] 유해 · 위험 기계 · 기구 제조사업 지원

〈법 102조, 규칙 137조〉

(1) 고용노동부장관은 유해 · 위험기계등의 품질 · 안전성 또는 설계 · 시공 능력 등의 향상을 위하여 예산의 범위에서 필요한 지원을 할 수 있음

① 다음에 해당하는 것의 안전성 향상을 위하여 지원이 필요하다고 인정되는 것을 제조하는 자

- 안전인증대상기계등
- 자율안전확인대상기계등
- 그 밖에 산업재해가 많이 발생하는 유해 · 위험기계등

② 작업환경 개선시설을 설계 · 시공하는 자

(2) 지원을 받으려는 자는 인력 · 시설 및 장비 등의 요건을 갖추어 고용노동부장관에게 등록하여야 함

(3) 공단에서 지원하는 사항

① 설계 · 시공, 연구 · 개발 및 시험에 관한 기술 지원

② 설계 · 시공, 연구 · 개발 및 시험 비용의 일부 또는 전부의 지원

③ 연구개발, 품질관리를 위한 시험장비 구매 비용의 일부, 전부의 지원

④ 국내외 전시회 개최 비용의 일부 또는 전부의 지원

⑤ 공단이 소유하고 있는 공업소유권의 우선사용 지원

⑥ 고용노동부장관이 등록업체의 제조 · 설계 · 시공능력의 향상을 위하여 필요하다고 인정하는 사업의 지원

(4) 사업장의 유해 · 위험기계등의 보유현황 및 안전검사 이력 등 안전에 관한 정보를 종합관리하고, 해당 정보를 안전인증기관 또는 안전검사기관에 제공할 수 있음

(5) 고용노동부장관은 정보의 종합관리를 위하여 안전인증기관 또는 안전검사기관에 사업장의 유해 · 위험기계등의 보유현황 및 안전검사 이력 등의 필요한 자료를 제출하도록 요청할 수 있음

(6) 고용노동부장관은 정보의 종합관리를 위하여 유해 · 위험기계등의 보유현황 및 안전검사 이력 등 안전에 관한 종합정보망을 구축 · 운영하여야 함

[30] 유해 · 위험 물질의 관리

〈법 104조, 규칙 141조〉

1 유해인자의 분류기준

장관은 근로자에게 건강장해 일으키는 화학물질 및 물리적 인자 등(유해인자)의 유해성 · 위험성 분류기준 마련

유해인자의 유해성 · 위험성 분류기준 〈규칙 141조, 별표 18〉

1. 화학물질의 분류기준

가. 물리적 위험성 분류기준

1) 폭발성 물질 : 자체의 화학반응에 따라 주위환경에 손상을 줄 수 있는 정도의 온도 · 압력 및 속도를 가진 가스를 발생시키는 고체 · 액체 또는 혼합물

2) 인화성 가스 : 20℃, 표준압력(101.3kPa)에서 공기와 혼합하여 인화되는 범위에 있는 가스와 54℃ 이하 공기 중에서 자연발화하는 가스를 말한다. (혼합물을 포함한다)

3) 인화성 액체 : 표준압력(101.3kPa)에서 인화점이 93℃ 이하인 액체

4) 인화성 고체 : 쉽게 연소되거나 마찰에 의하여 화재를 일으키거나 촉진할 수 있는 물질

5) 에어로졸 : 재충전이 불가능한 금속 · 유리 또는 플라스틱 용기에 압축가스 · 액화가스 또는 용해가스를 충전하고 내용물을 가스에 현탁시킨 고체나 액상입자, 액상 또는 가스상에서 폼 · 페이스트 · 분말상으로 배출되는 분사장치를 갖춘 것

6) 물반응성 물질 : 물과 상호작용을 하여 자연발화되거나 인화성 가스를 발생시키는 고체 · 액체 또는 혼합물

7) 산화성 가스 : 일반적으로 산소를 공급함으로써 공기보다 다른 물질의 연소를 더 잘 일으키거나 촉진하는 가스

8) 산화성 액체 : 그 자체로는 연소하지 않더라도, 일반적으로 산소를 발생시켜 다른 물질을 연소시키거나 연소를 촉진하는 액체

9) 산화성고체 : 그 자체로는 연소하지 않더라도, 일반적으로 산소를 발생시켜 다른 물질을 연소시키거나 연소를 촉진하는 고체

10) 고압가스 : 20℃, 200킬로파스칼(kPa) 이상의 압력하에서 용기에 충전되어 있는 가스 또는 냉동액화가스 형태로 용기에 충전되어 있는 가스(압축가스, 액화가스, 냉동액화가스, 용해가스로 구분한다)
11) 자기반응성 물질 : 열적(熱的)인 면에서 불안정하여 산소가 공급되지 않아도 강렬하게 발열 · 분해하기 쉬운 액체 · 고체 또는 혼합물
12) 자연발화성 액체 : 적은 양으로도 공기와 접촉하여 5분 안에 발화할 수 있는 액체
13) 자연발화성 고체 : 적은 양으로도 공기와 접촉하여 5분 안에 발화할 수 있는 고체
14) 자기발열성 물질 : 주위의 에너지 공급 없이 공기와 반응하여 스스로 발열하는 물질(자기발화성 물질은 제외한다)
15) 유기과산화물 : 2가의 -O-O- 구조를 가지고 1개 또는 2개의 수소 원자가 유기라디칼에 의하여 치환된 과산화수소의 유도체를 포함한 액체 또는 고체 유기물질
16) 금속 부식성 물질 : 화학적인 작용으로 금속에 손상 또는 부식을 일으키는 물질

나. 건강 및 환경 유해성 분류기준

1) 급성 독성 물질 : 입 또는 피부를 통하여 1회 투여 또는 24시간 이내에 여러 차례로 나누어 투여하거나 호흡기를 통하여 4시간 동안 흡입하는 경우 유해한 영향을 일으키는 물질
2) 피부 부식성 또는 자극성 물질 : 접촉 시 피부조직을 파괴하거나 자극을 일으키는 물질(피부 부식성 물질 및 피부 자극성 물질로 구분한다)
3) 심한 눈 손상성 또는 자극성 물질 : 접촉 시 눈 조직의 손상 또는 시력의 저하 등을 일으키는 물질(눈 손상성 물질 및 눈 자극성 물질로 구분한다)
4) 호흡기 과민성 물질 : 호흡기를 통하여 흡입되는 경우 기도에 과민반응을 일으키는 물질
5) 피부 과민성 물질 : 피부에 접촉되는 경우 피부 알레르기 반응을 일으키는 물질
6) 발암성 물질 : 암을 일으키거나 그 발생을 증가시키는 물질
7) 생식세포 변이원성 물질 : 자손에게 유전될 수 있는 사람의 생식세포에 돌연변이를 일으킬 수 있는 물질

8) 생식독성 물질 : 생식기능, 생식능력 또는 태아의 발생 · 발육에 유해한 영향을 주는 물질
9) 특징 표적장기 독성 물질(1회 노출) : 1회 노출로 특정 표적장기 또는 전신에 독성을 일으키는 물질
10) 특정 표적장기 독성 물질(반복 노출) : 반복적인 노출로 특정 표적장기 또는 전신에 독성을 일으키는 물질
11) 흡인 유해성 물질 : 액체 또는 고체 화학물질이 입이나 코를 통하여 직접적으로 도는 구토로 인하여 간접적으로, 기관 및 더 깊은 호흡기관으로 유입되어 화학적 폐렴, 다양한 폐 손상이나 사망과 같은 심각한 급성 영향을 일으키는 물질
12) 수생 환경 유해성 물질 : 단기간 또는 장기간의 노출로 수생생물에 유해한 영향을 일으키는 물질
13) 오존층 유해성 물질 : 「오존층 보호를 위한 특정물질의 제조규제 등에 관한 법률」 제2조 제1호에 따른 특정물질

2. 물질적 인자의 분류기준

가. 소음 : 소음성난청을 유발할 수 있는 85데시벨(A) 이상의 시끄러운 소리
나. 진동 : 착암기, 손망치 등의 공구를 사용함으로써 발생되는 백랍명 · 레이노 현상 · 말초순환장애 등의 국소 진동 및 차량 등을 이용함으로써 발생되는 관절통 · 디스크 · 소화장애 등의 전신 진동
다. 방사선 : 직접 · 간접으로 공기 또는 세포를 전리하는 능력을 가진 알파선 · 베타선 · 감마선 · 엑스선 · 중성자선 등의 전자선
라. 이상기압 : 게이지 압력이 제곱센티미터당 1킬로그램 초과 또는 미만인 기압
마. 이상기온 : 고열 · 한랭 · 다습으로 인하여 열사병 · 동상 · 피부질환 등을 일으킬 수 있는 기온

3. 생물학적 인자의 분류기준

가. 혈액매개 감염인자 : 인간면역결핍바이러스, B형 · C형간염바이러스, 매독바이러스 등 혈액을 매개로 다른 사람에게 전염되어 질병을 유발하는 인자
나. 공기매개 감염인자 : 결핵 · 수두 · 홍역 등 공기 또는 비말감염 등을 매개로 호흡기를 통하여 전염되는 인자
다. 곤충 및 동물매개 감염인자 : 쯔쯔가무시증, 랩토스피라증, 유행성출혈열 등 동물의 배설물 등에 의하여 전염되는 인자 및 탄저병, 브루셀라병 등 가축 또는 야생동물로부터 사람에게 감염되는 인자

※ 비고

제1호에 따른 화학물질의 분류기준 중 가목에 따른 물리적 위험성 분류기준별 세부 구분기준과 나목에 다른 건강 및 환경 유해성 분류기준의 단일물질 분류기준별 세부 구분기준 및 혼합물질의 분류기준은 고용노동부장관이 정하여 고시한다.

2 유해인자의 유해성 · 위험성 평가 및 관리

(1) 장관은 유해인자가 근로자의 건강에 미치는 유해성 · 위험성을 평가하고 그 결과를 관보 등에 공표할 수 있음

① 유해성 · 위험성 평가의 대상이 되는 유해인자의 선정기준

- 유해성 · 위험성 평가가 필요한 유해인자
- 노출 시 변이원성(變異原性 : 유전적인 돌연변이를 일으키는 물리적 · 화학적 성질), 흡입독성, 생식독성(生殖毒性 : 생물체의 생식에 해를 끼치는 약물 등의 독성), 발암성 등 유해인자
- 사회적 물의를 일으키는 등 유해성 · 위험성 평가 필요한 유해인자

② 고용노동부장관은 선정된 유해인자에 대한 유해성 · 위험성 평가를 실시할 때에는 다음 사항을 고려해야 함

- 독성시험자료 등을 통한 유해성 · 위험성 확인
- 화학물질의 노출이 인체에 미치는 영향
- 화학물질의 노출수준

(2) 고용노동부장관은 평가 결과 등을 고려하여 유해성 · 위험성 수준별로 유해인자를 구분하여 관리하여야 함

(3) 유해성 · 위험성 평가대상 유해인자의 선정기준, 유해성 · 위험성 평가의 방법, 그 밖에 필요한 사항은 고용노동부령으로 정함

Occupational Safety Instructor

[31] 물질안전보건자료 작성 · 제출

〈법 110조, 영 86조, 규칙 156조〉

1 물질안전보건자료의 작성 및 제출

(1) 화학물질 또는 이를 함유한 혼합물로서 유해인자 분류기준에 해당하는 물질안전보건자료대상물질로서

(2) 제조하거나 수입하려는 자는 다음 사항을 적은 자료(물질안전보건자료)를 작성하여 제조 또는 수입하기 전에 공단(고용노동부장관)에 제출(기재 사항이나 작성방법을 정할 때 환경부장관과 협의)

① 제품명

② 물질안전보건자료대상물질을 구성하는 화학물질의 명칭 및 함유량

③ 안전 및 보건상의 취급 주의 사항

④ 건강 및 환경에 대한 유해성, 물리적 위험성

⑤ 물리 · 화학적 특성 등 고용노동부령으로 정하는 사항

㉠ MSDS의 기재는 신뢰성 확보를 위하여 인용된 자료의 출처 기재

㉡ 물리 · 화학적 특성 기재 사항

- 물리 · 화학적 특성
- 독성에 관한 정보
- 폭발 · 화재 시의 대처방법
- 응급조치 요령
- 그 밖에 고용노동부장관이 정하는 사항

(3) 물질안전보건자료대상물질을 제조하거나 수입하려는 자는 화학물질 중 분류기준에 해당하지 아니하는 화학물질의 명칭 및 함유량을 고용노동부장관에게 별도로 제출하여야 함. 다만, 다음에 해당하는 경우는 그러하지 아니함

① 제출된 물질안전보건자료에 이 항 각 호 외의 부분 본문에 따른 화학물질의 명칭 및 함유량이 전부 포함된 경우

② 물질안전보건자료대상물질을 수입하려는 자가 물질안전보건자료대상물질을 국외에서 제조하여 우리나라로 수출하려는 자로부터 분류기준에 해당하는 화학물질이 없음을 확인하는 내용의 서류를 받아 제출한 경우

(4) 물질안전보건자료대상물질을 제조하거나 수입한 자는 변경 사항을 반영한 물질안전보건자료를 고용노동부장관에게 제출하여야 한다.

(5) 물질안전보건자료의 작성 · 제출 제외 대상 화학물질

① 「건강기능식품에 관한 법률」 제3조 제1호에 따른 건강기능식품

② 「농약관리법」 제2조 제1호에 따른 농약

③ 「마약류 관리에 관한 법률」 마약 및 향정신성의약품

④ 「비료관리법」 제2조 제1호에 따른 비료

⑤ 「사료관리법」 제2조 제1호에 따른 사료

⑥ 「생활주변방사선 안전관리법」 제2조 제2호에 따른 원료물질

⑦ 「생활화학제품 및 살생물제의 안전관리에 관한 법률」 안전확인대상생활화학제품 및 살생물제품 중 일반소비자의 생활용으로 제공되는 제품

⑧ 「식품위생법」 제2조 제1호 및 제2호에 따른 식품 및 식품첨가물

⑨ 「약사법」 제2조 제4호 및 제7호에 따른 의약품 및 의약외품

⑩ 「원자력안전법」 제2조 제5호에 따른 방사성물질

⑪ 「위생용품 관리법」 제2조 제1호에 따른 위생용품

⑫ 「의료기기법」 제2조 제1항에 따른 의료기기

⑬ 「총포 · 도검 · 화약류 등의 안전관리에 관한 법률」 화약류

⑭ 「폐기물관리법」 제2조 제1호에 따른 폐기물

⑮ 「화장품법」 제2조 제1호에 따른 화장품

⑯ 화학물질 또는 혼합물로서 일반소비자의 생활용으로 제공되는 것

2 물질안전보건자료의 제공

물질안전보건자료대상물질을 양도하거나 제공하는 자는 이를 양도, 제공, 변경내용 받는 자에게 물질안전보건자료를 제공하여야 한다.

3 물질안전보건자료의 일부 비공개 승인

(1) 물질안전보건자료에 화학물질의 명칭 및 함유량을 대체할 수 있는 명칭 및 함유량으로 적기 위하여 승인을 신청하려는 자는 물질안전보건자료대상물질을 제조하거나 수입하기 전에 물질안전보건자료시스템을 통하여 물질안전보건자료 비공개 승인신청서에 다음 각 호의 정보를 기재하거나 첨부하여 공단에 제출해야 한다.

① 대체자료로 적으려는 화학물질의 명칭 및 함유량이 영업비밀에 해당함을 입증하는 자료로서 고용노동부장관이 정하여 고시하는 자료

② 대체자료

③ 대체자료로 적으려는 화학물질의 명칭 및 함유량, 건강 및 환경에 대한 유해성, 물리적 위험성 정보

④ 물질안전보건자료

⑤ 분류기준에 해당하지 않는 화학물질의 명칭 및 함유량

⑥ 화학물질의 명칭 및 함유량을 대체자료로 적도록 승인하기 위해 필요한 정보로서 고용노동부장관이 정하여 고시하는 서류

(2) 연장승인 신청을 하려는 자는 유효기간이 만료되기 30일 전까지 물질안전보건자료시스템을 통하여 (1)의 서류를 첨부하여 공단에 제출해야 함

※ 유효기간 만료 시 계속하여 대체자료로 그 유효기간의 연장승인을 신청하면 유효기간이 만료되는 다음 날부터 5년 단위로 그 기간을 계속하여 연장승인할 수 있음

(3) 공단은 승인 신청 또는 연장승인 신청을 받은 날부터 1개월 이내에 승인 여부를 결정하여 그 결과를 신청인에게 통보해야 함

(4) 영업비밀로 화학물질의 명칭 및 함유량을 물질안전보건자료에 적지 아니하려는 자는 장관에게 신청하여 승인을 받아 해당 화학물질의 명칭 및 함유량을 대체할 수 있는 명칭 및 함유량으로 적을 수 음. 다만, 근로자에게 중대한 건강장해를 초래할 우려가 있는 화학물질로서 「산업재해보상보험법」에 따른 산업재해보상보험 및 예방심의위원회의 심의를 거쳐 고용노동부장관이 고시하는 것은 그러하지 아니함

4 물질안전보건자료의 게시 및 교육

(1) 물질안전보건자료대상물질을 취급하는 사업주는 다음의 장소 또는 전산장비에 항상 물질안전보건자료를 게시하거나 갖추어 두어야 함

① 물질안전보건자료대상물질을 취급하는 작업공정이 있는 장소

② 작업장 내 근로자가 가장 보기 쉬운 장소

③ 근로자가 작업 중 쉽게 접근할 수 있는 장소에 설치된 전산장비

(2) 건설공사, 임시 작업 또는 단시간 작업은 물질안전보건자료대상물질의 관리 요령으로 대신 게시하거나 갖추어 둘 수 있음

(3) 물질안전보건자료대상물질 단위로 경고표지를 작성, 물질안전보건자료대상물질을 담은 용기 및 포장에 붙이거나 인쇄하는 등 유해 · 위험정보가 명확히 표현되도록 함

※ 경고표지에 다음 내용을 모두 포함

- 명칭 : 제품명
- 그림문자 : 화학물질 유해 · 위험의 내용을 나타내는 그림

- 신호어 : 유해 · 위험의 심각성을 표시하는 "위험" 또는 "경고" 문구
- 유해 · 위험 문구 : 화학물질의 유해 · 위험을 알리는 문구
- 예방조치 문구 : 화학물질에 노출되거나 부적절한 저장 · 취급으로 유해 · 위험을 방지하기 위하여 알리는 주요 유의사항
- 공급자 정보 : MSDS의 제조자, 공급자의 이름 및 전화번호 등

(4) 물질안전보건자료대상물질을 취급하는 작업공정별로 대상물질의 관리요령을 게시하여야 함

① 물질안전보건자료대상물질의 작업공정별 관리 요령에 포함 사항
- 제품명
- 건강 및 환경에 대한 유해성, 물리적 위험성
- 안전 및 보건상의 취급주의 사항
- 적절한 보호구
- 응급조치 요령 및 사고 시 대처방법

② 물질안전보건자료에 적힌 내용을 참고하여 작성

③ 작업공정별 관리 요령은 유해성 · 위험성이 유사한 물질안전보건자료 대상물질의 그룹별로 작성하여 게시 가능

(5) 사업주는 물질안전보건자료대상물질을 취급하는 근로자의 안전 및 보건을 위하여 해당 근로자를 교육을 받도록 조치

① 물질안전보건자료대상물질을 제조 · 사용 · 운반 또는 저장하는 작업에 근로자를 배치하게 된 경우

② 새로운 물질안전보건자료대상물질이 도입된 경우

③ 유해성 · 위험성 정보가 변경된 경우

(6) 유해성 · 위험성이 유사한 물질안전보건자료대상물질을 그룹별로 분류하여 교육 가능

(7) 사업주는 교육 실시 시 교육시간 및 내용 등을 기록하여 보존

※ 물질안전보건자료의 교육 내용 〈규칙 별표 5〉
- 대상화학물질의 명칭(또는 제품명)
- 물리적 위험성 및 건강 유해성
- 취급상의 주의사항
- 적절한 보호구
- 응급조치 요령 및 사고 시 대처방법
- 물질안전보건자료 및 경고표지를 이해하는 방법

Occupational Safety Instructor

[32] 석면 조사 및 안전대책

〈법 119조, 영 89조, 규칙 175조〉

1 석면조사

(1) 건축물이나 설비를 철거하거나 해체하려는 경우에 소유주 또는 임차인 등은 일반석면조사를 한 후 그 결과를 기록하여 보존하여야 함

① 해당 건축물이나 설비에 석면이 함유되어 있는지 여부

② 해당 건축물이나 설비 중 석면이 함유된 자재의 종류, 위치 및 면적

(2) 건축물이나 설비 중 건축물 · 설비소유주등은 석면조사기관에 기관석면조사를 하도록 한 후 그 결과를 기록하여 보존하여야 한다.

① 건축물의 연면적 합계가 50제곱미터 이상이면서, 그 건축물의 철거, 해체하려는 부분의 면적 합계가 50제곱미터 이상인 경우

② 주택의 연면적 합계가 200제곱미터 이상이면서, 그 주택의 철거 · 해체하려는 부분의 면적 합계가 200제곱미터 이상인 경우

③ 설비의 철거 · 해체하려는 부분에 다음에 해당하는 자재를 사용한 면적의 합이 15제곱미터 이상 또는 그 부피의 합이 1세제곱미터 이상인 경우
→ 단열재, 보온재, 분무재, 내화피복재, 개스킷, 패킹재, 실링재

④ 파이프 길이의 합이 80미터 이상이면서, 그 파이프의 철거 · 해체하려는 부분의 보온재로 사용된 길이의 합이 80미터 이상인 경우

2 기관석면조사방법

(1) 기관석면조사방법

① 건축도면, 설비제작도면 또는 사용자재의 이력 등을 통하여 석면 함유 여부에 대한 예비조사를 할 것

② 건축물이나 설비의 해체 · 제거할 자재 등에 대하여 성질과 상태가 다른 부분들을 각각 구분할 것

③ 시료채취는 2항에 따라 구분된 부분들 각각에 대하여 그 크기를 고려하여 채취 수를 달리하여 조사를 할 것

(2) 구분된 부분들 각각에서 크기를 고려하여 1개만 고형시료를 채취 · 분석하는 경우에는 그 1개의 결과를 기준으로 해당 부분의 석면 함유 여부를 판정해야 하며, 2개 이상의 고형시료를 채취 · 분석하는 경우에는 석면 함유율이 가장 높은 결과를 기준으로 해당 부분의 석면 함유 여부 판정

3 석면해체 · 제거작업

(1) 석면해체 · 제거작업의 안전성의 평가기준

① 석면해체 · 제거작업 기준의 준수 여부

② 장비의 성능

③ 보유인력의 교육이수, 능력개발, 전산화 정도 및 그 밖에 필요한 사항

(2) 석면해체 · 제거작업 신고

석면해체 · 제거업자는 석면해체 · 제거작업 시작 7일 전까지 석면해체 · 제거작업 신고서에 다음 서류를 첨부하여 해당 석면해체 · 제거작업 장소의 소재지를 관할하는 지방고용노동관서의 장에게 제출해야 함

① 공사계약서 사본

② 석면 해체 · 제거 작업계획서(석면 흩날림 방지 및 폐기물 처리방법 포함)

③ 석면조사결과서

(3) 제거업자의 관련자격자 보유의무화

새로 등록하는 석면해체 · 제거업자는 산업안전산업기사, 건설안전산업기사, 산업위생관리산업기사, 대기환경산업기사, 폐기물처리산업기사 이상 자격자 1명 이상 관련 자격자 보유의무가 있다.

(4) 석면해체 · 제거작업 시 주의사항

① 석면을 사용하는 작업장소의 바닥재료는 불침투성 재료를 사용하고 청소하기 쉬운 구조로 함

② 근로자가 석면을 뿜어서 칠하는 작업을 할 경우 사업주는 석면이 흩날리지 않도록 습기를 유지하거나 국소배기장치 설치 등 필요한 대책 강구

③ 석면 취급작업을 마친 근로자의 오염된 작업복은 석면 전용 탈의실에서만 탈의

④ 탈의실, 샤워실 및 작업복 갱의실 등의 위생설비를 설치하고 용품 비치

⑤ 석면을 사용하는 장소는 다른 작업장소와 격리

⑥ 개인보호구 착용(특등급 방진마스크, 송기마스크)
⑦ 뚜껑이 있는 용기 사용
⑧ 습식으로 청소, 고성능필터가 장착된 진공청소기 사용

(5) 석면해체 · 제거작업 완료 후의 석면농도기준
1세제곱센티미터당 0.01개

4 석면농도 측정방법

(1) 석면해체 · 제거작업장 내의 작업이 완료된 상태를 확인한 후 공기가 건조한 상태에서 측정
(2) 작업장 내에 침전된 분진을 흩날린 후 측정
(3) 시료채취기를 작업이 이루어진 장소에 고정하여 공기 중 입자상 물질을 채취하는 지역시료채취방법으로 측정

Occupational Safety Instructor

[33] 근로환경 개선

〈법 125조, 영 95조, 규칙 186조〉

1 작업환경측정

(1) 사업주는 유해인자(인체에 해로운)의 작업장으로서 자격을 가진 자(그 사업장에 소속된 사람 중 산업위생관리산업기사 이상의 자격자)에게 작업환경측정을 하도록 하여야 함

※ 안전보건진단기관이 안전보건진단을 실시하는 경우에 작업환경을 측정하였을 때에는 해당 측정주기에 실시해야 할 작업장의 작업환경측정을 하지 않을 수 있음

(2) 도급인의 사업장에서 관계수급인의 근로자가 작업을 하는 경우에는 도급인이 측정자격을 가진 자로 하여금 작업환경측정을 하도록 함

(3) 사업주는 작업환경측정을 지정받은 기관(작업환경측정기관)에 위탁할 수 있음(작업환경측정 중 시료의 분석만 위탁 가능)

(4) 사업주는 근로자대표(관계수급인의 근로자대표 포함)가 요구하면 작업환경측정 시 근로자대표를 참석시켜야 함

(5) 사업주는 작업환경측정 결과를 기록하여 보존하고 장관에게 보고(측정기관에 위탁한 경우로 위탁기관에서 장관에게 제출하면 장관에게 보고한 것으로 봄)

① 사업주는 작업환경측정 결과표를 첨부하여 시료채취방법으로 시료채취를 마친 날부터 30일 이내에 관할 지방고용노동관서의 장에게 제출(시료채취를 마친 날부터 30일 이내에 보고가 어려운 경우 30일 연장)

② 작업환경측정기관이 작업환경측정을 한 경우에는 시료채취를 마친 날부터 30일 이내에 작업환경측정 결과표를 전자적 방법으로 관할관서의 장에게 제출해야 함(관할 장에게 신고하면 30일의 제출기간 연장)

③ 사업주는 측정 결과 노출기준을 초과한 작업공정이 있는 경우에는 해당 시설 · 설비의 설치 · 개선 또는 건강진단의 실시 등 적절한 조치를 하고 시료채취를 마친 날부터 60일 이내에 해당 작업공정의 개선을 증명할 수 있는 서류 또는 개선 계획을 관할 관서의 장에게 제출

④ 작업환경측정 결과의 보고내용, 방식 및 절차에 관한 사항은 고용노동부장관이 정하여 고시

(6) 사업주는 작업환경측정 결과를 해당 작업장의 근로자(관계수급인 근로자)에게 알려야 하며 근로자의 건강을 보호하기 위하여 해당 시설 설비의 설치 · 개선 또는 건강진단의 실시 등의 조치

(7) 사업주는 산업안전보건위원회 또는 근로자대표가 요구하면 작업환경측정 결과에 대한 설명회 등을 개최(작업환경측정기관에서 작업환경측정한 결과는 기관이 설명 가능)

(8) 작업환경측정의 방법 · 횟수, 필요한 사항은 고용노동부령으로 정함

① 사업주는 작업환경측정을 할 때에는 다음 사항 준수

- 작업환경측정을 하기 전에 예비조사를 할 것
- 작업이 정상적으로 이루어져 작업시간과 유해인자에 대한 근로자의 노출 정도를 정확히 평가할 수 있을 때 실시할 것
- 모든 측정은 개인 시료채취방법으로 하되, 개인 시료채취방법이 곤란한 경우에는 지역 시료채취방법으로 실시할 것
- 작업환경측정기관에 위탁 · 실시하는 경우에는 공정별 작업내용, 화학물질의 사용실태, 물질안전보건자료 등 작업환경측정에 필요한 정보 제공

② 사업주는 근로자대표 또는 해당 작업공정의 근로자가 요구하면 예비 조사에 참석시켜야 함

2 작업환경측정 신뢰성 평가

(1) 공단은 작업환경측정 신뢰성평가(이하 신뢰성평가)를 할 수 있음

① 작업환경측정 결과가 노출기준 미만인데도 직업병 유소견자가 발생한 경우

② 공정설비, 작업방법 또는 사용 화학물질의 변경 등 작업 조건의 변화가 없는데도 유해인자 노출수준이 현저히 달라진 경우

③ 작업환경측정방법을 위반하여 작업환경측정을 한 경우 등 신뢰성평가의 필요성이 인정되는 경우

(2) 공단이 신뢰성평가를 할 때에는 작업환경측정 결과 작업환경측정 서류를 검토하고, 해당 작업공정 또는 사업장에 대하여 작업환경측정을 해야 하며, 그 결과를 관할하는 관할관서의 장에게 보고해야 함

(3) 지방고용노동관서의 장은 작업환경측정 결과 노출기준을 초과한 경우에는 사업주는 해당 · 설비의 설치 · 개선 또는 건강진단의 실시 등 적절한 조치를 하도록 해야 함

[34] 근로자 건강진단

〈법 129조, 규칙 195조〉

1 일반건강진단

(1) 사업주는 특수건강진단기관 또는 건강검진기관에서 일반건강진단을 실시하여야 함

※ 고용노동부령으로 정하는 건강진단

1. 「국민건강보험법」에 따른 건강검진
2. 「선원법」에 따른 건강진단
3. 「진폐의 예방과 진폐근로자의 보호 등에 관한 법률」에 따른 정기 건강진단
4. 「학교보건법」에 따른 건강검사
5. 「항공안전법」에 따른 신체검사
6. 일반건강진단의 검사항목을 모두 포함하여 실시한 건강진단

(2) 사업주는 근로자의 건강진단을 위하여 다음의 정보를 요청하는 경우 해당 정보를 제공하는 등 근로자의 건강진단이 원활히 실시될 수 있도록 적극 협조해야 함

① 근로자의 작업장소, 근로시간, 작업내용, 작업방식 등 근무환경에 관한 정보

② 건강진단 결과, 작업환경측정 결과, 화학물질 사용 실태, 물질안전보건자료 등 건강진단에 필요한 정보

(3) 근로자는 사업주가 실시하는 건강진단 및 의학적 조치에 적극 협조

(4) 건강진단기관은 사업주가 건강진단을 실시하기 위하여 출장검진을 요청하는 경우에는 출장검진을 할 수 있음

(5) 사업주는 안전보건관리규정 또는 취업규칙에 규정하는 등 일반건강진단을 정기적으로 실시

① 사무직(공장 또는 공사현장과 같은 구역에 있지 않은 사무실에서 서무 · 인사 · 경리 · 판매, 설계 등의 사무업무에 종사하는 근로자) : 2년에 1회 이상

② 그 외 근로자 : 1년에 1회 이상(판매업무 근로자 포함)

(6) 관할노동관서의 장은 근로자의 건강 유지가 필요하다고 인정되는 사업장의 경우 해당 사업주에게 일반건강진단 결과표를 제출 요청

2 특수건강진단

(1) 사업주는 다음 근로자의 특수건강진단을 실시하여야 함. 다만, 건강진단을 받은 근로자에 대하여 해당 유해인자에 대한 특수건강진단을 실시한 것으로 봄

① 고용노동부령으로 정하는 유해인자에 노출되는 업무(특수건강진단대상업무)에 종사하는 근로자
  ㉠ 화학적 인자
   • 유기화합물(109종)
   • 금속류(20종)
   • 산 및 알칼리류(8종)
   • 가스 상태 물질류(14종)
   • 허가 대상 유해물질(12종)
  ㉡ 분진(7종)
  ㉢ 물리적 인자(8종)
  ㉣ 야간작업
   • 6개월간 밤 12시~오전 5시를 포함하여 계속되는 8시간 작업을 월 평균 4회 이상 수행
   • 6개월간 오후 10시~다음날 오전 6시 사이의 시간 중 작업을 월 평균 60시간 이상 수행
② 건강진단 실시 결과 직업병 소견이 있는 근로자로 판정받아 작업 전환을 하거나 작업 장소를 변경하여 해당 판정의 원인이 된 특수건강진단대상업무에 종사하지 아니하는 사람으로서 해당 유해인자에 대한 건강진단이 필요하다는 의사의 소견이 있는 근로자

(2) 사업주는 특수건강진단대상업무에 종사할 근로자의 배치 예정 업무에 대한 적합성 평가를 위하여 건강진단(배치전건강진단)을 실시하여야 함

(3) 사업주는 특수건강진단대상업무에 따른 유해인자로 인한 것이라고 의심되는 건강장해 증상을 보이거나 의학적 소견이 있는 근로자 중 보건관리자 등이 사업주에게 건강진단 실시를 건의하는 등 고용노동부령으로 정하는 근로자에 대하여 수시건강진단을 실시하여야 함

(4) 건강진단 시기 주기의 단축
다음에 한정하여 특수건강진단 주기를 1/2로 단축
① 작업환경 측정 결과 노출기준 이상인 작업공정에서 유해인자에 노출되는 모든 근로자
② 특수 · 수시 · 임시건강진단을 실시한 결과 직업병 유소견자가 발견된 작업공정에서 해당 유해인자에 노출되는 모든 근로자
③ 특수 · 임시건강진단 실시 결과 해당 유해인자에 대하여 특수건강진단 실시 주기를 단축하여야 한다는 의사의 판정을 받은 근로자

3 건강진단 결과의 보고

(1) 건강진단기관은 건강진단 실시 결과를 고용노동부장관이 정하는 건강진단개인표에 기록하고, 건강진단을 실시한 날부터 30일 이내에 근로자에게 송부해야 함

(2) 건강진단기관은 건강진단 결과 질병 유소견자가 발견된 경우에는 건강진단을 실시한 날부터 30일 이내에 해당 근로자에게 의학적 소견 및 사후관리에 필요한 사항과 업무수행의 적합성 여부(특수건강진단기관인 경우만 해당한다)를 설명해야 함. 다만, 해당 근로자가 소속한 사업장의 의사인 보건관리자에게 이를 설명한 경우에는 그렇지 않음

(3) 건강진단기관은 건강진단을 실시한 날부터 30일 이내에 건강진단 결과표를 사업주에게 송부해야 함

4 건강관리카드

(1) 고용노동부장관은 건강장해가 발생할 우려가 있는 업무에 종사하였거나 종사하고 있는 사람 중 고용노동부령으로 정하는 요건을 갖춘 사람의 직업병 조기발견 및 지속적인 건강관리를 위하여 건강관리카드를 발급하여야 함

(2) 건강관리카드를 발급받은 사람이 요양급여를 신청하는 경우에는 건강관리카드를 제출함으로써 해당 재해에 관한 의학적 소견을 적은 서류의 제출을 대신할 수 있음

(3) 건강관리카드를 발급받은 업무에 종사하지 아니하는 사람은 고용노동부령으로 정하는 바에 따라 특수건강진단에 준하는 건강진단을 받을 수 있음

(4) 건강관리카드를 발급받은 근로자가 카드의 발급 대상 업무에 더 이상 종사하지 않는 경우에는 공단 또는 특수건강진단기관에서 실시하는 건강진단을 매년(카드 발급 대상 업무에서 종사하지 않게 된 첫 해는 제외한다) 1회 받을 수 있음

(5) 건강관리카드 발급 대상

업무	종사기간
베타-나프틸아민	3개월
벤지딘	
석면/석면방직제품 제조	
석면함유제품	1년
석면해체, 제거업무	
벤조트리클로라이드	3년
갱내 작업	3년 이상 진폐증
염화비닐	4년
크롬산, 중크롬산	
삼산화비소, 니켈, 카드뮴	5년
벤젠, 제철용코크스	6년

5 질병자의 근로금지

(1) 사업주는 다음에 해당하는 사람의 근로를 금지해야 함

① 전염될 우려가 있는 질병에 걸린 사람. 다만, 전염을 예방하기 위한 조치를 한 경우는 제외

② 조현병, 마비성 치매에 걸린 사람

③ 심장 · 신장 · 폐 등의 질환이 있는 사람으로서 근로에 의하여 병세가 악화될 우려가 있는 사람

④ 1항부터 3항까지의 규정에 준하는 질병으로 장관이 정한 질병자

(2) 사업주는 근로를 금지하거나 근로를 다시 시작하도록 하는 경우에는 미리 보건관리자(의사인 보건관리자만 해당한다), 산업보건의 또는 건강진단을 실시한 의사의 의견을 들어야 함

6 질병자의 근로 제한

(1) 사업주는 다음에 해당하는 질병이 있는 근로자를 고기압 업무에 종사하도록 해서는 안 됨

① 감압증이나 그 밖에 고기압에 의한 장해 또는 그 후유증

② 결핵, 급성상기도감염, 진폐, 폐기종, 그 밖의 호흡기계의 질병

③ 빈혈증, 심장판막증, 관상동맥경화증, 고혈압증, 그 밖의 혈액 또는 순환기계의 질병

④ 정신신경증, 알코올중독, 신경통, 그 밖의 정신신경계의 질병

⑤ 메니에르씨병, 중이염, 그 밖의 이관(耳管)협착을 수반하는 귀 질환

⑥ 관절염, 류마티스, 그 밖의 운동기계의 질병

⑦ 천식, 비만증, 바세도우씨병, 그 밖에 알레르기성 · 내분비계 · 물질대사 또는 영양장해 등과 관련된 질병

[35] 재해예방전문기술지도

1 대상 사업장

(1) 공사금액

① 1억 원 이상 120억 원 미만 건축공사 및 150억 원 미만 토목공사의 발주자

② 「건축법」 제11조에 의한 건축허가 대상이 되는 공사를 하는 자

(2) 제외공사

① 1개월 미만 건설공사

② 제주 제외 도서지역

③ 유해위험방지계획서 제출 대상 공사

④ 안전관리자 선임 후 노동부의 승인을 득한 현장

2 기술지도 업무

(1) 추락, 낙하, 붕괴, 감전 등의 재해예방에 관한 사항

(2) 위험기계, 기구의 방호조치 및 검사 등에 관한 사항

(3) 건설기계에 의한 재해예방에 관한 사항

(4) 근로자의 안전보건교육 및 개인보호구의 선택취급, 착용에 관한 사항

(5) 갱내 또는 밀폐공간 작업 시 작업환경측정, 환기, 배기시설 적정성 검토

(6) 산업안전보건관리비의 효율적인 집행 사항 및 무재해운동에 관한 사항

(7) 기타 법령의 규정에 의하여 당해 사업장에서 이행하여야 할 사항

(8) 공종별 안전관리 업무지원(가설, 토공사, 골조, 마감공사별 안전중점 사항 체크)

3 기술지도 횟수

(1) 공사 시작 후 15일 이내마다 1회

(2) 기술지도 횟수(회) $= \dfrac{\text{공사기간 1일}}{\text{15일}}$ ※ 단, 소수점 이하는 버림

4 기술지도 기준

(1) 월 2회 실시

(2) 산업안전지도사의 방문지도 8회당 1회

5 기술지도 범위(1인당 기준)

금액 구분	지도범위
3억 미만	45개소
3억~40억	30개소

6 결과 기록

(1) 공사관계자 확인

(2) 결과보고서 2부 발급

(3) 결과보고서 1부는 지도기관에 보관

7 기술지도 관련 서류 및 보존연한

(1) 관련 서류

① 기술지도계약서

② 기술지도결과 보고서

③ 사업장 관리 카드

④ 기술지도업무 수행에 관한 기타 사항

(2) 보존연한 : 기술지도 후 3년

8 인력 · 시설 및 장비 등의 요건

시설기준	인력기준	장비기준
사무실 (장비실 포함)	다음 각 목에 해당하는 인원 1) 산업안전(건설 분야) 또는 건설안전기술사 1명 이상 2) 다음의 기술인력 중 2명 이상 가) 건설안전산업기사 이상으로서 건설안전 실무경력 7년(기사는 5년) 이상인 사람 나) 토목 · 건축산업기사 이상으로서 건설 실무 경력 7년(기사는 5년) 이상이고 영 제14조에 따른 안전관리자의 자격을 갖춘 사람 3) 다음의 기술인력 중 2명 이상 가) 건설안전산업기사 이상으로서 건설안전 실무경력 3년(기사는 1년) 이상인 사람 나) 토목 · 건축산업기사 이상으로서 건설 실무 경력 3년(기사는 1년) 이상이고 영 제14조에 따른 안전관리자의 자격을 갖춘 사람 4) 영 제14조에 따른 안전관리자의 자격을 갖춘 사람(영 별표 4 제8호부터 제13호까지의 규정에 해당하는 사람은 제외한다)으로서 건설안전 실무경력 2년 이상인 사람 1명 이상	지도인력 2명당 다음의 장비 각 1대 이상(지도인력이 홀수인 경우 지도인력을 2로 나눈 나머지인 1명도 다음의 장비를 1대씩 갖추어야 한다) 가. 가스농도측정기 나. 산소농도측정기 다. 접지저항측정기 라. 절연저항측정기 마. 조도계

Occupational Safety Instructor

[36] 건설현장의 작업환경측정

1 작업환경측정방법

(1) 측정 전 예비조사 실시

(2) 작업이 정상적으로 이루어져 작업시간과 유해인자에 대한 근로자의 노출 정도를 정확히 평가할 수 있을 때 실시

(3) 모든 측정은 개인시료채취방법으로 하되, 개인시료채취방법이 곤란한 경우에는 지역시료채취방법으로 실시

2 측정 횟수

(1) 최초측정 : 신규로 가동되거나 변경되는 등 작업환경측정 대상 작업장이 된 경우 그날부터 30일 이내에 측정

(2) 정기측정 : 최초측정 이후 6개월에 1회 이상

(3) 1년에 1회 이상 측정 대상

공정설비의 변경, 작업방법의 변경, 설비의 이전, 사용 화학물질의 변경으로 작업환경측정 결과에 영향을 주는 변화가 없는 경우로서

① 작업공정 내 소음의 작업환경측정 결과가 최근 2회 연속 85dB 미만인 경우

② 작업공정 내 소음 외의 다른 모든 인자의 작업환경측정 결과가 최근 2회 연속 노출기준 미만인 경우

3 작업환경측정의 생략이 가능한 경우

(1) 임시작업 및 단시간 작업을 하는 작업장

(2) 관리 대상 유해물질의 허용 소비량을 초과하지 않은 작업장

(3) 분진작업의 적용 제외 작업장(분진에 관한 작업환경측정만 해당)

(4) 그 밖에 작업환경측정 대상 유해인자의 노출 수준이 노출기준에 비하여 현저히 낮은 경우로 고용노동부장관이 정하여 고시하는 작업장

4 결과의 보고

(1) 시료채취를 마친 날부터 30일 이내에 지방고용노동관서의 장에게 제출

(2) 시료분석 및 평가에 상당한 시간이 걸려 시료채취를 마친 날부터 30일 이내에 보고하는 것이 어려운 사업장은 그 사실을 증명하여 지방고용노동관서의 장에게 신고하면 30일의 범위에서 제출기간 연장 가능

(3) 노출기준 초과 작업공정이 있는 경우 : 해당 시설, 설비의 설치 · 개선 또는 건강진단의 실시 등 적절한 조치를 하고 시료채취를 마친 날부터 60일 이내에 해당 작업공정의 개선을 증명할 수 있는 서류 또는 개선계획을 관할 지방고용노동관서의 장에게 제출

5 작업환경측정자의 자격

그 사업장에 소속된 사람으로서 산업위생관리산업기사 이상의 자격을 가진 사람

6 건설현장의 작업환경측정 대상 유해인자

(1) 유기화학물 : 벤젠, 아세톤, 이황화탄소, 톨루엔, 페놀, 헥산

(2) 금속류
- ① 구리 : 흄(fume), 분진과 미스트
- ② 납 및 그 무기화합물
- ③ 알루미늄 및 그 화학물 : 금속분진, 흄, 가용성 염, 알킬
- ④ 산화철 분진과 흄
- ⑤ 가스 상태 물질류 : 일산화탄소, 황화수소

(3) 물리적 인자
- ① 8시간 시간가중평균 80dB 이상의 소음
- ② 고열환경

(4) 분진
- ① 광물성 분진 : 규산
- ② 규산염 : 운모, 흑연
- ③ 면 분진
- ④ 나무 분진
- ⑤ 용접 흄
- ⑥ 유리섬유
- ⑦ 석면 분진

7 근로자 대표 등의 참여 확대조치 시행

작업환경측정 전에 하는 예비조사의 단계에서 근로자 대표 또는 해당 작업공정을 수행하는 근로자가 요구하는 경우, 예비조사 시 근로자 대표 등을 참여시켜야 한다.

Occupational Safety Instructor

[37] 서류의 보존

1 서류 보존기간

(1) 1년

산업안전보건관리비 사용명세서

(2) 2년

① 노사협의체 회의록
② 산업안전보건위원회 회의록
③ 자율안전기준 서류(자율검사프로그램)

(3) 3년

① 산업재해 발생기록
② 관리책임자, 안전관리자, 보건관리자, 산업보건의 선임서류
③ 안전보건조치사항
④ 화학물질 유해성 · 위험성 조사
⑤ 작업환경측정에 관한 서류
⑥ 건강진단에 관한 서류
⑦ 안전인증검사(안전검사)
⑧ 기관석면조사(일반석면조사는 종결 시)
⑨ 위험성 평가
⑩ 지도사 연수교육서류

(4) 5년

① 지도사업무(지도사 보수교육서류)
② 작업환경측정 결과 기록 서류
③ 공정안전보고서
④ 건강진단 결과표

(5) 30년

① 석면해체, 제거 업무(업자)
② 건강진단결과표(유해물질)
③ 작업환경측정결과서류(고용노동부장관 고시 물질)

❷ 결과보고서

(1) 작업환경측정

① 사업장 명칭, 소재지

② 측정 연월일

③ 측정자 이름

④ 측정방법 및 결과

⑤ 분석자, 분석방법, 자료

(2) 석면해체제거작업

① 석면해체 작업장 명칭 및 소재지

② 석면해체제거 근로자의 인적사항

③ 작업의 내용 및 작업기간

Occupational Safety Instructor

[38] 유해 · 위험물질의 제조금지

1 유해 · 위험물질의 제조금지 〈법 117조〉

누구든지 대통령령으로 정하는 물질을 제조 · 수입 · 양도 · 제공 · 사용하여서는 안 됨

① 직업성암 유발물질

② 유해성 · 위험성이 평가된 유해인자나 유해성 · 위험성이 조사된 화학물질 중 근로자에게 중대한 건강장애를 일으킬 우려가 있는 물질

2 제조 등이 금지되는 유해물질 〈영 87조〉

① β -나프틸아민과 그 염

② 4-니트로디페닐과 그 염

③ 백연을 포함한 페인트(포함된 중량의 비율이 2퍼센트 이하인 것은 제외)

④ 벤젠을 포함하는 고무풀(포함된 중량의 비율이 5퍼센트 이하인 것은 제외)

⑤ 석면

⑥ 폴리클로리네이티드 터페닐

⑦ 황린(黃燐) 성냥

⑧ 1항, 2항, 5항 또는 6항에 해당하는 물질을 포함한 혼합물(포함된 중량의 비율이 1퍼센트 이하인 것은 제외)

⑨ 「화학물질관리법」 제2조 제5호에 따른 금지물질(같은 법 제3조 제1항 제1호부터 제12호까지의 규정에 해당하는 화학물질은 제외)

⑩ 그 밖에 보건상 해로운 물질로서 산업재해보상보험및예방심의위원회의 심의를 거쳐 고용노동부장관이 정하는 유해물질

3 제조 등이 금지되는 물질의 사용승인 신청 〈규칙 172조〉

제조 등 금지물질의 제조 · 수입 또는 사용승인을 받으려는 자는 신청서에 다음 서류를 첨부하여 관할 지방고용노동관서의 장에게 제출

① 시험 · 연구계획서(제조 · 수입 · 사용의 목적 · 양 등에 관한 사항이 포함되어야 함)

② 산업보건 관련 조치를 위한 시설 · 장치의 명칭 · 구조 · 성능 등에 관한 서류

③ 해당 시험 · 연구실(작업장)의 전체 작업공정도, 각 공정별로 취급하는 물질의 종류 · 취급량 및 공정별 종사 근로자 수에 관한 서류

[39] 허가 대상 유해물질

〈영 88조〉

① α -나프틸아민 및 그 염
② 디아니시딘 및 그 염
③ 디클로로벤지딘 및 그 염
④ 베릴륨
⑤ 벤조트리클로라이드
⑥ 비소 및 그 무기화합물
⑦ 염화비닐
⑧ 콜타르피치 휘발물
⑨ 크롬광 가공(열을 가하여 소성 처리하는 경우만 해당)
⑩ 크롬산 아연
⑪ o-톨리딘 및 그 염
⑫ 황화니켈류
⑬ 1항부터 4항까지 또는 6항부터 12항까지의 어느 하나에 해당하는 물질을 포함한 혼합물(포함된 중량의 비율이 1퍼센트 이하인 것은 제외)
⑭ 5항의 물질을 포함한 혼합물(포함된 중량의 비율이 0.5퍼센트 이하인 것은 제외)

[40] 유해인자 허용기준 이하 유지 대상 유해인자

〈영 84조, 별표 26〉

① 6가크롬 화합물
② 납 및 그 무기화합물
③ 니켈 화합물(불용성 무기화합물로 한정)
④ 니켈카르보닐
⑤ 디메틸포름아미드
⑥ 디클로로메탄
⑦ 1,2-디클로로프로판
⑧ 망간 및 그 무기화합물
⑨ 메탄올
⑩ 메틸렌 비스(페닐 이소시아네이트)
⑪ 베릴륨 및 그 화합물
⑫ 벤젠
⑬ 1,3-부타디엔
⑭ 2-브로모프로판
⑮ 브롬화 메틸
⑯ 산화에틸렌
⑰ 석면(제조 · 사용하는 경우만 해당)
⑱ 수은 및 그 무기화합물
⑲ 스티렌
⑳ 시클로헥사논
㉑ 아닐린
㉒ 아크릴로니트릴
㉓ 암모니아
㉔ 염소
㉕ 염화비닐
㉖ 이황화탄소
㉗ 일산화탄소
㉘ 카드뮴 및 그 화합물

㉙ 코발트 및 그 무기화합물
㉚ 콜타르피치] 휘발물
㉛ 톨루엔
㉜ 톨루엔-2,4-디이소시아네이트
㉝ 톨루엔-2,6-디이소시아네이트
㉞ 트리클로로메탄
㉟ 트리클로로에틸렌
㊱ 포름알데히드
㊲ n-헥산
㊳ 황산

Occupational Safety Instructor

[41] 유해성 · 위험성 조사 제외 화학물질

〈영 85조〉

① 원소
② 천연으로 산출된 화학물질
③ 「건강기능식품에 관한 법률」에 따른 건강기능식품
④ 「군수품관리법」 및 「방위사업법」에 따른 군수품[「군수품관리법」에 따른 통상품(痛常品)은 제외]
⑤ 「농약관리법」에 따른 농약 및 원제
⑥ 「마약류 관리에 관한 법률」에 따른 마약류
⑦ 「비료관리법」에 따른 비료
⑧ 「사료관리법」에 따른 사료
⑨ 「생활화학제품 및 살생물제의 안전관리에 관한 법률」에 따른 살생물물질 및 살생물제품
⑩ 「식품위생법」에 따른 식품 및 식품첨가물
⑪ 「약사법」에 따른 의약품 및 의약외품(醫藥外品)
⑫ 「원자력안전법」에 따른 방사성물질
⑬ 「위생용품 관리법」에 따른 위생용품
⑭ 「의료기기법」에 따른 의료기기
⑮ 「총포 · 도검 · 화약류 등의 안전관리에 관한 법률」에 따른 화약류
⑯ 「화장품법」에 따른 화장품과 화장품에 사용하는 원료
⑰ 법 제108조제3항에 따라 고용노동부장관이 명칭, 유해성 · 위험성, 근로자의 건강장해 예방을 위한 조치 사항 및 연간 제조량 · 수입량을 공표한 물질로서 공표된 연간 제조량 · 수입량 이하로 제조하거나 수입한 물질
⑱ 고용노동부장관이 환경부장관과 협의하여 고시하는 화학물질 목록에 기록되어 있는 물질

[42] 사업장 위험성 평가에 관한 지침

1 위험성 평가 실시절차

상시근로자수 20명 미만 사업장(총 공사금액 20억 원 미만의 건설공사)의 경우에는 다음 각 호중 제3호를 생략할 수 있다.

(1) 평가 대상의 선정 등 사전 준비
(2) 근로자의 작업과 관계되는 유해 · 위험요인의 파악
(3) 파악된 유해 · 위험요인별 위험성의 추정
(4) 추정한 위험성이 허용 가능한 위험성인지 여부의 결정
(5) 위험성 감소대책의 수립 및 실행

2 준비자료

(1) 관련 설계도서(도면, 시방서)
(2) 공정표
(3) 공법 등을 포함한 시공계획서 또는 작업계획서, 안전보건 관련 계획서
(4) 주요 투입장비 사양 및 작업계획, 자재, 설비 등 사용계획서
(5) 점검, 정비 절차서
(6) 유해위험물질의 저장 및 취급량
(7) 가설전기 사용계획
(8) 과거 재해사례 등

3 업무절차 및 책임과 역할

(1) 안전팀
① 위험성 평가계획 수립 및 확정
② 평가팀의 구성
③ 평가자 레벨별 위험성 평가기법 및 방법교육
④ 위험성 평가에 대한 계획 실시 평가 개선의 진행을 경영층에 모니터링
⑤ 다음 연도 안전보건계획 및 목표에 반영

(2) 해당 부서

① 평가대상 작업공종 선정

② 평가팀 중심 위험성 평가 실시

③ 위험성 평가표 및 등록표 관리

④ 위험 감소대책의 실행

⑤ 위험성 평가 효과분석 및 경영층에 보고

4 위험성 평가계획 수립 시 포함 사항

(1) 작업공종 분석

(2) 평가대상 작업공종의 검토

(3) 위험성 평가 대상 리스트 작성

(4) 대상 작업공종에 대한 관련 정보수집

(5) 위험요인이 재해로 발전하는 빈도에 대한 검토

(6) 위험이 재해로 발전할 때 예상되는 손실 크기에 대한 검토

(7) 위험의 허용한도에 대한 검토

(8) 위험감소 대책의 실행절차

(9) 감소대책실행 후 위험도의 재평가 등

5 평가절차

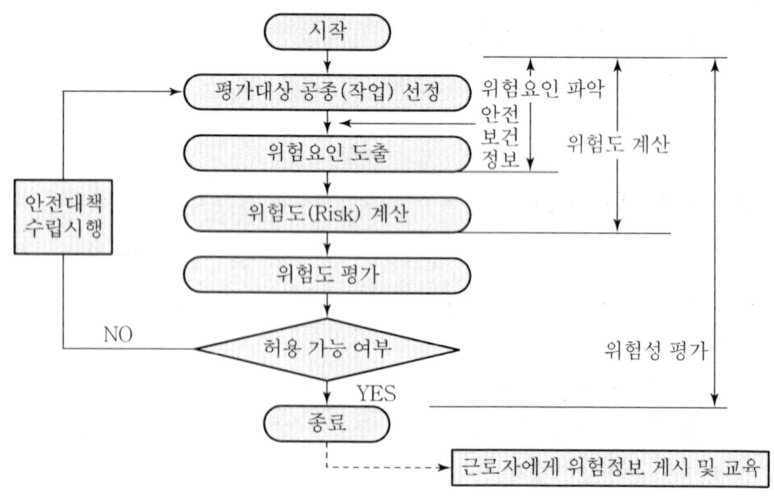

6 단계별 수행방법

(1) 1단계 : 평가대상 공종의 선정

① 평가대상 공종별로 분류해 선정

- 평가대상 공종은 단위작업으로 구성되며 단위작업별로 위험성 평가 실시

② 작업공정 흐름도에 따라 평가대상 공종이 결정되면 평가대상 및 범위 확정

③ 위험성 평가대상 공종에 대하여 안전보건에 대한 위험정보 사전 파악

- 회사 자체 재해분석 자료
- 기타 재해자료

(2) 2단계 : 위험요인의 도출

① 근로자의 불안전한 행동으로 인한 위험요인

② 사용자재 및 물질에 의한 위험요인

③ 작업방법에 의한 위험요인

④ 사용기계, 기구에 대한 위험원의 확인

(3) 3단계 : 위험도 계산

① 위험도=사고의 발생빈도 × 사고의 발생강도

② 발생빈도=세부공종별 재해자수 / 전체 재해자수 × 100%

③ 발생강도=세부공종별 산재요양일수의 환산지수 합계 / 세부 공종별 재해자 수

산재요양일수의 환산지수	산재요양일수
1	4~5
2	11~30
3	31~90
4	91~180
5	181~360
6	360일 이상, 질병사망
10	사망(질병사망 제외)

(4) 4단계 : 위험도 평가

위험도 등급	평가기준
상	발생빈도와 발생강도를 곱한 값이 상대적으로 높은 경우
중	발생빈도와 발생강도를 곱한 값이 상대적으로 중간인 경우
하	발생빈도와 발생강도를 곱한 값이 상대적으로 낮은 경우

(5) 5단계 : 개선대책 수립

① 위험의 정도가 중대한 위험에 대해서는 구체적 위험 감소대책을 수립하여 감소대책 실행 이후에는 허용할 수 있는 범위의 위험으로 끌어내리는 조치를 취한다.

② 위험요인별 위험 감소대책은 현재의 안전대책을 고려해 수립하고 이를 개선대책란에 기입한다.

③ 위험요인별로 개선대책을 시행할 경우 위험수준이 어느 정도 감소하는지 개선 후 위험도 평가를 실시한다.

7 평가결과의 타당성 검토 및 보고

(1) 위험성 평가 타당성 검토

① 위험감소대책이 기술적 난이도를 고려했는지 여부

② 합리적으로 실행 가능한 낮은 수준으로 고려했는지 여부

③ 실행 우선 순위가 적절한지 여부

④ 새로운 위험의 발생 여부

⑤ 대책 실행 후 허용가능한 위험 범위 내로 위험이 감소되었는지 여부

(2) 평가결과의 보고

최종적으로 위험 감소대책을 포함한 위험성 평가결과는 경영층에 보고하고 노와 사가 공동으로 위험감소대책을 실행한다.

8 위험성 평가기법

(1) 사건수 분석(ETA) : 재해나 사고가 일어나는 것을 확률적인 수치로 평가하는 것이 가능한 기법으로 어떤 기능이 고장 나거나 실패할 경우 이후 다른 부분에 어떤 결과를 초래하는지를 분석하는 귀납적 방법이다.

(2) 위험과 운전 분석(HAZOP) : 시스템의 원래 의도한 설계와 차이가 있는 변이를 일련의 가이드 워드를 활용해 체계적으로 식별하는 기법으로 정성적 분석기법이다.

(3) 예비 위험 분석(PHA) : 최초단계 분석으로 시스템 내의 위험요소가 어느 정도의 위험상태에 있는지를 평가하는 방법으로 정성적 분석방법이다.

(4) 고장 형태에 의한 영향 분석(FMEA) : 전형적인 정성적 · 귀납적 분석방법으로 시스템에 영향을 미치는 전체 요소의 고장을 형태별로 분석해 고장이 미치는 영향을 분석하는 방법이다.

[43] 소음 · 진동관리기준

1 건설공사에서 소음작업

"소음작업"이란 1일 8시간 작업을 기준으로 85데시벨 이상의 소음이 발생하는 작업을 말한다.

2 강렬한 소음작업

(1) 90데시벨 이상의 소음이 1일 8시간 이상 발생하는 작업
(2) 95데시벨 이상의 소음이 1일 4시간 이상 발생하는 작업
(3) 100데시벨 이상의 소음이 1일 2시간 이상 발생하는 작업
(4) 105데시벨 이상의 소음이 1일 1시간 이상 발생하는 작업
(5) 110데시벨 이상의 소음이 1일 30분 이상 발생하는 작업
(6) 115데시벨 이상의 소음이 1일 15분 이상 발생하는 작업

3 충격소음작업

(1) 120데시벨을 초과하는 소음이 1일 1만 회 이상 발생하는 작업
(2) 130데시벨을 초과하는 소음이 1일 1천 회 이상 발생하는 작업
(3) 140데시벨을 초과하는 소음이 1일 1백 회 이상 발생하는 작업

4 안전관리 기준

소음노출 평가, 소음노출 기준 초과에 따른 공학적 대책, 청력보호구의 지급과 착용, 소음의 유해성과 예방에 관한 교육, 정기적 청력검사, 기록 · 관리 사항 등이 포함된 소음성 난청을 예방 · 관리하기 위한 종합적인 계획을 수립해 적용한다.

5 진동작업

다음에 해당하는 기계기구를 사용하는 작업을 말한다.

(1) 착암기(鑿巖機)
(2) 동력을 이용한 해머
(3) 체인톱
(4) 엔진 커터(engine cutter)

(5) 동력을 이용한 연삭기

(6) 임팩트 렌치(impact wrench)

(7) 그 밖에 진동으로 인하여 건강장해를 유발할 수 있는 기계 · 기구

Occupational Safety Instructor

[44] 사전작업허가제

1 주요 대상 작업

(1) 거푸집동바리 작업 중 높이 3.5미터 이상
(2) 토공사 중 깊이 2미터 이상의 굴착, 흙막이, 파일 작업
(3) 거푸집, 비계, 가설구조물의 조립 및 해체작업
(4) 건설기계장비 작업
(5) 높이 5미터 이상의 고소작업
(6) 타워크레인 사용 양중작업
(7) 절단 및 해체작업
(8) 로프 사용 작업 및 곤돌라 작업
(9) 밀폐공간 작업
(10) 소음, 진동 발생 발파작업 등 재해발생 위험이 높은 작업

2 업무절차

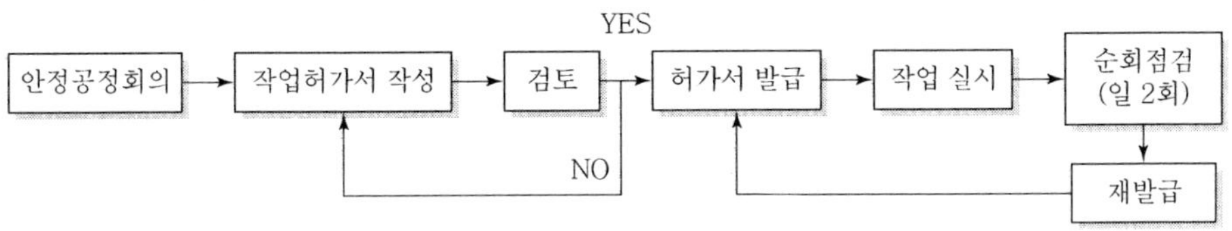

3 단위절차별 업무내용

(1) 작업허가서 작성 : 안전보건관리책임자
(2) 작업허가서 검토 : 안전관리자, 관리감독자
(3) 허가서 발급 : 안전관리자, 안전보건총괄책임자
(4) 순회점검 : 위험요인 발견 시 작업중지, 안전조치 후 재발급

PART 04

표준안전작업 지침

ACTUAL INTERVIEW

Occupational Safety Instructor

[1] 굴착작업

제1절 인력굴착

제5조(준비)

① 공사 전 준비로서 다음 각 호의 사항을 준수하여야 한다.

1. 작업계획, 작업내용을 충분히 검토하고 이해하여야 한다.
2. 공사물량 및 공기에 따른 근로자의 소요인원을 계획하여야 한다.
3. 굴착예정지의 주변 상황을 조사하여 조사결과 작업에 지장을 주는 장애물이 있는 경우 이설, 제거, 거치보전 계획을 수립하여야 한다.
4. 시가지 등에서 공중재해에 대한 위험이 수반될 경우 예방대책을 수립하여야 하며 가스관, 상하수도관, 지하케이블 등의 지하매설물에 대한 방호조치를 하여야 한다.
5. 작업에 필요한 기기, 공구 및 자재의 수량을 검토, 준비하고 반입방법에 대하여 계획하여야 한다.
6. 예정된 굴착방법에 적절한 토사 반출방법을 계획하여야 한다.
7. 관련 작업(굴착기계 · 운반기계 등의 운전자, 흙막이공, 형틀공, 철근공, 배관공 등)의 책임자 상호 간의 긴밀한 협조와 연락을 충분히 하여야 하며 수기 신호, 무선 통신, 유선통신 등의 신호체제를 확립한 후 작업을 진행시켜야 한다.
8. 지하수 유입에 대한 대책을 수립하여야 한다.

② 일일 준비로서 다음 각 호의 사항을 준수하여야 한다.

1. 작업 전에 반드시 작업장소의 불안전한 상태 유무를 점검하고 미비점이 있을 경우 즉시 조치하여야 한다.
2. 근로자를 적절히 배치하여야 한다.
3. 사용하는 기기, 공구 등을 근로자에게 확인시켜야 한다.
4. 근로자의 안전모 착용 및 복장상태, 또 추락의 위험이 있는 고소작업자는 안전대를 착용하고 있는가 등을 확인하여야 한다.
5. 근로자에게 당일의 작업량, 작업방법을 설명하고, 작업의 단계별 순서와 안전상의 문제점에 대하여 교육하여야 한다.
6. 작업장소에 관계자 이외의 자가 출입하지 않도록 하고, 또 위험장소에는 근로자가 접근하

지 않도록 출입금지 조치를 하여야 한다.

7. 굴착된 흙이 차량으로 운반될 경우 통로를 확보하고 굴착자와 차량 운전자가 상호 연락할 수 있도록 하되, 그 신호는 노동부장관이 고시한 크레인작업표준신호지침에서 정하는 바에 의한다.

제6조(작업)

굴착작업 시 다음 각 호의 사항을 준수하여야 한다.

1. 안전담당자의 지휘하에 작업하여야 한다.
2. 지반의 종류에 따라서 정해진 굴착면의 높이와 기울기로 진행시켜야 한다.
3. 굴착면 및 흙막이지보공의 상태를 주의하여 작업을 진행시켜야 한다.
4. 굴착면 및 굴착심도 기준을 준수하여 작업 중 붕괴를 예방하여야 한다.
5. 굴착토사나 자재 등을 경사면 및 토류벽 천단부 주변에 쌓아두어서는 안 된다.
6. 매설물, 장애물 등에 항상 주의하고 대책을 강구한 후에 작업을 하여야 한다.
7. 용수 등의 유입수가 있는 경우 반드시 배수시설을 한 뒤에 작업을 하여야 한다.
8. 수중펌프나 벨트콘베이어 등 전동기기를 사용할 경우는 누전차단기를 설치하고 작동 여부를 확인하여야 한다.
9. 산소 결핍의 우려가 있는 작업장은 「안전보건규칙」 제618조부터 제645조까지의 규정을 준수하여야 한다.
10. 도시가스 누출, 메탄가스 등의 발생이 우려되는 경우에는 화기를 사용하여서는 안 된다. 또한 이들 유해 가스에 대해서는 제9호를 참고한다.

제7조(절토)

절토 시에는 다음 각 호의 사항을 준수하여야 한다.

1. 상부에서 붕락 위험이 있는 장소에서의 작업은 금하여야 한다.
2. 상 · 하부 동시작업은 금지하여야 하나 부득이한 경우 다음 각 목의 조치를 실시한 후 작업하여야 한다.
   가. 견고한 낙하물 방호시설 설치
   나. 부석 제거
   다. 작업장소에 불필요한 기계 등의 방치 금지
   라. 신호수 및 담당자 배치
3. 굴착면이 높은 경우는 계단식으로 굴착하고 소단의 폭은 수평거리 2미터 정도로 하여야 한다.
4. 사면경사 1 : 1 이하이며 굴착면이 2미터 이상일 경우는 안전대 등을 착용하고 작업해야 하며 부석이나 붕괴하기 쉬운 지반은 적절한 보강을 하여야 한다.

5. 급경사에는 사다리 등을 설치하여 통로로 사용하여야 하며 도괴하지 않도록 상 · 하부를 지지물로 고정시키며 장기간 공사 시에는 비계 등을 설치하여야 한다.
6. 용수가 발생하면 즉시 작업 책임자에게 보고하고 배수 및 작업방법에 대해서 지시를 받아야 한다.
7. 우천 또는 해빙으로 토사붕괴가 우려되는 경우에는 작업 전 점검을 실시하여야 하며, 특히 굴착면 천단부 주변에는 중량물의 방치를 금하며 대형 건설기계 통과 시에는 적절한 조치를 확인하여야 한다.
8. 절토면을 장기간 방치할 경우는 경사면을 가마니 쌓기, 비닐덮기 등 적절한 보호 조치를 하여야 한다.
9. 발파암반을 장기간 방치할 경우는 낙석방지용 방호망을 부착, 모르타르를 주입, 그라우팅, 록볼트 설치 등의 방호시설을 하여야 한다.
10. 암반이 아닌 경우는 경사면에 도수로, 산마루측구 등 배수시설을 설치하여야 하며, 제3자가 근처를 통행할 가능성이 있는 경우는 안전시설과 안전표지판을 설치하여야 한다.
11. 벨트컨베이어를 사용할 경우는 경사를 완만하게 하여 안정된 상태를 유지하도록 하여야 하며, 콘베이어 양단면에 스크린 등의 설치로 토사의 전락을 방지하여야 한다.

제8조(트렌치 굴착)

굴착 시에는 다음 각 호의 사항을 준수하여야 한다.

1. 통행자가 많은 장소에서 굴착하는 경우 굴착장소에 방호울 등을 사용하여 접근을 금지시키고, 안전 표지판을 식별이 용이한 장소에 설치하여야 한다.
2. 야간에는 작업장에 충분한 조명시설을 하여야 하며 가시설물은 형광벨트의 설치, 경광등 등을 설치하여야 한다.
3. 굴착 시는 원칙적으로 흙막이 지보공을 설치하여야 한다.
4. 흙막이 지보공을 설치하지 않는 경우 굴착깊이는 1.5미터 이하로 하여야 한다.
5. 수분을 많이 포함한 지반의 경우나 뒤채움 지반인 경우 또는 차량이 통행하여 붕괴하기 쉬운 경우에는 반드시 흙막이 지보공을 설치하여야 한다.
6. 굴착폭은 작업 및 대피가 용이하도록 충분한 넓이를 확보하여야 하며, 굴착깊이가 2미터 이상일 경우에는 1미터 이상의 폭으로 한다.
7. 흙막이널판만을 사용할 경우는 널판길이의 1/3 이상의 근입장을 확보하여야 한다.
8. 용수가 있는 경우는 펌프로 배수하여야 하며, 흙막이 지보공을 설치하여야 한다.
9. 굴착면 천단부에는 굴착토사와 자재 등의 적재를 금하며 굴착깊이 이상 떨어진 장소에 적재토록 하고, 건설기계가 통행할 가능성이 있는 장소에는 별도의 장비 통로를 설치하여야 한다.

10. 브레이커 등을 이용하여 파쇄하거나 견고한 지반을 분쇄할 경우에는 진동을 방지할 수 있는 장갑을 착용하도록 하여야 한다.
11. 콤프레서는 작업이나 통행에 지장이 없는 장소에 설치하여야 한다.
12. 벨트컨베이어를 이용하여 굴착토를 반출할 경우는 다음 각 목의 사항을 준수하여야 한다.
    가. 기울기가 완만하도록(표준 30도 이하)하고 안정성이 있으며 비탈면이 붕괴되지 않도록 설치하며 가대 등을 이용하여 가능한 한 굴착면에 가깝도록 설치하며 작업 장소에 따라 조금씩 이동한다.
    나. 벨트컨베이어를 이동할 경우는 작업책임자를 선임하고 지시에 따라 이동해야 하며 전원스위치, 내연기관 등은 반드시 단락 조치 후 이동한다.
    다. 회전부분에 말려들지 않도록 방호조치를 하여야 하며, 비상정지장치가 있어야 한다.
    라. 큰 옥석 등의 석괴는 적재시키지 않아야 하며 부득이할 경우는 운반 중 낙석, 전락방지를 위한 컨베이어 양단부에 스크린 등의 방호조치를 하여야 한다.
13. 가스관, 상·하수도관, 케이블 등의 지하매설물이 반결되면 공사를 중지하고 작업책임자의 지시에 따라 방호조치 후 굴착을 실시하며, 매설물을 손상시켜서는 안 된다.
14. 바닥면의 굴착심도를 확인하면서 작업한다.
15. 굴착깊이가 1.5미터 이상인 경우는 사다리, 계단 등 승강설비를 설치하여야 한다.
16. 굴착된 도량 내에서 휴식을 취하여서는 안 된다.
17. 매설물을 설치하고 뒤채움을 할 경우에는 30센티미터 이내마다 충분히 다지고 필요시 물다짐 등 시방을 준수하여야 한다.
18. 작업도중 굴착된 상태로 작업을 종료할 경우는 방호울, 위험 표지판을 설치하여 제3자의 출입을 금지시켜야 한다.

제9조(기초굴착)

기초굴착 시에는 다음 각 호의 사항을 준수하여야 한다.

1. 사면굴착 및 수직면 굴착 등 오픈컷 공법에 있어 흙막이벽 또는 지보공 안전담당자를 필히 선임하여 구조, 특징 및 작업순서를 충분히 숙지한 후 순서에 의해 작업하여야 한다.
2. 버팀재를 설치하는 구조의 흙막이지보공에서는 스트러트, 띠장, 사보강재 등을 설치하고 하부작업을 하여야 한다.
3. 기계굴착과 병행하여 인력 굴착작업을 수행할 경우는 작업분담구역을 정하고 기계의 작업반경 내에 근로자가 들어가지 않도록 해야 하며, 담당자 또는 기계 신호수를 배치하여야 한다.
4. 버팀재, 사보강재 위로 통행을 해서는 안 되며, 부득이 통행할 경우에는 폭 40센티미터

이상의 안전통로를 설치하고 통로에는 표준안전난간을 설치하고 안전대를 사용하여야 한다.

5. 스트러트 위에는 중량물을 놓아서는 안 되며, 부득이한 경우는 지보공으로 충분히 보강하여야 한다.
6. 배수펌프 등은 용수 시 항상 사용할 수 있도록 정비하여 두고 이상 용출수가 발생할 경우 작업을 중단하고 즉시 작업책임자의 지시를 받는다.
7. 지표수 등이 유입하지 않도록 차수시설을 하고 경사면에 추락이나 낙하물에 대한 방호조치를 하여야 한다.
8. 작업 중에는 흙막이지보공의 시방을 준수하고 스트러트 또는 흙막이벽의 이상 상태에 주의하며 이상토압이 발생하여 지보공 또는 벽에 변형이 발생되면 즉시 작업책임자에게 보고하고 지시를 받아야 한다.
9. 점토질 및 사질토의 경우에는 히빙 및 보일링 현상에 대비하여 사전조치를 하여야 한다.

제2절 기계굴착

제10조(준비)

기계에 의한 굴착작업 시에는 제1절의 사항 외에 다음 각 호의 사항을 준수하여야 한다.

1. 공사의 규모, 주변환경, 토질, 공사기간 등의 조건을 고려한 적절한 기계를 선정하여야 한다.
2. 작업 전에 기계의 정비상태를 정비기록표 등에 의해 확인하고 다음 각 목의 사항을 점검하여야 한다.
   가. 낙석, 낙하물 등의 위험이 예상되는 작업 시 견고한 헤드가아드 설치상태
   나. 브레이크 및 클러치의 작동상태
   다. 타이어 및 궤도차륜 상태
   라. 경보장치 작동상태
   마. 부속장치의 상태
3. 정비상태가 불량한 기계는 투입해서는 안 된다.
4. 장비의 진입로와 작업장에서의 주행로를 확보하고, 다짐도, 노폭, 경사도 등의 상태를 점검하여야 한다.
5. 굴착된 토사의 운반통로, 노면의 상태, 노폭, 기울기, 회전반경 및 교차점, 장비의 운행 시 근로자의 비상대피처 등에 대해서 조사하여 대책을 강구하여야 한다.
6. 인력굴착과 기계굴착을 병행할 경우 각각의 작업 범위와 작업추진 방향을 명확히 하고 기계의 작업반경내에 근로자가 출입하지 않도록 방호설비를 하거나 감시인을 배치한다.

7. 발파, 붕괴 시 대피장소가 확보되어야 한다.
8. 장비 연료 및 정비용 기구 공구 등의 보관장소가 적절한지를 확인하여야 한다.
9. 운전자가 자격을 갖추었는지를 확인하여야 한다.
10. 굴착된 토사를 덤프트럭 등을 이용하여 운반할 경우는 유도자와 교통정리원을 배치하여야 한다.

제11조(작업)

기계굴착 작업 시에는 다음 각 호의 사항을 준수하여야 한다.

1. 운전자의 건강상태를 확인하고 과로시키지 않아야 한다.
2. 운전자 및 근로자는 안전모를 착용시켜야 한다.
3. 운전자 외에는 승차를 금지시켜야 한다.
4. 운전석 승강장치를 부착하여 사용하여야 한다.
5. 운전을 시작하기 전에 제동장치 및 클러치 등의 작동 유무를 반드시 확인하여야 한다.
6. 통행인이나 근로자에게 위험이 미칠 우려가 있는 경우는 유도자의 신호에 의해서 운전하여야 한다.
7. 규정된 속도를 지켜 운전해야 한다.
8. 정격용량을 초과하는 가동은 금지하여야 하며 연약지반의 노견, 경사면 등의 작업에서는 담당자를 배치하여야 한다.
9. 기계의 주행로는 충분한 폭을 확보해야 하며 노면의 다짐도를 충분하게 하고 배수조치를 하며 기존도로를 이용할 경우 청소에 유의하고 필요한 장소에 담당자를 배치한다.
10. 시가지 등 인구 밀집지역에서는 매설물 등을 확인하기 위하여 줄파기 등 인력 굴착을 선행한 후 기계굴착을 실시하여야 한다. 또한 매설물이 손상을 입는 경우는 즉시 작업책임자에게 보고하고 지시를 받아야 한다.
11. 갱이나 지하실 등 환기가 잘 안 되는 장소에서는 환기가 충분히 되도록 조치하여야 한다.
12. 전선이나 구조물 등에 인접하여 부움을 선회해야 될 작업에는 사전에 회전반경, 높이제한 등 방호조치를 강구하고 유도자의 신호에 의하여 작업을 하여야 한다.
13. 비탈면 천단부 주변에는 굴착된 흙이나 재료 등을 적재해서는 안 된다.
14. 위험장소에는 장비 및 근로자, 통행인이 접근하지 못하도록 표지판을 설치하거나 감시인을 배치하여야 한다.
15. 장비를 차량으로 운반해야 될 경우에는 전용 트레일러를 사용하여야 하며, 널빤지로 된 발판 등을 이용하여 적재할 경우에는 장비가 전도되지 않도록 안전한 기울기, 폭 및 두께를 확보해야 하며 발판 위에서 방향을 바꾸어서는 안 된다.
16. 작업의 종료나 중단 시에는 장비를 평탄한 장소에 두고 바켓 등을 지면에 내려 놓아야

하며 부득이한 경우에는 바퀴에 고임목 등으로 받쳐 전락 및 구동을 방지하여야 한다.

17. 장비는 당해 작업목적 이외에는 사용하여서는 안 된다.
18. 장비에 이상이 발견되면 즉시 수리하고 부속장치를 교환하거나 수리할 때에는 안전담당자가 점검하여야 한다.
19. 부착물을 들어올리고 작업할 경우에는 안전지주, 안전블록 등을 사용하여야 한다.
20. 작업종료 시에는 장비관리 책임자가 열쇠를 보관하여야 한다.
21. 낙석 등의 위험이 있는 장소에서 작업할 경우는 장비에 헤드가아드 등 견고한 방호장치를 설치하여야 하며 전조등, 경보장치 등이 부착되지 않은 기계를 운전시켜서는 안 된다.
22. 흙막이지보공을 설치할 경우는 지보공부재의 설치순서에 맞도록 굴착을 진행시켜야 한다.
23. 조립된 부재에 장비의 버켓 등이 닿지 않도록 신호자의 신호에 의해 운전하여야 한다.
24. 상 · 하 작업을 동시에 할 경우 다음 각 목에 유의하여야 한다.
    가. 상부로부터의 낙하물 방호설비를 한다.
    나. 굴착면 등에 있는 부석 등을 완전히 제거한 후 작업을 한다.
    다. 사용하지 않는 기계, 재료, 공구 등을 작업장소에 방치하지 않는다.
    라. 작업은 책임자의 감독하에 진행한다.

제3절 발파에 의한 굴착

제12조(준비 및 발파)

발파작업 시에는 다음 각 호의 사항을 준수하여야 한다.

1. 발파작업에 대한 천공, 장전, 결선, 점화, 불발 잔약의 처리 등은 선임된 발파책임자가 하여야 한다.
2. 발파 면허를 소지한 발파책임자의 작업지휘하에 발파작업을 하여야 한다.
3. 발파 시에는 반드시 발파시방에 의한 장약량, 천공장, 천공구경, 천공각도, 화약 종류, 발파방식을 준수하여야 한다.
4. 암질변화 구간의 발파는 반드시 시험발파를 선행하여 실시하고 암질에 따른 발파 시방을 작성하여야 하며 진동치, 속도, 폭력 등 발파 영향력을 검토하여야 한다.
5. 암질변화 구간 및 이상암질의 출현 시 반드시 암질판별을 실시하여야 하며, 암질판별은 아래 각 목을 기준으로 하여야 한다.
    가. R.Q.D(%)
    나. 탄성파속도(m/sec)
    다. R.M.R

라. 일축압축강도(kg/cm^2)

마. 진동치 속도(cm/sec = Kine)

6. 발파시방을 변경하는 경우 반드시 시험발파를 실시하여야 하며 진동파속도, 폭력, 폭속 등의 조건에 의해 적정한 발파시방이어야 한다.
7. 주변 구조물 및 인가 등 피해대상물이 인접한 위치의 발파는 진동치 속도가 0.5(cm/sec)를 초과하지 아니하여야 한다.
8. 터널의 경우(NATM 기준) 계측관리 사항 기준은 다음 각 목의 사항을 적용하며 지속적 관찰에 의한 보강대책을 강구하여야 한다. 또한 이상 변위가 나타나면 즉시 작업중단 및 장비, 인력대피 조치를 하여야 한다.

   가. 내공변위 측정

   나. 천단침하 측정

   다. 지중, 지표침하 측정

   라. 록볼트 축력측정

   마. 숏크리트 응력 측정
9. 화약 양도양수 허가증을 정기적으로 확인하여 사용기간, 사용량 등을 확인하여야 한다.
10. 작업책임자는 발파작업 지휘자와 발파시간, 대피장소, 경로, 방호의 방법에 대하여 충분히 협의하여 작업자의 안전을 모도하여야 한다.
11. 낙반, 부석의 제거가 불가능할 경우 부분 재발파, 록볼트, 포어폴링 등의 붕괴방지를 실시하여야 한다.
12. 발파작업을 할 경우는 적절한 경보 및 근로자와 제3자의 대피 등의 조치를 취한 후에 실시하여야 하며, 발파 후에는 불발잔약의 확인과 진동에 의한 2차 붕괴 여부를 확인하고 낙반, 부석처리를 완료한 후 작업을 재개하여야 한다.

제13조(화약류의 운반)

화약류의 운반에는 다음 각 호의 사항을 준수하여야 한다.

1. 화약류는 반드시 화약류 취급책임자로부터 수령하여야 한다.
2. 화약류의 운반은 반드시 운반대나 상자를 이용하며 소분하여 운반하여야 한다.
3. 용기에 화약류와 뇌관을 함께 운반하지 않는다.
4. 화약류, 뇌관 등은 충격을 주지 않도록 신중하게 취급하고 화기에 가까이 해서는 안 된다.
5. 발파 후 굴착작업을 할 때는 불발잔약의 유 · 무를 반드시 확인하고 작업한다.
6. 전석의 유 · 무를 조사하고 소정의 높이와 기울기를 유지하고 굴착작업을 한다.

제4절 옹벽축조를 위한 굴착

제14조(옹벽축조)

옹벽을 축조 시에는 불안전한 급경사가 되게 하거나 좁은 장소에서 작업을 할 때에는 위험을 수반하게 되므로 다음 각 호의 사항을 준수하여야 한다.

1. 수평방향의 연속시공을 금하며, 블럭으로 나누어 단위시공 단면적을 최소화하여 분단시공을 한다.
2. 하나의 구간을 굴착하면 방치하지 말고 즉시 버팀 콘크리트를 타설하고 기초 및 본체구조물 축조를 마무리한다.
3. 절취경사면에 전석, 낙석의 우려가 있고 혹은 장기간 방치할 경우에는 숏크리트, 록볼트, 네트, 캔버스 및 모르타르 등으로 방호한다.
4. 작업위치의 좌우에 만일의 경우에 대비한 대피통로를 확보하여 둔다.

제5절 깊은 굴착작업

제15조(착공 전 조사)

깊은 굴착작업 시에는 착공 전 다음 각 호에 정하는 적합한 조사를 하여야 한다.

1. 지질의 상태에 대해 충분히 검토하고 작업책임자와 굴착공법 및 안전조치에 대하여 정밀한 계획을 수립하여야 한다.
2. 지질조사 자료는 정밀하게 분석되어야 하며, 지하수위, 토사 및 암반의 심도 및 층두께, 성질 등이 명확하게 표시되어야 한다.
3. 착공지점의 매설물 여부를 확인하고 매설물이 있는 경우 이설 및 거치보전 등 계획 변경을 한다.
4. 지하수위가 높은 경우 차수벽 설치계획을 수립하여야 하며, 차수벽 또는 지중 연속벽 등의 설치는 토압계산에 의하여 실시되어야 한다.
5. 토사반출 목적으로 복공구조의 시설을 필요로 할 경우에는 반드시 적재하중 조건을 고려하여 구조계산에 의한 지보공 설치를 하여야 한다.
6. 깊이 10.5m 이상의 굴착의 경우 아래 각 목의 계측기기의 설치에 의하여 흙막이 구조의 안전을 예측하여야 하며, 설치가 불가능할 경우 트랜싯 및 레벨 측량기에 의해 수직 · 수평 변위 측정을 실시하여야 한다.
   가. 수위계
   나. 경사계
   다. 하중 및 침하계

라. 응력계

7. 계측기기 판독 및 측량 결과 수직, 수평 변위량이 허용범위를 초과할 경우, 즉시 작업을 중단하고, 장비 및 자재의 이동, 배면토압의 경감조치, 가설 지보공 구조의 보완 등 긴급조치를 취하여야 한다.
8. 히빙 및 보일링에 대한 긴급대책을 사전에 강구하여야 하며, 흙막이지보공 하단부 굴착 시 이상 유무를 정밀하게 관측하여야 한다.
9. 깊은 굴착의 경우 경질암반에 대한 발파는 반드시 시험발파에 의한 발파시방을 준수하여야 하며 엄지말뚝, 중간말뚝, 흙막이지보공 벽체의 진동영향력이 최소가 되게 하여야 한다. 경우에 따라 무진동 파쇄방식의 계획을 수립하여 진동을 억제하여야 한다.
10. 배수계획을 수립하고 배수능력에 의한 배수장비와 배수경로를 설정하여야 한다.

제16조(지시확인 등)

깊은 굴착작업 시에는 다음 각 호의 사항을 준수하여야 한다.

1. 신호수를 정하고 표준신호방법에 의해 신호하여야 한다.
2. 작업조는 가능한 한 숙련자로 하고, 반드시 작업 책임자를 배치하여야 한다.
3. 작업 전 점검은 책임자가 하고 확인한 결과를 기록하여야 한다.
4. 산소결핍의 위험이 있는 경우는 안전담당자를 배치하고 산소농도 측정 및 기록을 하게 한다. 또 메탄가스가 발생할 우려가 있는 경우는 가스측정기에 의한 농도기록을 하여야 한다.
5. 작업장소의 조명 및 위험개소의 유 · 무 등에 대하여 확인하여야 한다.

제17조(설비의 조립)

토사반출용 고정식 크레인 및 호이스트 등을 조립하여 사용할 경우에는 다음 각 호의 사항을 준수하여야 한다.

1. 토사단위 운반용량에 기준한 버켓이어야 하며, 기계의 제원은 안전율을 고려한 것이어야 한다.
2. 기초를 튼튼히 하고 각부는 파일에 고정하여야 한다.
3. 윈치는 이동, 침하하지 않도록 설치하여야 하고 와이어로프는 설비 등에 접촉하여 마모하지 않도록 주의하여야 한다.
4. 잔토반출용 개구부에는 견고한 철책, 난간 등을 설치하고 안전표지판을 설치하여야 한다.
5. 개구부는 버켓의 출입에 지장이 없는 가능한 한 작은 것으로 하고 또 버켓의 경로는 철근 등을 이용 가이드를 설치하여야 한다.

제18조(굴착 작업)

굴착작업 시에는 다음 각 호의 사항을 준수하여야 한다.

1. 굴착은 계획된 순서에 의해 작업을 실시하여야 한다.
2. 작업 전에 산소농도를 측정하고 산소량은 18퍼센트 이상이어야 하며, 발파 후 반드시 환기설비를 작동시켜 가스배출을 한 후 작업을 하여야 한다.
3. 연결고리구조의 쉬트파일 또는 라이너플레이트를 설치한 경우 틈새가 생기지 않도록 정확히 하여야 한다.
4. 쉬트파일의 설치 시 수직도는 1/100 이내이어야 한다.
5. 쉬트파일의 설치는 양단의 요철부분을 반드시 겹치고 소정의 핀으로 지반에 고정하여야 한다.
6. 링은 쉬트파일에 소정의 볼트를 긴결하여 확실하게 설치하여야 한다.
7. 토압이 커서 링이 변형될 우려가 있는 경우 스트러트 등으로 보강하여야 한다.
8. 라이너플레이트의 이음에는 상 · 하교합이 되도록 하여야 한다.
9. 굴착 및 링의 설치와 동시에 철사다리를 설치 연장하여야 한다. 철사다리는 굴착 바닥면과 1미터 이내가 되게 하고 버켓의 경로, 전선, 덕트 등이 배치하지 않는 곳에 설치하여야 한다.
10. 용수가 발생한 때에는 신속하게 배수하여야 한다.
11. 수중펌프에는 감전방지용 누전차단기를 설치하여야 한다.

제19조(자재의 반입 및 굴착토사의 처리)

자재의 반입 및 굴착토사의 처리 시에는 다음 각 호의 사항을 준수하여야 한다.

1. 버켓은 훅에 정확히 걸고 상 · 하작업 시 이탈되지 않도록 하여야 한다.
2. 버켓에 부착된 토사는 반드시 제거하고 상 · 하작업을 하여야 한다.
3. 자재, 기구의 반입, 반출에는 낙하하지 않도록 확실하게 매달고 훅에는 해지 장치 등을 이용 이탈을 방지하여야 한다.
4. 아크용접을 할 경우 반드시 자동전격방지장치와 누전차단기를 설치하고 접지를 하여야 한다.
5. 인양물의 하부에는 출입하지 않아야 한다.
6. 개구부에서 인양물을 확인할 경우 근로자는 반드시 안전대 등을 이용하여야 한다.

제4장 구조물 등의 인접작업

제1절 지하매설물이 있는 경우

제20조(사전조사)

지하매설물 인접작업 시 매설물 종류, 매설 깊이, 선형 기울기, 지지방법 등에 대하여 굴착작업을 착수하기 전에 사전조사를 실시하여야 한다.

제21조(취급)

① 시가지 굴착 등을 할 경우에는 도면 및 관리자의 조언에 의하여 매설물의 위치를 파악한 후 줄파기작업 등을 시작하여야 한다.
② 굴착에 의하여 매설물이 노출되면 반드시 관계기관, 소유자 및 관리자에게 확인시키고 상호협조하여 지주나 지보공 등을 이용하여 방호조치를 취하여야 한다.
③ 매설물의 이설 및 위치변경, 교체 등은 관계기관(자)과 협의하여 실시되어야 한다.
④ 최소 1일 1회 이상은 순회 점검하여야 하며 점검에는 와이어로프의 인장상태, 거치구조의 안전상태, 특히 접합부분을 중점적으로 확인하여야 한다.
⑤ 매설물에 인접하여 작업할 경우는 주변지반의 지하수위가 저하되어 압밀침하될 가능성이 많고 매설물이 파손될 우려가 있으므로 곡관부의 보강, 매설물 벽체 누수 등 매설물의 관계기관(자)과 충분히 협의하여 방지대책을 강구하여야 한다.
⑥ 가스관과 송유관 등이 매설된 경우는 화기사용을 금하여야 하며 부득이 용접기 등을 사용해야 될 경우는 폭발방지 조치를 취한 후 작업을 하여야 한다.

제22조(되메우기)

노출된 매설물을 되메우기 할 경우는 매설물의 방호를 실시하고 양질의 토사를 이용하여 충분한 다짐을 하여야 한다.

제2절 기존구조물이 인접하여 있는 경우

제23조(조사)

기존구조물에 인접한 굴착 작업 시에는 다음 각 호의 사항을 준수하여야 한다.

1. 기존구조물의 기초상태와 지질조건 및 구조형태 등에 대하여 조사하고 작업방식, 공법 등 충분한 대책과 작업상의 안전계획을 확인한 후 작업하여야 한다.
2. 기존구조물과 인접하여 굴착하거나 기존구조물의 하부를 굴착하여야 할 경우에는 그 크기, 높이, 하중 등을 충분히 조사하고 굴착에 의한 진동, 침하, 전도 등 외력에 대해서 충분히 안전한가를 확인하여야 한다.

제24조(지지)

기존구조물의 지지방법에 있어서 다음 각 호의 사항을 준수하여야 한다.

1. 기존구조물의 하부에 파일, 가설슬라브 구조 및 언더피닝공법 등의 대책을 강구하여야 한다.
2. 붕괴방지 파일 등에 브라켓을 설치하여 기존구조물을 방호하고 기존구조물과의 사이에는 모래, 자갈, 콘크리트, 지반보강 약액재 등을 충진하여 지반의 침하를 방지하여야 한다.
3. 기존구조물의 침하가 예상되는 경우에는 토질, 토층 등을 정밀조사하고 유효한 혼합시멘트, 약액 주입공법, 수평·수직보강 말뚝공법 등으로 대책을 강구하여야 한다.
4. 웰 포인트 공법 등이 행하여지는 경우 기존구조물의 침하에 충분히 주의하고 침하가 될 경우에는 라우팅, 화학적 고결방법 등으로 대책을 강구하여야 한다.
5. 지속적으로 기존구조물의 상태에 주의하고, 작업장 주위에는 비상투입용 보강재 등을 준비하여 둔다.

제25조(소규모 구조물)

소규모 구조물의 방호에 있어서 다음 각 호의 사항을 준수하여야 한다.

1. 맨홀 등 소규모 구조물이 있는 경우에는 굴착 전에 파일 및 가설가대 등을 설치한 후 매달아 보강하여야 한다.
2. 옹벽, 블록벽 등이 있는 경우에는 철거 또는 버팀목 등으로 보강한 후에 굴착작업을 하여야 한다.

제5장 보칙

제1절 안전기준

제26조(기울기 및 높이의 기준)

① 굴착면의 기울기 및 높이의 기준은 「안전보건규칙」 제338조 제1항의 별표 11에 따른다.

② 사질의 지반(점토질을 포함하지 않은 것)은 굴착면의 기울지를 1 : 1.5 이상으로 하고 높이는 5미터 미만으로 하여야 한다.

③ 발파 등에 의해서 붕괴하기 쉬운 상태의 지반 및 매립하거나 반출시켜야 할 지반의 굴착면의 기울기는 1 : 1 이하 또는 높이는 2미터 미만으로 하여야 한다.

제27조(대비)

인근 주민이나 제3자에게 피해를 주지 않도록 충분한 대비를 하여야 한다.

제2절 부석 등의 처리

제28조(토석붕괴의 원인)

① 토석이 붕괴되는 외적 원인은 다음 각 호와 같으므로 굴착 작업 시에 적절한 조치를 취하여야 한다.

1. 사면, 법면의 경사 및 기울기의 증가
2. 절토 및 성토 높이의 증가
3. 공사에 의한 진동 및 반복 하중의 증가
4. 지표수 및 지하수의 침투에 의한 토사 중량의 증가
5. 지진, 차량, 구조물의 하중작용
6. 토사 및 암석의 혼합층 두께

② 토석이 붕괴되는 내적 원인은 다음 각 호와 같으므로 굴착작업 시에 적절한 조치를 취하여야 한다.

1. 절토 사면의 토질 · 암질
2. 성토 사면의 토질구성 및 분포
3. 토석의 강도 저하

제29조(붕괴의 형태)

① 토사의 미끄러져 내림(Sliding)은 광범위한 붕괴현상으로 일반적으로 완만한 경사에서 완만한 속도로 붕괴한다.

② 토사의 붕괴는 사면 천단부 붕괴, 사면중심부 붕괴, 사면하단부 붕괴의 형태이며 작업위치와 붕괴예상지점의 사전조사를 필요로 한다.

③ 얕은 표층의 붕괴는 경사면이 침식되기 쉬운 토사로 구성된 경우 지표수와 지하수가 침투하여 경사면이 부분적으로 붕괴된다. 절토 경사면이 암반인 경우에도 파쇄가 진행됨에 따라서 균열이 많이 발생되고, 풍화하기 쉬운 암반인 경우에는 표층부 침식 및 절리발달에 의해 붕괴가 발생된다.

④ 깊은 절토 법면의 붕괴는 사질암과 전석토층으로 구성된 심층부의 단층이 경사면 방향으로 하중응력이 발생하는 경우 전단력, 점착력 저하에 의해 경사면의 심층부에서 붕괴될 수 있으며, 이러한 경우 대량의 붕괴재해가 발생된다.

⑤ 성토경사면의 붕괴는 성토 직후에 붕괴 발생률이 높으며, 다짐불충분 상태에서 빗물이나

지표수, 지하수 등이 침투되어 공극수압이 증가되어 단위중량증가에 의해 붕괴가 발생된다. 성토 자체에 결함이 없어도 지반이 약한 경우는 붕괴되며, 풍화가 심한 급경사면과 미끄러져 내리기 쉬운 지층구조의 경사면에서 일어나는 성토붕괴의 경우에는 성토된 흙의 중량이 지반에 부가되어 붕괴된다.

제30조(경사면의 안정성 검토)

경사면의 안정성을 확인하기 위하여 다음 각 호의 사항을 검토하여야 한다.

1. 지질조사 : 층별 또는 경사면의 구성 토질구조
2. 토질시험 : 최적함수비, 삼축압축강도, 전단시험, 점착도 등의 시험
3. 사면붕괴의 이론적 분석 : 원호활절법, 유한요소법 해석
4. 과거의 붕괴된 사례 유무
5. 토층의 방향과 경사면의 상호관련성
6. 단층, 파쇄대의 방향 및 폭
7. 풍화의 정도
8. 용수의 상황

제31조(예방)

토사붕괴의 발생을 예방하기 위하여 다음 각 호의 조치를 취하여야 한다.

1. 적절한 경사면의 기울기를 계획하여야 한다.
2. 경사면의 기울기가 당초 계획과 차이가 발생되면 즉시 재검토하여 계획을 변경시켜야 한다.
3. 활동할 가능성이 있는 토석은 제거하여야 한다.
4. 경사면의 하단부에 압성토 등 보강공법으로 활동에 대한 저항대책을 강구하여야 한다.
5. 말뚝(강관, H형강, 철근 콘크리트)을 타입하여 지반을 강화시킨다.

제32조(점검)

토사붕괴의 발생을 예방하기 위하여 다음 각 호의 사항을 점검하여야 한다.

1. 전 지표면의 답사
2. 경사면의 지층 변화부 상황 확인
3. 부석의 상황 변화의 확인
4. 용수의 발생 유·무 또는 용수량의 변화 확인
5. 결빙과 해빙에 대한 상황의 확인
6. 각종 경사면 보호공의 변위, 탈락 유·무
7. 점검시기는 작업전 중·후, 비온 후, 인접 작업구역에서 발파한 경우에 실시한다.

제33조(동시작업의 금지)

붕괴토석의 최대 도달거리 범위 내에서 굴착공사, 배수관의 매설, 콘크리트 타설작업 등을 할 경우에는 적절한 보강대책을 강구하여야 한다.

제34조(대피공간의 확보 등)

붕괴의 속도는 높이에 비례하므로 수평방향의 활동에 대비하여 작업장 좌우에 피난통로 등을 확보하여야 한다.

제35조(2차재해의 방지)

① 작은 규모의 붕괴가 발생되어 인명구출 등 구조작업 도중에 대형붕괴의 재차 발생을 방지하기 위하여 붕괴면의 주변상황을 충분히 확인하고 2중 안전조치를 강구한 후 복구작업에 임하여야 한다.

제36조(재검토기한)

이 고시에 대하여 2016년 1월 1일 기준으로 매 3년이 되는 시점(매 3년째의 12월 31일까지를 말한다)마다 그 타당성을 검토하여 개선 등의 조치를 하여야 한다.

Occupational Safety Instructor

[2] 화약류의 취급

제1절 발파작업 일반

제3조(작업일반)

발파작업은 다음 각 호의 규정과 화약류 제조업자의 사용지침 및 폭발안전수칙을 따라야 한다.

1. 화약류나 발파기재의 수송, 취급, 저장 및 사용은 발파작업에 충분한 경험과 자격을 갖춘 사람이 지휘 감독하여야 한다.
2. 화약류나 발파기재를 작업장에 반입할 때에는 사전에 관계 기관의 허가를 받아야 한다.
3. 발파기는 제조업자의 지시대로 유지, 관리 사용하여야 하며 사용 전, 후에 주기적으로 시험, 검정을 하여야 한다.
4. 발파구역 입구에는 경고판을 부착하여야 한다.
5. 화약이나 폭약은 절대로 방치하여서는 아니 된다.
6. 빈 용기 등 쓰레기는 재사용을 엄금하며 지정된 장소에서 폐기하여야 한다.
7. 동력기계(소형 브레이카, 싱커 등)는 장전구멍으로부터 15미터 이내에서 사용하여서는 아니 된다.
8. 18세 미만인 자와 「화약류 관리법」 제5조 또는 제13조 제1항에 해당하는 자는 취업을 금지하여야 한다.

제4조(작업주의)

발파작업에 있어서 다음 각 호의 규정에 주의하여야 한다.

1. 전기뇌관을 사용하는 발파는 전기발파기나 지정된 동력장치에 의해 점화되어야 한다. 비전기뇌관을 사용하는 발파는 발파기나 제작회사가 규정한 점화장비에 의해 점화되어야 한다.
2. 레이더, 무선송수신시설 또는 실험결과 공전류가 전기발파작업에 위험을 끼칠 우려가 있을 때에는 승인된 비전기 점화장치를 사용하여야 한다. 전기뇌관이 사용되는 때에는 자주 전선은 점화를 위하여 회로에 연결시킬 때 단락을 해두어야 한다.
3. 모든 지발식 발파작업에는 지발식 전기뇌관, 비전기식 지연뇌관 또는 도폭선 연결기구를 사용하여야 하며 시간 고려가 잘 되어 있는지 점검하여야 한다.
4. 뇌우나 심한 모래바람이 접근하고 있을 때는 화약류 취급이나 사용 등 모든 작업을 중지시키고 작업자들을 안전한 장소로 대피시켜야 한다. 외부에서 발생하는 전기에 의해 전기뇌

관이 우연히 점화되는 것을 방지하기 위해 적절한 제어조치를 하여야 한다.

5. 발파 후 즉시 두 스위치 사이에 케이블은 분리단락시키고 스위치는 폐쇄 위치에 두고 봉쇄하여야 한다.
6. 동력선, 통신망, 편의시설 및 기타 구조물 부근에서 발파작업을 할 때에는 그 시설의 소유자나 사용자에게 통고하여 안전한 통제조치를 취할 때까지 발파작업을 하여서는 안 된다.
7. 발파기는 발파작업 책임자만 취급할 수 있도록 보관하여야 하며, 발파기에 모선의 연결은 발파작업책임자의 지휘에 따라야 한다.
8. 발파 스위치 열쇠는 항상 발파작업 책임자가 소지하여야 한다.
9. 발파를 위하여 동력 회로선에서 전력을 공급하였을 때에는 전압이 550볼트를 넘지 말아야 한다.
10. 발파모선은 적당한 치수 및 용량을 가진 절연되고 견고한 도전선을 사용하여야 한다.
11. 뇌전 가능성이나 대량의 정전 배출 가능성을 탐지 및 측정할 수 있는 확실한 방법을 사용하여야 한다.

제5조(진동 및 파손)

발파작업에서의 진동 및 파손의 우려가 있는 때에는 다음 각 호의 규정에 따라 통제하여야 한다.

1. 수중구조물, 건물 및 기타 시설 내 또는 인근에서 발파작업을 할 때에는 주변상태와 발파위력을 충분히 고려하여 신중히 계획하여야 하며 작업을 시작하기 전에 서면계획을 작성하여야 한다.
2. 도심지 발파 등 발파에 주의를 요구하는 곳은 실제 발파전 공인기관 또는 이에 상응하는 자의 입회로 시험발파를 실시하여 안전성을 검토하여야 한다.
3. 제1호의 경우 필요할 때에는 소유자, 점유자 그리고 그 주위에 작업내용과 통제 조치를 통고하여야 한다.
4. 발파구간 인접 구조물에 대한 피해 및 손상을 예방하기 위하여 다음 〈표〉에 의한 값을 준용한다.

(단위 : kine)

건물분류	문화재	주택 아파트	상가 (금이 없는 상태)	철골 콘크리트 빌딩 및 상가
건물기초에서의허용 진동치 (센티미터/초)	0.2	0.5	1.0	1.0~4.0

※ 기존 구조물에 금이 있거나 노후 구조물 등에 대하여는 상기표의 기준을 실정에 따라 허용범위를 하향 조정하여야 한다.

※ 이 기준을 초과할 때에는 발파를 중지하고 그 원인을 규명하여 적정한 패턴(발파기준)에 의하여 작업을 재개한다.

5. 진동의 검사, 기록 그리고 해석은 발파작업 책임자가 하여야 한다.
6. 발파진동의 경감을 위해 발파효과가 좋은 지발뇌관을 사용하고, 발파효과의 상관관계를 고려하여 저폭속 화약류를 사용토록 한다.
7. 적정한 최소저항선과 장약량을 가지고 가급적이면 많은 자유면을 이용한다.
8. 폭발음을 경감시키기 위해 토제 등을 쌓거나 풍향, 풍속을 고려하고 지발전기 뇌관을 사용토록 한다.
9. 진동과 소음을 줄이기 위해 정상적인 약량보다 적게 할 때에는 고압가스 분출 등 이상현상을 유발할 수 있으므로 주의하여야 한다.

제2절 화약류 운반

제6조(운반책임자)

화약류 운반책임자는 다음 각 호의 규정을 준수하여야 한다.

1. 화약류를 운송하는 운송인은 화약류의 종류에 따라 적재, 운반 기타 화약류의 취급에 있어서 특히 유의할 제반규정을 운반책임자에게 미리 알려주어야 한다.
2. 운반책임자는 출발하기 전에 차량 및 화약류의 적재상황을 점검 · 확인하여야 하고 운반책임자는 운전기술이 능숙한 사람으로 하여금 화약류운반차량을 운전하게 하여야 한다.
3. 운반 전 점검계획서를 작성하고 이를 허가관청에 제출해야 한다.

제7조(표지)

화약류를 운반하는 차량은 화약류의 운반 중에 화약의 운반 중임을 나타내기 위하여 다음 각 호의 규정과 같이 표지를 하여야 한다.

1. 주간에는 가로 50센티미터 세로 35센티미터 이상의 붉은색 바탕에 "폭발물"이라고 희게 쓴 표지를 차량의 앞뒤와 양옆의 보기 쉬운 곳에 부착하여야 한다. 그러나 부득이한 때에는 허가관청의 승인을 얻어 위장표지를 할 수 있다.
2. 야간에도 위에서 설명한 표지를 부착하여야 하며 그 표지를 반사체로 하여 쉽게 식별할 수 있도록 하고 150미터 이상의 거리에서 명확히 확인할 수 있는 광도의 붉은색 경광등을 차량의 앞뒤의 보기 쉬운 곳에 달아야 한다.
3. 다음 각 목에 열거하는 수량 이하의 화약류를 운반할 때에는 위에서 설명한 표지를 하지 않아도 무방하다.

   가. 10킬로그램 이하의 화약

나. 5킬로그램 이하의 폭약

다. 100개 이하의 공업용 뇌관 또는 전기뇌관

라. 미진동파쇄기

바. 100미터 이하의 도폭선

제8조(통로)

화약류를 운반할 때에는 통과하는 통로는 다음 각 호의 규정을 준수하여야 한다.

1. 차량으로 운반할 때에는 그 차량의 폭에 3.5미터를 더한 넓이 이하의 도로를 통행할 수 없다.
2. 화기를 취급하는 장소 또는 발화성이나 인화성이 있는 물질을 쌓아둔 장소에 근접하지 않는 통로이어야 한다.
3. 번화가 기타 사람의 왕래가 빈번하거나 사람이 많이 모이는 곳을 피하여 통행하여야 한다.
4. 화약류 2톤 이상을 싣고 시가지를 통행할 때에는 운반표지를 한 선도차로 하여금 필요한 경계를 하게 하여야 한다.
5. 상기 기준에 맞추어 운반하여야 하며 지나치게 멀리 우회하거나 기타 이 기준에 맞는 통로에 의할 수 없는 부득이한 사정이 있을 때에는 예외로 한다.

제9조(적재)

화약류를 운반하기 위하여 운반기구에 화약류를 적재할 때에는 다음 각 호의 규정을 준수하여야 한다.

1. 운반 중에 마찰 또는 흔들리거나 굴러떨어지지 아니하도록 주의하여 운반하여야 한다.
2. 화약류는 방수 또는 내화성이 있는 덮개로 덮어야 한다.
3. 화약류(초유폭약, 실포, 공포 및 포탄을 제외한다)는 적재 차량의 적재정량의 80퍼센트에 상당하는 중량(외장의 중량을 포함)을 초과하여 적재하여서는 아니 된다.
4. 화약류를 다음 각 목에 규정한 물건과 동일한 차량에 함께 적재하지 말아야 한다.
   가. 발화성 또는 인화성 물질
   나. 외장이 불안전하여 화약류에 마찰 또는 충격을 줄 염려가 있는 물건
   다. 철강재, 기계류, 광석류 기타 이에 준하는 물건
   라. 독극물, 방사성물질 기타 유해성물질
5. 종류가 다른 화약류는 관계법령으로 규정한 것 이외에는 원칙적으로 동일한 차량에 적재할 수 없다.

제10조(운반)

화약류를 운반하고자 할 때에는 다음 각 호의 규정을 준수하여야 한다.

1. 자동차(2륜자동차를 제외한다)에 의하여 200킬로미터 이상의 거리를 운반할 때에는 도중에 운전자를 교체할 수 있도록 하기 위하여 운송인은 자동차 1대당 운전자 2인을 탑승시켜야 한다.
2. 자동차 또는 우마차로 운반할 때에는 운송인은 당해 차량에 경계요원을 탑승시켜야 한다.
3. 주차는 위험하지 않은 장소를 선정하여 주차하여야 한다.
4. 야간이나 앞을 분간하기 힘든 상태에서 주차하고자 할 때에는 차량의 전방과 후방 각 15미터 지점에 적색의 경고등을 설치하여야 한다.
5. 화약류를 실은 차량이 서로 같은 방향으로 진행할 때(앞지를 때에는 제외한다)에는 100미터 이상 차간거리를 두어야 하며 주차할 때에는 50미터 이상의 거리를 두어야 한다.
6. 화약류 부근에서 흡연을 하거나 화기 사용을 하여서는 안 된다.
7. 화약류를 취급할 때에는 갈고리 등을 사용하여서는 안 된다.
8. 화약류를 차량에 적재 및 하역할 때에는 원동기의 작동을 정지시키는 등 제동 장치를 완전하게 하여야 한다.
9. 화약류의 적재 전후에는 그 장소를 깨끗하게 청소하여야 한다.
10. 화약류를 적재하거나 취급할 때에는 철물류로 된 신발을 신지 말아야 한다.
11. 화약류는 특별한 사정이 없는 한 야간에 적재 운반하지 말아야 한다.
12. 뇌홍 및 뇌홍을 주로 하는 기폭약은 수분 또는 알코올분을 25퍼센트 정도 함유한 상태에서 운반하여야 한다.
13. 트리니트로레졸신납, 테트라센, 디아조디니트로페놀 및 이들을 주로하는 기폭약은 수분 또는 알코올분을 20퍼센트 정도 함유한 상태에서 운반하여야 한다.
14. 니트로셀롤로즈는 수분 또는 알코올분을 23퍼센트 정도 함유한 상태에서 운반하여야 한다.
15. 펜타에리스리트 및 테트라나이트레이트는 수분 또는 알코올분을 15퍼센트 정도 함유한 상태에서 운반하여야 한다.
16. 기타 운반상의 위험을 방지하기 위하여 습기가 있는 상태로 하여야 할 필요가 있다고 인정되는 화약은 그 화약의 성질에 따라 안전성을 확보할 수 있는 수분을 함유한 상태에서 운반하여야 한다.

제3절 화약류 관리

제11조(화약류 관리)

화약류를 관리함에 있어 다음 각 호의 규정을 준수하여야 한다.

1. 건설현장과 채석현장에서 사용하는 화약류는 화약류저장소에 저장하고, 저장소에서 매

일 발파에 필요한 최소량을 화약류취급소 또는 화공작업소(소량일 때에는)에 운반하여 화약류를 관리하거나 발파의 준비를 하여야 한다.

2. 화약류의 수량이 소량일 때에는 화약류 관계법령에서 정하는 안전한 장소(화약류 취급소라고 한다)에 저장하여야 한다.
3. 허가를 받아 인수한 화약류는 화약류저장소 또는 화약류취급소에서 발파장소에 운반되어야 한다.

제12조(화약류저장소)

발파작업 책임자는 화약류의 저장 및 사용에 따른 보안에 관하여 다음 규정을 준수하여야 한다.

1. 저장소의 경계책 내에는 관계자 이외의 출입을 금하여야 한다.
2. 저장소의 경계책 내에는 폭발 또는 발화하거나 연소하기 쉬운 물건을 적치하지 말아야 한다.
3. 저장소 내에는 당해 저장소 내에서만 사용하는 안전화를 신도록 하여야 한다.
4. 저장소 내에 들어갈 때는 철물류 또는 철물로써 만들어진 기구 및 휴대용 건전지, 전등 이외의 등화를 휴대하지 말아야 한다.
5. 저장소 내에서는 물건을 포장하거나 상자의 뚜껑을 여는 등의 작업을 하지 말아야 한다.
6. 저장소의 내부는 환기에 유의하고 동 · 하절기의 계절적 영향과 온도의 변화를 최소화하거나 또는 다이나마이트를 저장할 때에는 최고 최저 온도계를 비치하여야 한다.
7. 화약류를 수납한 후 상자는 화약류 저장소 내의 바닥에 9센티미터 이상의 각재로 된 침목을 깔고 평평하게 쌓아 올리되 저장소의 내벽으로부터의 이격 거리는 30센티미터 이상, 높이는 1.8미터 이하로 하여야 한다. 다만, 3급 화약류 저장소에는 예외로 한다.
8. 저장소에서 화약류를 출고하고자 할 때에는 저장기간이 오래된 것부터 먼저 출고하여야 한다.
9. 저장소에 제조일로부터 1년 이상을 경과한 화약류가 남아 있을 때에는 이상 유무에 특히 주의하여야 한다.
10. 저장 중인 다이나마이트의 약포에서 니트로글리세린이 삼출되어 상자의 표면 또는 마루바닥을 오염하였을 때에는 물 150밀리리터에 가성소다 100그램 비율로 용해하여 알코올 1리터에 혼입한 액체로써 니트로글리세린을 분해시키고 포징 등으로 닦아내어야 한다.
11. 상자 표면에 니트로그리세린이 삼출되거나 흡습액이 유출된 때에는 당해 화약류를 검사하여 지체 없이 사용하거나 폐기하는 등의 조치를 하여야 한다.
12. 아지화연을 주로 하는 기폭약을 사용한 공업뇌관 또는 전기뇌관과 관체에 동을 사용한 공업뇌관 또는 전기뇌관과는 혼합적재하지 말아야 한다.

제13조(화약류취급소)

발파작업 책임자는 사용장소에서 화약류의 관리 및 발파의 준비(약포에 공업뇌관 혹은 전기뇌관을 설치, 또는 이것들을 설치한 약포를 취급하는 작업을 제외)를 하기 위해 화약류취급소를 설치하여야 하며 보안상 다음 규정을 준수하여야 한다.

1. 화약류취급소는 하나의 사용장소에 대해서 1개소로 한다.
2. 통로 및 통로로 이용되는 갱도, 동력선, 다른 화약취급소, 저장소, 화기 취급장소 및 사람이 출입하는 건물 등에 대하여 안전한 곳에 설치하여야 한다.
3. 건물의 마루에는 철물류가 노출되지 아니하도록 하여야 하며 도난을 방지할 수 있는 장치와 일광의 직사 및 비와 이슬에 대하여 이를 방지하는 조치를 취하는 등 안전하게 작업할 수 있도록 하여야 한다.
4. 경계선 내에서는 흡연, 기타의 화기사용을 금하고, 폭발 또는 발화하거나 연소하기 쉬운 것을 적치하지 말아야 한다.
5. 화약류취급소 및 부근에서는 약포에 공업뇌관 또는 전기뇌관을 장치하거나 이를 장치한 약포를 취급하지 말아야 한다.
6. 화약류취급소에는 필요한 자 이외는 출입하거나 또는 정원을 넘어서 동시에 출입하지 말아야 한다.
7. 화약류취급소에 둘 수 있는 화약류의 수량은 1일 사용 예상량 이하로 하고, 다음 양을 넘지 말아야 한다.
   가. 화약 또는 폭약 250킬로그램
   나. 공업뇌관 또는 전기뇌관 2,500개
   다. 도폭선 5킬로미터
8. 화약류취급소에는 화약류 수불대장을 비치하고 책임자를 정하여 화약류의 수불 및 사용, 잔류수량을 그때마다 명확하게 기록하게 하여야 한다.
9. 화약류취급소의 내부는 청결하게 정리정돈하고, 내부작업에 필요한 기구 이외의 물건을 두지 말아야 한다.
10. 내부 또는 외부의 보기 쉬운 곳에 취급상 필요한 규칙 및 주의규정을 게시하여야 한다.
11. 화약류취급소의 건물 내 조명설비를 설치할 때에는 화약류취급소의 벽체내부와 완전하게 격리하여야 한다. 안전한 장치를 설치한 전등을 사용하고, 배선은 절연금속관 또는 외장케이블 등을 사용하여야 한다. 또한 누전차단기 또는 개폐기를 화약류취급소의 건물 외에 설치할 때에는 예외로 한다.
12. 난방설비를 설치할 때에는 온수, 증기 이외의 것을 사용하지 말아야 한다.
13. 기타 화약류취급소에 대한 재해예방규정을 준수하고, 화약류 취급 보안 책임자의 지시에 따라야 한다.

제14조(화공작업소)

발파작업 책임자는 작업장소에서 약포에 공업뇌관 혹은 전기 뇌관을 설치하거나 이것들을 설치한 약포를 취급하는 작업을 하기 위해 화공 작업소를 설치하여야 하며 그 작업소는 보안성 다음 규정을 준수하여야 한다.

1. 화공작업소는 작업현장 부근에 설치하여야 하며 보기 쉬운 곳에 취급에 필요한 규칙 및 주의사항을 게시하여야 한다.
2. 화공작업소 내에는 폭발, 연소하기 쉬운 물건을 쌓아두지 말아야 한다.
3. 화공작업소 내부는 정리정돈하고, 화공작업소 내에 작업에 필요한 기구 이외의 물건을 두지 말아야 한다.
4. 화공작업소에 화약류를 두는 때에는 감시인을 항시 배치하여야 한다.
5. 화공작업소를 조명하는 설비를 설치할 때에는 화공작업소 내벽과 완전하게 격리된 상태의 전등을 설치하여야 한다.
6. 화공작업소의 주위에는 적당한 경계선을 설치하고 또한 "화약", "출입금지", "화기엄금" 등 경계표시판을 설치하여야 한다.

제4절 화약류 취급

제15조(화약류 취급)

화약류의 사용장소에서 화약류를 취급할 때에는 다음 각 호의 규정을 준수하여야 한다.

1. 화약류는 충격을 주어서는 아니 되며 두드리거나, 던지거나, 떨어뜨리거나 하지 않도록 항상 주의하여야 한다.
2. 화약류는 화기부근, 그라인더를 사용하고 있는 부근에서는 취급하지 말아야 한다.
3. 화약류 주변에는 흡연을 삼가야 한다.
4. 화약류가 들어 있는 상자를 열 때는 철제기구 등으로 두드리거나 충격을 주어 억지로 열려고 하지 말아야 한다.
5. 전기뇌관은 전지, 전선, 모타 기타 전기설비, 레일, 철제류 등에 닿지 않도록 하여야 한다.
6. 방수처리를 하지 않은 화약류는 습기가 있는 곳에 두지 말아야 한다.
7. 화약류를 수납하는 용기는 나무, 기타 전기의 부도체로 만든 견고한 구조로 하고 내면에는 철류가 드러나지 않도록 하여야 한다.
8. 화약, 폭약 또는 도폭선과 화공품(도폭선을 제외)은 각각 다른 용기에 수납하여야 한다.
9. 굳어진 폭약은 반드시 딱딱한 것을 부드럽게 풀고 나서 사용하여야 한다.
10. 발파현장에는 여분의 화약류를 들고 들어가지 말아야 한다.
11. 사용하고 남은 화약류는 발파현장에 남겨 두지 말고 신속하게 화약류취급소에 운반하여

보관하여야 한다.

12. 화약류 취급 중에는 항시 도난에 주의하고 과부족이 발생하지 않도록 유의하여야 한다.

제16조(현장 내 운반)

화약류저장소 내의 운반이나 현장 내 소규모 운반일 때에는 다음 각 호의 규정을 준수하여야 한다.

1. 화약류를 갱내 또는 떨어진 발파현장에 운반할 때에는 정해진 포장 및 상자 등을 사용하여 운반하여야 한다.
2. 화약, 폭약 및 도폭선과 공업뇌관 또는 전기뇌관은 1인이 동시에 운반하여서는 안 된다. 1인에게 운반시킬때에는 별개용기에 넣어 운반하여야 한다.
3. 전기뇌관을 운반할 때에는 각선이 벗겨지지 않도록 용기에 넣고 건전지 및 타전로의 벗겨진 전기기구를 휴대하지 말아야 하며 전등선, 동력선 기타 누전의 우려가 있는 것에 접근시키지 말아야 한다.
4. 화약류는 운반하는 자의 체력에 적당하도록 소량을 운반케 하여야 한다.
5. 화약류를 운반할 때에는 화기나 전선의 부근을 피하고, 넘어지거나, 떨어뜨리거나, 부딪치거나 하지 않도록 주의하여야 한다.
6. 빈 화약류용기 및 포장재료는 제조자의 지시에 따라 처분하여야 한다.

제17조(검사)

화약류는 사용 전에 불량품 유무에 대해서는 다음 각 호의 규정에 따라 반드시 점검 또는 검사를 하여야 한다.

1. 초산암모니움을 많이 포함한 폭약은 굳어지기 쉽고, 굳어지면 불발과 잔류를 발생하거나 폭력도 약하게 될 우려가 있으므로 딱딱한 것을 부드럽게 풀어주어야 한다.
2. 폭약이 흡습하면 성질이 변하는 경우가 있으므로 양끝이 유연하게 되어 있지 않은가, 액으로 되어 흘러나와 있지 않은가를 확인하여야 한다.
3. 공업뇌관은 관체에 흠이 없는가, 뇌관 속에 기폭약분과 이물이 들어 있지 않은가, 흡습되어 있지 않은가를 점검하여야 한다.
4. 전기뇌관에 대해서는 각선의 상처, 도통의 유무 또는 전기저항을 확인하여야 한다. 이때에는 전지식 도통시험기에 대해서는 미리 전류를 측정하고 0.1밀리암페어를 넘지 않은 것을 사용하고 그 측정에서는 위해예방 조치를 강구하여야 한다. 또, 검사필한 전기뇌관의 양단은 그 반드시 단락하여 두어야 한다.
5. 도화선 및 도폭선에 대해서는 물에 젖거나, 흡습되어 있는 것은 없는가, 피복의 상처, 헐거움은 없는가 등을 조사한다.

제18조(불량 화약류의 처리)

불량 화약류를 처리할 때에는 다음 각 호의 규정을 준수하여야 한다.

1. 흡습되거나, 단단하게 되거나 한 화약류로 성능의 변화가 우려되는 것은 무리하게 사용하지 말아야 한다.
2. 불량화약류는 표시를 하여 구별하고, 화약류 취급 보안책임자에게 보고하여 지시에 따라 처리하여야 한다.

제3장 도화선 발파

제1절 발파준비 및 발파

제19조(발파용 기재)

도화선 발파작업을 할 때에는 발파용 기재는 다음 각 호 사항의 것들을 준비하여야 한다.

1. 뇌관 집게(고정식, 손집게식)
2. 발파시계 또는 측정용 안전도화선
3. 뇌관삽입 막대봉
4. 삽입봉
5. 브로우 파이프
6. 삽입물
7. 방수제
8. 점화구
9. 화약류 운반용기, 등짐용 자루, 등짐용 상자
10. 경계용품, 사이렌, 호각

제20조(발파방법 결정)

도화선발파를 할 때의 발파방법은 그 목적에 따라 각각 다르므로 현장의 상황 등에 의해 단독발파, 동시발파, 단발발파 등 발파방법의 채택 여부를 사전에 결정하여야 한다.

제21조(천공)

발파를 위한 천공 작업을 할 때에는 다음 각 호의 규정을 준수하여야 한다.

1. 천공구멍의 크기는 사용할 화약류의 직경보다 커야 한다.
2. 일차 발파된 지역에서의 천공은 전지역에 폭파되지 않은 화약의 유무를 세밀히 조사하여 확인될 때까지 실시하여서는 안 된다. 확인결과 화약류을 발견하지 못하였다 하더라도 천공구에 천공기, 곡괭이 또는 모래톱을 삽입하여서는 안 된다. 또한 불발된 장전구멍에서

부터 15미터 이내에서는 동력기계를 이용한 천공작업을 하여서는 안 된다.

3. 천공작업과 장전작업은 일반적으로 동일 지역에서 병행하여서는 안 된다.
4. 천공작업으로 발생되는 먼지는 습식으로 제거하여야 하고 필요시 기타의 방법을 사용하여도 무방하다.
5. 천공작업 중 작업원이 추락할 우려가 있을 때에는 작업발판을 비치하고 안전벨트를 착용하여야 한다.
6. 오거 및 천공기 작동 중에는 기타 종사원들은 안전한 거리에 위치하여야 한다.
7. 천공기를 다른 곳으로 이동할 때 드릴공구 등 장비는 안전하게 위치하여야 한다. 특히 송전선 아래나 그 주위로 이동할 때에는 각별한 주의를 하여야 한다.
8. 천공작업 중에는 안전담당자를 두어야 한다.

제22조(화약류 선정)

화약류의 선정은 다음 각 호의 규정에 유의하여야 한다.

1. 화약류 선정은 반드시 전문가에 의하여 결정되어야 한다.
2. 화약류 선정요소는 발파현장 상황, 암석의 단단함 등 여러 가지 조건과 더불어 화약류의 성능 및 경제성 등을 참작하여 선정한다.

제23조(약량 결정)

약량은 암반의 상황, 단층, 균열, 지형지질 등을 미리 조사하여 천공위치, 천공간격 등을 고려한 다음 결정한다.

1. 약량의 결정은 비석사고와 직접 관계되므로 신중하게 결정되어야 한다.
2. 약량은 일반적으로 다음의 하우자공식에 의한 누두공 시험(crater test)을 통해 발파계수(C)를 파악하여 결정하여야 한다.

하우자공식 : $L = CW^3$

여기서, L : 장약량(킬로그램)

C : 발파계수($C = g \cdot e \cdot d$)

W : 최소저항선(미터)

발파계수(C)는 암석의 저항계수(g), 폭약의 위력계수(e), 삽입물계수(d) 등에 의하여 정하는 계수이다.

제24조(장전)

화약류의 장전작업을 할 때 다음 각 호의 규정을 준수하여야 한다.

1. 발파공의 청소와 점검은 다음 각 목의 규정에 주의하여야 한다.
   가. 발파공은 브로우 파이프로 구멍바닥까지 장약하는 데 지장이 없도록 충분히 청소를 하여야 한다.

나. 발파공의 위치, 상태 및 깊이를 점검하여야 한다.

2. 장약할 때에는 다음 각 목의 규정에 주의하여야 한다.
   가. 전회 발파공을 이용하여 장전하지 말아야 한다.
   나. 약포는 1개씩 손을 사용하여 신중하게 삽입봉으로 넣고, 약포 간에 간격이 없도록 그때마다 구멍길이의 차를 측정하면서 장약을 행하여야 한다.
   다. 삽입봉은 곧바르고 견고하고 마디가 없는 나무가 가장 좋고, 약포지름보다 약간 굵고, 적당한 길이(보통 1.8미터 정도)로 하고, 개수는 충분히 준비하여야 한다.
   라. 화약 또는 폭약을 장전할 때에는 화기에 특히 주의하여야 한다.
   마. 장전 장소 및 인접장소에서 전기용접 등의 작업을 병행하지 않아야 한다.
   바. 기폭약포는 원칙적으로 최후에 장약하여야 한다.

3. 전색할 때에는 다음 각 목의 규정에 주의하여야 한다.
   가. 삽입물은 약간 수분이 있는 모래를 사용하며 기타 점토가 성형된 비교적 수분이 적은 것을 사용하여야 한다. 삽입물이 불충분할 때에는 그 발파효과에도 영향을 미치고 발파 후 가스불량의 원인이 되므로 주의하여야 한다.
   나. 삽입물에는 종이, 마른풀 등 가연물을 사용하면 발파 후 가스의 농도를 나쁘게 하고, 또한 발파효과도 나쁘게 되므로 사용하지 말아야 한다.
   다. 삽입물의 전색은 일반적으로 벤치컷과 같은 하향구멍일 때에는 그대로 유입하고, 횡공 등 경사천공일 때에는 성형된 것 또는 사철포를 이용하여야 한다.

4. 수공 및 고온공에 대한 장약일 때에는 다음 각 목의 규정을 준수하여야 한다.
   가. 수공에 대한 발파에는 가능한 한 전기발파를 채택하여야 하며 도화선발파를 채택할 때에는 다음 방법으로 화약류를 방수하여야 한다.
      (1) 뇌관체결부에 방수제를 도포하거나 내수테이프를 감는다.
      (2) 뇌관부 약포를 내수성 자루에 넣는다.
      (3) 내수성이 좋은 도화선을 사용한다.
   나. 섭씨 65도 이상의 고온공에서의 발파는 다음 방법에 의하여야 한다.
      (1) 천공의 밀폐를 충분히하고 천공 내의 온도를 잘 측정한다.
      (2) 암반에 물을 뿌리거나, 천공 또는 보조공에 주수하여 암반의 온도를 섭씨 40도 이하로 내린다.
      (3) 장전부터 발파까지의 시간을 가능한 한 짧게 하도록 하고, 암반의 온도가 섭씨 60도 이상으로 오르기 전에 발파한다.
      (4) 고온공에 적당한 화약류의 선정은 화약제조업자, 기타 발파작업책임자의 지도를 받아 실시한다.

제25조(도화선 설치)

뇌관에 도화선을 설치하고자 할 때에는 다음 각 호의 규정에 유의하여야 한다.

1. 도화선의 길이는 천공길이, 한 사람의 점화 개수, 안전한 대피장소까지의 충분한 소요시간 등을 고려하여 결정한다.
2. 도화선을 직각으로 도화선 구체기로 절단하고, 뇌관에 설치하는 데는 도화선의 피복 재료의 풀림, 도화선심약의 상황 등에 주의하면서 뇌관의 내관부까지 밀착하여 삽입한다.
3. 뇌관집게를 사용하여 뇌관의 입구를 잘 체결한다. 이때 뇌관의 장약부을 체결하지 않도록 주의하여야 한다.
4. 도화선 설치작업은 화공작업소에서 행하고, 그때 작업대 및 그 근처에는 필요 최소한의 뇌관 및 도화선 이외의 화약류는 두지 말아야 한다.

제26조(뇌관 설치)

뇌관을 약포에 설치할 때에는 다음 각 호의 규정을 준수하여야 한다.

1 .약포에 뇌관을 설치하는 작업은 화공작업소에서 하여야 한다.
2. 약포에 뇌관을 설치할 때에는 먼저 약포지의 한쪽 끝을 열고, 약포의 중심부에 뇌관의 전체길이가 들어갈 수 있는 깊이의 구멍을 뚫고, 다음에 약포에 도화선에 붙은 뇌관을 삽입하고, 열린 약포지로 도화선의 주위를 싸고, 뇌관이 빠지지 않도록 끈으로 확실하게 체결하여야 한다.

제27조(점화준비)

점화준비에는 다음 각 호의 규정에 유의하여야 한다.

1. 발파시계, 측정용 안전도화선 등의 시간 표시기구를 준비하여야 한다.
2. 점화를 시작하기 전에 모든 도화선의 끝이 더렵혀지거나 젖어 있지 않은가 점검하여야 한다.
3. 점화기에 지장이 없는가를 점검하여야 한다.
4. 예비 점화기를 준비하여야 한다.
5. 2인 이상이 점화할 때에는 점화순서, 점화 개수 외, 각자의 책임점화 구분을 명확하게 하여 두어야 한다.
6. 인접공 발파의 경우 단락을 방지하기 위하여 여분의 도화선은 구멍에 말아 넣어야 한다.
7. 대피할 통로에 장해물이 없는 것을 확인하여야 한다.
8. 근처 작업원 및 주위에 점화하는 것을 예보하고 그 대피를 확인해야 한다.

제28조(점화)

점화작업을 할 때에는 다음 각 호의 규정을 준수하여야 한다.

1. 발파작업 지휘자의 지휘에 따라서 점화작업을 하여야 한다.
2. 발파시계를 작동시키거나, 측정용 안전도화선에 점화하여야 한다.
3. 점화신호에 따라서 확실하게 점화하여야 한다.
4. 1인 점화 개수는 다음과 같이 한다.
   가. 도화선 길이가 1.5미터 이상일 때는 10발 이내
   나. 도화선 길이가 0.5미터 이상 1.5미터 미만일 때는 5발 이내
   다. 도화선 길이가 0.5미터 미만일 때는 1발

제29조(대피)

점화가 전부 끝난 것을 확인하고 나서 대피하는데 시간 표시기가 시간을 알리면 전부에 점화하지 않을 때라도 반드시 대피하여야 한다.

제2절 발파 후 처리

제30조(발파 후 처리)

발파 후 처리 및 발파효과의 확인은 다음 각 호의 규정에 유의해야 한다.

1. 폭발음 수가 점화 수와 같은가를 확인하여야 한다.
2. 발파 후 대기시간(15분 이상)을 경과한 후가 아니면 화약류의 장전개소에 접근하지 말아야 하며, 다른 작업자도 접근시키지 말아야 한다.
3. 터널 내에서는 발파 후 가스에 의한 위험을 배제한 후, 또는 부석의 점검을 한 후 발파개소에 접근하여야 한다.
4. 발파 후 점검은 대기시간 경과 후 지휘자의 지시에 따라서 도화선의 잔재, 구멍 끝의 확인, 잔유물의 유무 등을 점검하여야 한다.
5. 유수가 있는 장소는 불발과 잔류약이 많으므로 특히 주의하여 점검하여야 한다.
6. 잔류약을 확인하고 수거한 후에는 보관소에 반납하여야 한다.
7. 삽입봉, 삽입물은 일정장소에 정돈해 두어야 한다.
8. 최후 발파상황을 공사책임자에게 보고하여야 한다.

제31조(불발의 원인 및 대책)

도화선 발파 시 다음 각 호 좌변에 의한 불발의 원인에 대해 우변의 대책을 기준하여 처리하여야 한다.

1. 도화선 단락에 의한 뇌관 불발의 경우 처리기준

불발 원인	대책
1) 도화선의 절단면 불량 또는 오염 흡습	• 도화선을 예리한 칼로 직각으로 절단하고 피복이 약면을 덮지 않도록 한다. • 도화선은 결합하기 전에 끝을 1센티미터 정도 절단하여 결합한다.
2) 도화선 끝과 뇌관과의 접촉이 불량	도화선을 가볍게 뇌관의 내관에 접촉시켜 규정된 구체기로 결합하고 빠지지 않도록 한다.
3) 뇌관의 흡수(기폭약 흡습)	뇌관을 온도 및 습도가 높은 장소에서 방치하지 않아야 하며 결합 전 물방울이 뇌관 내에 들어가지 않도록 한다.
4) 고온에 의해 기폭약, 첨장약의 변질(섭씨 65도 이하로 취급)	섭씨 65도 이상의 장소에서 사용할 때는 제조회사와 상담하고 전기뇌관을 사용하여야 한다.
5) 도화선을 결합하는 시점에서의 흡습	발파 전 도화선 1미터를 연소시험하고 촉감으로 흡습 유무를 조사한다.
6) 구체불량에 의한 흡습	규정된 구체기로 정확히 구체하고 물이 나는 천공에는 방수테이프로 결합부위를 방수한다.
7) 도화선 손상에 의해 흡습 또는 부분파손	도화선 피복이 상하지 않도록 조심해서 취급한다.
8) 인접공발파에 의해서 도화선이 절단	도화선 끝을 잘 말아서 밑으로 처지지 않게 절단공 내에 넣는다.
9) 뇌관과 도화선 결합 시 구체를 너무 세게 하여 흑색 화약이 연소 중단	규정된 구체기를 사용한다.

2. 도화선 불발의 경우 처리기준

불발 원인	대책
1) 점화가 곤란한 상태	• 도화선 끝이 젖었을 때는 끝을 5센티미터 정도 절단하고 점화한다. • 물방울이 떨어지는 곳에서는 방수점화구를 사용한다.
2) 점화 미확인	2명 이상이 점화할 때는 책임분야를 명확히 하고 어두운 곳에서는 점화구를 특히 주의해야 한다.

제4장 전기발파

제1절 발파의 준비

제32조(발파 기재)

전기발파를 할 때 필요한 기재는 발파기, 도통시험기, 저항측정기, 발파모선, 발파보조모선, 전기뇌관 등이며 기타 필요에 따라 누설전류검지기 등도 준비해 주어야 한다.

제33조(작업주의)

전기발파를 행할 때에는 전원, 발파기 및 발파모선에 대해서는 다음 각 호의 규정에 주의하여야 한다.

1. 발파 전원을 동력선 또는 전등선에서 취할 때에는 잘못 조작할 우려가 있으므로 발파기 사용을 원칙으로 한다.
2. 부득이 전원을 동력선 또는 전등선에서 취할 때에는 전로의 개폐를 확실하게 하고, 전기발파작업자 외는 개폐할 수 없도록 하고, 또한 전로에는 1암페어 이상의 적당한 전류가 흐르도록 하여야 한다.
3. 다량의 발파 시에는 전압 및 전원, 발파모선, 전기뇌관의 전저항을 고려하여 전기뇌관에 소요전류를 통하게 하여야 한다.
4. 전기발파기의 핸들은 점화하는 때를 제외하고는 고정식은 시건장치를 하여야 하고, 이탈식은 발파작업 책임자가 휴대하여야 한다.
5. 발파기 및 건전지는 건조한 곳에 두고 사용 전에 기동력을 확인하여야 한다.
6. 발파모선은 600볼트 고무 절연전선 이상의 절연효력이 있는 것이어야 하고, 기계적으로 강력한 것으로서 30미터 이상의 것을 사용하여야 하며 사용 전에 반드시 단선의 유무를 검사하여야 한다.
7. 발파모선은 점화할 때까지는 발파기(점화기)에 접속하는 측의 끝을 단락시켜 두고, 반대의 끝은 단락을 막도록 하여야 한다.
8. 발파 보조모선은 가능한 한 굵고, 피복이 안전하고 절연도가 높은 것을 사용하고, 몇 개의 선을 이은 것 또는 지나치게 긴 때에는 저항이 크게 되므로 사용하지 말아야 한다.
9. 수중 및 수공발파에 사용하는 전기뇌관의 각 선은 미리 그 필요한 길이를 예정하고, 수중 또는 수공에서 결선하는 개소를 가능한 한 적게 하도록 하여야 한다.

제34조(방법의 결정)

전기발파를 행할 때에는 사전에 그 방법을 결정하여야 하며 다음 각 호의 규정을 준수하여야 한다.

1. 사전에 미주전류의 유무를 검사하고 미주전류가 있는 장소에서는 전기발파를 해서는 안 된다.
2. 전기발파에는 단발발파, 제발발파, MS발파, DS발파, 이들을 병용한 단발발파 등 여러 가지 방법이 있으므로 각각 발파방법에 따라 충분히 검토한 다음 가장 효과적인 방법을 채택하여야 한다.

제35조(화약류의 선정과 검사)

사용화약류의 선정은 제22조의 규정에 따른다.

제36조(발파기재의 검사)

발파기, 건전지, 저항측정기, 도통시험기 등의 기구류는 건조한 곳에 두고, 사용 전에 그 기능, 안전성능 등을 다음 〈표〉에 의해 확인하여야 한다.

순서	내용
발파기 점검	사용하고자 하는 발파기의 능력을 측정하여 이상 유무를 확인한다.
발파모선 점검	발파모선의 저항이 크면 뇌관회로에 전달되는 전류는 작아지므로 신중히 선택하여야 하며 절연저항과 피복 파손 여부를 확인한다.
뇌관 저항측정 점검	모든 결선 부위는 전류누설이나 전선의 단락을 방지하기 위하여 절연테이프로 감아주거나 공중이나 나무상자 위에 결선부를 고정시켜 지면과 이격시킨다.
발파회로점검	• 발파모선과 뇌관회로를 연결하기 전에 모선 • 발파모선의 양쪽 끝을 저항측정기로 측정하여 규정 저항이 나타나는지 확인하여 모선 분리 시 무한대 저항이 나타나지 않으면 모선의 손상, 절연불량, 파손 등 불량원인을 조사 보수 후 사용한다.

제2절 발파

제37조(천공)

제3장 제1절 발파준비 및 발파의 천공 규정에 따른다.

제38조(뇌관 설치)

전기뇌관은 1개씩 저항을 측정하고, 소정의 저항치(오차 ±0.1옴)를 확인한 다음 약포에 설치하여야 하며 작업 중에는 항상 각선의 양단은 단락하여 두어야 한다. 이들의 작업은 화공작업소에서 행하고 화약류취급소에서 수행하여서는 아니 된다.

제39조(발파모선의 배선)

발파모선의 배선을 할 때 다음 각 호의 규정을 준수하여야 한다.

1. 점화장소(발파기조작장소)는 발파현장에서 충분한 안전거리를 유지하고 동시에 물기가 있는 장소와 철관, 레일 등이 있는 장소를 피하며 상부로부터의 낙석 등 위험이 없는 장소를 선정하여야 한다.
2. 점화장소에서 발파현장까지의 주 통로에는 철제기재 등 장해물을 두지 않도록 하고 통행에 방해가 되지 않도록 배선하여야 하며 갱내의 측벽에 달아매는 등 안전조치를 하여야 한다.
3. 발파모선의 저항은 사전에 계획하여 기록해 두어야 한다.

제40조(저항측정)

저항측정 및 소요전압의 산출은 다음 각 호의 산정식에 의해 구한다.

1. 결선작업과 처리가 끝나면 모든 회로의 전기저항을 측정하여 소정의 저항이 있는지의 여부를 확인하여야 한다. 이때에는 회로의 전저항 R은 다음 각 목의 식을 기준으로 한다.
   가. 전저항 R 산정기준

   $$R = nR_1 + lR_2 + LR_3 + r$$

   여기서, R_1 : 전기뇌관의 옴

   R_2 : 보조모선의 1미터 저항 측정당 옴

   R_3 : 모선의 1미터당 옴

   r : 결선에 의한 접속저항(실제 때에는 r은 생략하여도 지장 없다.)

   n : 직렬로 결선된 저항 R_1 옴의 전기뇌관 수

   l(미터) : 보조모선에 사용된 1미터당 R_2옴의 단선 길이

   L(미터) : 모선에 사용된 1미터당 R_3옴의 단선 길이

   저항측정기의 오차는 ±2퍼센트 이내를 기준으로 한다.

   나. 소정의 저항치 R_0 산정기준

   $$R_0 = (1 \pm 0.02)R$$

   위 사항의 산정기준에 의한 계산치와 실측치를 비교하고, 허용오차의 ±10퍼센트 이내를 확인한 다음 모선을 발파기 단자에 접속하여야 한다.

   도통시험 또는 저항측정은 화약류의 장전개소에서 30미터 이상 떨어진 안전한 장소에서 실시하여야 한다.
2. 전호에 의하여 저항을 구하면 실제 발파에 필요한 소요전압을 다음 각 목의 식에 의해 산출하여 완전한 발파가 이루어지도록 하여야 한다.
   가. 직렬 결선의 경우에는

   $$V = I(R_1 + nR_2 + R_3)$$

나. 병렬 결선의 경우에는

$$V = nI(R_1 + R_2/n + R_3)$$

다. 직, 병렬 결선의 경우에는

$$V = bI(R_1 + a/bR_2 + R_3)$$

여기서, V = 전압(볼트)

I = 소요전류

R_1 = 모선의 저항

R_2 = 뇌관의 저항

R_3 = 발파기 내부저항

n = 뇌관 수

a = 직렬 뇌관 수

b = 병렬 뇌관 수

제41조(저항불량)

저항측정에서 소정의 저항치를 나타내지 않는 한 그대로 다음 작업에 들어가서는 안 된다. 불량 개소가 발견되지 않으면 소정의 광전자식 도통시험기로 개개의 전기뇌관의 도통시험을 실시하여야 한다.

제42조(장전 및 점화)

장전 및 점화작업은 제3장 제1절 발파준비 및 발파의 장전, 점화의 규정에 따른다.

제3절 발파 후 처리

제43조(발파 후 처리)

발파 후 처리는 다음 각 호의 규정에 유의해야 한다.

1. 발파 후 즉시 발파모선을 발파기에서 분리하여 단락시켜 두고 재점화가 되지 않도록 조치하여야 한다.
2. 점화 후 폭발하지 않을 때 또는 폭발 여부가 불명할 때에는, 지발전기뇌관 발파 시는 5분, 그 밖의 발파 시는 15분(갱내에서는 발파에 의한 유해가스 위험을 제거하고, 이어서 천장, 측벽, 기타의 암반 등에 대해 안전을 확인한 후), 대발파 시는 30분 이내에 현장에 접근해서는 안 된다.
3. 불발 시는 다음 각 목의 사항을 준수하여야 한다.
   가. 불발 시는 불발공에서 40센티미터 이상(인력굴착 30센티미터 이상, 기계굴착 시 60센

티미터 이상) 이격하여 수평천공하고 발파하여 처리하여야 한다.

나. 불발공에 물을 흘려 넣든가 압축공기로 전색물과 화약류를 빼내어야 한다.

다. 불발약은 다음 교대 시에 그대로 인계하여서는 안 된다(불가피한 상황에서 인계할 때에는 상세히 알려주고, 확실한 표시를 하여 작업에 위험이 없도록 하여야 한다).

4. 전선 및 기타 기재는 확실하게 수납하여야 한다.

제44조(불발의 원인)

전기뇌관의 불발의 원인은 다음 〈표〉에 나타낸 바와 같으므로 작업 시 신중히 처리하여야 한다.

대 원 인	소 원 인
발파회로의 뇌관이 1발도 발화하지 않음(도통불량)	• 모선과의 결선을 누락 • 기폭약포를 장전 시 각선의 단선상태
	• 발파모선 보조모선의 단선상태 • 각선의 단선상태
발파회로 전체의 뇌관 중 1발밖에 발화되지 않음	• 결선부의 벗김 또는 단락 • 불발이 된 뇌관의 결선 탈락 • 기폭약포 장전 시 각선을 손상시켜 단락
발파회로의 산발적 불발	• 발파기의 출력 부족 • 발파기의 규격용량 이상의 발파 시 • 모선의 단락상태 • 결선부가 녹슬어 있을 때 • 흙, 진흙, 암분이 결선부에 묻어 있을 때 • 결선부가 침수되었을 때 • 타사 제품의 뇌관과 혼용 사용 시
발파회로 내 발파모선에 가까운 것은 발화하고 회로의 가운데에서 뇌관 불발	결선부가 물에 잠기거가 특히 모선발파회로 결선부가 침수되었을 때
발파모선의 결선위치와는 관계없으며 때로는 특정부분의 뇌관이 불발	• 발파회로의 특정부분이 침수되었을때 • 결선 착오
근접공발파의 영향에 의해서 뇌관 불발	• 천공 간격이 비교적 가까울 때 • 발파공 부근 암석에 균열, 처리, 단층이 있을 때 • 수중발파를 할 때

제45조(불발의 대책)

전기뇌관 작업 시 누설 또는 단락에 의한 뇌관불발의 대책은 발파 시 다음 〈표〉의 좌변에 의한 불발의 원인에 대해 우변의 대책을 따라 처리하여야 한다.

원인	대책
결선부의 접촉	결선부가 상호 접촉되지 않게 예를 들면 결선부에 비닐테이프를 감는다.
각선피복이 찢김	기폭약포 장전 중 각선을 상하지 않게 주의한다.
결선부가 물에 접촉	결선부에 비닐테이프를 감는다.

제46조(불발공의 처리)

전기 발파작업 시 불발공의 처리방법은 안전한 방법으로 조심스럽게 처리하여야 하며 다음 각 호의 절차에 따라 행하여야 한다.

1. 기존 법규나 규정을 준수하고 처리규정이 설정되어 있지 않을 때에는 적어도 한 시간 이상 대기한 다음 처리한다.
2. 저항측정기를 사용하여 불발공의 회로를 점검하고 이상이 없으면 발파회로에 다시 연결하여 재발파한다. 불발공이 단락되어 있으면 압축공기나 물로 제거한 다음 기폭 약포를 재장전하여 발파한다.
3. 불발공으로부터 회수한 뇌관이나 폭약은 모두 제조업자의 시방에 따라 처리하여야 하며 임의로 매립하거나 폐기하여서는 아니 된다.
4. 불발원인을 조사할 때에는 공정하고 객관적인 입장에서 조사하여야 하며 원인을 규명한 다음에는 이를 기록하여 불발 방지대책을 수립해 두어야 한다.

제47조(정전기 대책)

전기 발파를 할 때에는 정전기에 의한 발파 재해방지 대책으로서 다음 〈표〉를 참조하여 작업하여야 한다.

작업의 종류	대책 기준
일반규정	• 도전성의 의류를 착용한다. • 도전성의 정전기용 안전화를 착용한다. • 내정전기용 전기뇌관을 사용한다.
천공작업	천공장소에서 전기뇌관이나 기폭약포를 충분히 분리하여 둔다.
기폭약포 만드는 작업	• 천공장소, AN－FO 장전장소, 고무호스나 비닐파이프 등의 대전하기 쉬운 곳, 철관이나 레일 등의 전류가 흐르기 쉬운 곳의 인접거리에서 작업을 하지 않는다. • 작업 전, 작업 중은 맨손을 가끔 지면에 대어서 신체의 정전기를 제거한다. • 각선이나 보조모선은 훑지 않는다.

작업의 종류	대책 기준
장전작업	• 장전기는 사용 전후에 잘 청소하고 접지장치의 접속을 확실히 한다. • 장전호스는 필히 정규의 도전성을 갖는 것을 사용한다. • 장전호스는 발파공의 길이보다 60센티미터 이상 긴 것을 사용한다. • 장전호스는 계속 연결한 호스를 사용치 말아야 한다. • 장전할 때는 장전기를 충분히 접지한다. • 장전기의 접지선은 철관, 레일 등의 누설전류가 유입되기 쉬운 곳에 가까이 하지 말아야 한다. • 갱내 등의 장전장소에서는 통기를 충분히 하여 AN－FO 분진을 부유시키지 않도록 한다. • 컨트롤밸브는 가급적 급격한 개폐를 하지 않는다. • 장약 중에는 발파공에서 안포의 분출이 없도록 한다. • 장약 종료 후는 장전호스의 끝을 장약면에 꾹 눌러서 장약면의 제전을 한다. • 발파공에 방수 플라스틱 튜브를 사용하는 때에는 장전 후 적어도 5분간 경과한 후가 아니면 전기뇌관 및 기폭약포를 가까이 하지 말아야 한다. • 거친 구멍이나 수공 등에서 플라스틱 튜브를 사용하여 장약할 때는 역기폭, 중간기폭을 피한다. • 플라스틱 튜브에 유입, 장약할 때에는 서서히 하고 튜브를 움직였을 때는 전기뇌관이나 기폭약포를 가까이 하면 안 된다.
기폭약포 장입 결선방법	• 갱내에서는 안포의 부유분진이 제거된 후 기폭약포 장전작업을 한다. • 기폭약포 장전작업 결선작업을 행할 때는 작업 전, 작업 중 종종 맨손을 접지하고 신체의 전기를 제거한다. • 각선, 보조모선, 발파모선을 설치하거나 간추릴 때 훑지 않도록 하고 맨손으로 한다. • 각선이나 보조모선 등의 결선장소의 나선 부분은 절연테이프를 사용하고 발파공 속에 삽입한 부분은 특히 주의한다.
잔유약의 회수작업	기폭약포 등을 회수할 때는 압축공기로 회수치 말고 새로운 기폭약포를 장전해서 순폭시키거나 물로 녹여서 회수한다.

작업의 종류	대책 기준
낙뢰의 대책	• 일기상황 파악을 철저히 한다. • 휴대라이오의 잡음으로 빨리 낙뢰를 탐지하고 빨리 대피한다. • 불가피하게 발파를 실시할 때는 도화선 혹은 도화선을 사용한 도폭선 발파를 한다.
강풍 시 등의 대책	전기발파작업은 가능한 한 하지 말아야 한다.

제4절 초안유제폭약의 발파

제48조(정전기)

장전기를 사용할 때에는 다음 각 호의 규정을 준수하여야 한다.

1. 장전기 본체는 스텐인리스 강제 또는 알미늄제이고, 동, 철 등과 같이 부식되는 물질 또는 주석, 아연 등과 같이 초안유제폭약의 분해를 조장하는 물질이 이용되지 않아야 한다.
2. 장전용 호스는 정전기를 용이하게 제거할 수 있고, 또한 미주전류의 유입을 방지하는 것이 가능한 것이어야 하고(강선입 고무 혹은 비닐호스 또는 반도전성 호스), 장전하는 구멍의 길이보다 60센티미터 이상 긴 것이어야 한다.
3. 장전작업 중에 발생하는 정전기를 제거하기 위해 접지가 가능한 구조이어야 한다.
4. 내부 청소가 용이한 구조이어야 한다.

제49조(장전)

장전할 때에는 다음 각 호의 규정을 준수하여야 한다.

1. 장전기를 사용할 때에는 장전작업 중에 발생하는 정전기를 제거하기 위해 접지하여야 하며 궤도, 철제류 또는 상설 전기접지계통은 접지극에 연결하여 이용하지 말아야 한다.
2. 장전작업 중에는 화기 사용 및 흡연을 하지 말아야 한다.
3. 수중에 장전할 때에는 물을 충분히 제거하고 적당한 방수조치를 한 뒤가 아니면 장전하지 말아야 한다.
4. 이상건조 시 등 정전기를 발생하기 쉬운 조건하에서 공기장전기를 사용할 때에는 뇌관부 폭약은 공저장전을 하지 말아야 한다.
5. 뇌관부 폭약은 정전기의 호스로 장전하지 말아야 한다.
6. 초안유제폭약은 휴대 시 및 장전작업 중에 흡습 또는 이물의 혼입을 방지하기 위한 조치를 강구하여야 한다.
7. 장전작업에 종사하는 기술자 및 작업자는 필요에 따라 안경, 장갑 등의 보호구를 사용하여야 한다.
8. 갱내에서 초안유제폭약을 사용할 때에는 후가스 배제에 유의하고, 통기가 나쁜 개소에서는 사용하지 말아야 한다.

9. 장전 후는 가능한 한 신속하게 점화하여야 한다.

제50조(발파)

초안유제폭약을 압축공기로 장전하고, 이것을 전기발파 할 경우에는 제4장 제1절에서 제3절까지를 참조하여야 한다.

제51조(재검토기한)

이 고시에 대하여 2016년 1월 1일 기준으로 매 3년이 되는 시점(매 3년째의 12월 31일까지를 말한다)마다 그 타당성을 검토하여 개선 등의 조치를 하여야 한다.

Occupational Safety Instructor

[3] 거푸집 공사

제3조(일반)

거푸집 및 지보공(동바리)은 소정의 강도와 강성을 가지는 동시에 완성된 구조물의 위치, 형상, 치수가 정확하게 확보되어 목적 구조물 조건의 콘크리트가 되도록 설계도에 의해 시공하여야 한다.

제4조(하중)

거푸집 및 지보공(동바리)은 여러 가지 시공조건을 고려하고 다음 각 호의 하중을 고려하여 설계하여야 한다.

1. 연직방향 하중 : 거푸집, 지보공(동바리), 콘크리트, 철근, 작업원, 타설용 기계기구, 가설설비 등의 중량 및 충격하중
2. 횡방향 하중 : 작업할 때의 진동, 충격, 시공오차 등에 기인되는 횡방향 하중 이외에 필요에 따라 풍압, 유수압, 지진 등
3. 콘크리트의 측압 : 굳지 않은 콘크리트의 측압
4. 특수하중 : 시공 중에 예상되는 특수한 하중
5. 상기 1～4호의 하중에 안전율을 고려한 하중

제5조(재료)

거푸집 및 지보공(동바리)에 사용할 재료는 강도, 강성, 내구성, 작업성, 타설콘크리트에 대한 영향력 및 경제성을 고려하여 선정하여야 하며, 다음 각 호의 사항에 주의하여야 한다.

1. 목재 거푸집의 사용은 다음 각 목에 정하는 사항을 고려하여 선정하여야 한다.
   가. 흠집 및 옹이가 많은 거푸집과 합판의 접착부분이 떨어져 구조적으로 약한 것은 사용하여서는 아니 된다.
   나. 거푸집의 띠장은 부러지거나 균열이 있는 것을 사용하여서는 아니 된다.
2. 강재 거푸집을 사용할 때에는 다음 각 목에 정하는 사항을 고려하여 선정하여야 한다.
   가. 형상이 찌그러지거나, 비틀림 등 변형이 있는 것은 교정한 다음 사용하여야 한다.
   나. 강재 거푸집의 표면에 녹이 많이 나 있는 것은 쇠솔(Wire Brush) 또는 샌드 페이퍼(Sand Paper) 등으로 닦아 내고 박리제(Form Oil)를 엷게 칠해 두어야 한다.
3. 지보공(동바리) 재는 다음 각 목에 정하는 사항을 고려하여 선정하여야 한다.
   가. 현저한 손상, 변형, 부식이 있는 것과 옹이가 깊숙히 박혀 있는 것은 사용하지 말아야 한다.

나. 각재 또는 강관 지주는 다음 〈그림〉과 같이 양끝을 일직선으로 그은 선 안에 있어야 하고, 일직선 밖으로 굽어져 있는 것은 사용을 금하여야 한다.

중심축 – [--] – 중심축

지보공재로 사용되는 각재 또는 강관의 중심축 예

다. 강관지주(동바리), 보 등을 조합한 구조는 최대 허용하중을 초과하지 않는 범위에서 사용하여야 한다.

4. 연결재는 다음 각 목에 정하는 사항을 선정하여야 한다.
   가. 정확하고 충분한 강도가 있는 것이어야 한다.
   나. 회수, 해체하기가 쉬운 것이어야 한다.
   다. 조합 부품수가 적은 것이어야 한다.

제6조(조립)

사업주는 거푸집 등을 조립할 때 다음 각 호의 사항을 준수하여야 한다.

1. 조립등의 작업을 할 때에는 다음 각 목에 정하는 사항을 준수하여야 한다.
   가. 거푸집 지보공을 조립할 때에는 안전담당자를 배치하여야 한다.
   나. 거푸집의 운반, 설치작업에 필요한 작업장 내의 통로 및 비계가 충분한가를 확인하여야 한다.
   다. 재료, 기구, 공구를 올리거나 내릴 때에는 달줄, 달포대 등을 사용하여야 한다.
   라. 강풍, 폭우, 폭설 등의 악천후에는 작업을 중지시켜야 한다.
   마. 작업장 주위에는 작업원 이외의 통행을 제한하고 슬래브 거푸집을 조립할 때에는 많은 인원이 한곳에 집중되지 않도록 하여야 한다.
   바. 사다리 또는 이동식 틀비계를 사용하여 작업할 때에는 항상 보조원을 대기시켜야 한다.
   사. 거푸집을 현장에서 제작할 때는 별도의 작업장에서 제작하여야 한다.
2. 강관지주(동바리) 조립 등의 작업을 할 때에는 다음 각 목에 정하는 사항을 준수하여야 한다.
   가. 거푸집이 곡면일 경우에는 버팀대의 부착 등 당해 거푸집의 변형을 방지하기 위한 조치를 하여야 한다.
   나. 지주의 침하를 방지하고 각부가 활동하지 아니하도록 견고하게 하여야 한다.
   다. 강재와 강재와의 접속부 및 교차부는 볼트, 클립프 등의 철물로 정확하게 연결하여야 한다.

라. 강관 지주는 3본 이상 이어서 사용하지 아니하여야 하며, 또 높이가 3.6미터 이상의 경우에는 높이 1.8미터 이내마다 수평 연결재를 2개 방향으로설치하고 수평연결재의 변위가 일어나지 아니하도록 이음 부분은 견고하게 연결하여 좌굴을 방지하여야 한다.

마. 지보공 하부의 받침판 또는 받침목은 2단 이상 삽입하지 아니하도록 하고 작업인원의 보행에 지장이 없어야 하며, 이탈되지 않도록 고정시켜야 한다.

3. 강관틀비계를 지보공(동바리)으로 사용할 때에는 교차 가새를 설치하고 다음 각 목에 정하는 사항을 준수하여야 한다.

가. 강관틀비계를 지보공(동바리)으로 사용할 때에는 교차 가새를 설치하고, 최상층 및 5층 이내마다 거푸집 지보공의 측면과 틀면방향 및 교차가새의 방향에서 5개틀 이내마다 수평연결재를 설치하고, 수평연결재의 변위를 방지하여야 한다.

나. 강관틀비계를 지주(동바리)로 사용할 때에는 상단의 강재에 단판을 부착시켜 이것을 보 또는 작은 보에 고정시켜야 한다.

다. 높이가 4미터를 초과할 때에는 4미터 이내마다 수평연결재를 2개 방향으로 설치하고 수평방향의 변위를 방지하여야 한다.

4. 목재를 지주(동바리)로 사용할 때에는 다음 각 목에 정하는 사항을 준수하여야 한다.

가. 높이 2미터 이내마다 수평연결재를 설치하고, 수평연결재의 변위를 방지하여야 한다.

나. 목재를 이어서 사용할 때에는 2본 이상의 덧댐목을 사용하여 당해 상단을 보 또는 멍에에 고정시켜야 한다.

다. 철선 사용을 가급적 피하여야 한다.

제7조(점검)

사업주는 거푸집 공사에 있어서 다음 각 호의 사항을 반드시 점검하여야 한다.

1. 거푸집을 점검할 때에는 다음 각 목에 정하는 사항을 반드시 점검하여야 한다.

가. 직접 거푸집을 제작, 조립한 책임자가 검사

나. 기초 거푸집을 검사할 때에는 터파기 폭

다. 거푸집의 형상 및 위치 등 정확한 조립상태

라. 거푸집에 못이 돌출되어 있거나 날카로운 것이 돌출되어 있을 시에는 제거

2. 지주(동바리)를 점검할 때에는 다음 각 목에 정하는 사항을 반드시 점검하여야 한다.

가. 지주를 지반에 설치할 때에는 받침철물 또는 받침목 등을 설치하여 부동침하 방지조치

나. 강관지주(동바리) 사용 시 접속부 나사 등의 손상상태

다. 이동식 틀비계를 지보공(동바리) 대용으로 사용할 때에는 바퀴의 제동장치

3. 콘크리트를 타설할 때에는 다음 각 목에 정하는 사항을 반드시 점검하여야 한다.

가. 콘크리트를 타설할 때 거푸집의 부상 및 이동 방지조치

나. 건물의 보, 요철부분, 내민부분의 조립상태 및 콘크리트 타설 시 이탈 방지장치

다. 청소구의 유무 확인 및 콘크리트 타설 시 청소구 폐쇄 조치

라. 거푸집의 흔들림을 방지하기 위한 턴 버클, 가새 등의 필요한 조치

제8조(존치기간)

거푸집의 존치기간은 건설부 제정 토목 · 건축 표준시방서에 지정된 기간으로 한다.

제9조(해체)

사업주는 거푸집의 해체작업을 하여야 할 때에는 다음 각 호의 사항을 준수하여야 한다.

1. 거푸집 및 지보공(동바리)의 해체는 순서에 의하여 실시하여야 하며 안전담당자를 배치하여야 한다.
2. 거푸집 및 지보공(동바리)은 콘크리트 자중 및 시공 중에 가해지는 기타 하중에 충분히 견딜 만한 강도를 가질 때까지는 해체하지 아니하여야 한다.
3. 거푸집을 해체할 때에는 다음 각 목에 정하는 사항을 유념하여 작업하여야 한다.

가. 해체작업을 할 때에는 안전모 등 안전 보호장구를 착용토록 하여야 한다.

나. 거푸집 해체작업장 주위에는 관계자를 제외하고는 출입을 금지시켜야 한다.

다. 상하 동시 작업은 원칙적으로 금지하여 부득이한 경우에는 긴밀히 연락을 취하며 작업을 하여야 한다.

라. 거푸집 해체 때 구조체에 무리한 충격이나 큰 힘에 의한 지렛대 사용은 금지하여야 한다.

마. 보 또는 슬래브 거푸집을 제거할 때에는 거푸집의 낙하 충격으로 인한 작업원의 돌발적 재해를 방지하여야 한다.

바. 해체된 거푸집이나 각목 등에 박혀 있는 못 또는 날카로운 돌출물은 즉시 제거하여야 한다.

사. 해체된 거푸집이나 각목은 재사용 가능한 것과 보수하여야 할 것을 선별, 분리하여 적치하고 정리정돈을 하여야 한다.

4. 기타 제3자의 보호조치에 대하여도 완전한 조치를 강구하여야 한다.

제10조(특수거푸집 및 동바리)

특수거푸집 및 동바리를 사용할 때에는 건설부 제정 표준시방서에 규정된 사항을 따른다.

Occupational Safety Instructor

[4] 철근공사

제11조(가공)

사업주는 철근가공 및 조립작업을 할 때에는 다음 각 호의 사항을 준수하여야 한다.

1. 철근가공 작업장 주위는 작업책임자가 상주하여야 하고 정리정돈되어 있어야 하며, 작업원 이외는 출입을 금지하여야 한다.
2. 가공 작업자는 안전모 및 안전보호장구를 착용하여야 한다.
3. 해머 절단을 할 때에는 다음 각 목에 정하는 사항에 유념하여 작업하여야 한다.
   가. 해머자루는 금이 가거나 쪼개진 부분은 없는가 확인하고 사용 중 해머가 빠지지 아니하도록 튼튼하게 조립되어야 한다.
   나. 해머부분이 마모되어 있거나, 훼손되어 있는 것을 사용하여서는 아니 된다.
   다. 무리한 자세로 절단을 하여서는 아니 된다.
   라. 절단기의 절단 날은 마모되어 미끄러질 우려가 있는 것을 사용하여서는 아니 된다.
4. 가스절단을 할 때에는 다음 각 목에 정하는 사항에 유념하여 작업하여야 한다.
   가. 가스절단 및 용접자는 해당 자격 소지자라야 하며, 작업 중에는 보호구를 착용하여야 한다.
   나. 가스절단 작업 시 호스는 겹치거나 구부러지거나 또는 밟히지 않도록 하고 전선의 경우에는 피복이 손상되어 있는지를 확인하여야 한다.
   다. 호스, 전선 등은 다른 작업장을 거치지 않는 직선상의 배선이어야 하며, 길이가 짧아야 한다.
   라. 작업장에서 가연성 물질에 인접하여 용접작업할 때에는 소화기를 비치하여야 한다.
5. 철근을 가공할 때에는 가공작업 고정틀에 정확한 접합을 확인하여야 하며 탄성에 의한 스프링 작용으로 발생되는 재해를 막아야 한다.
6. 아크(Arc) 용접 이음의 경우 배전판 또는 스위치는 용이하게 조작할 수 있는 곳에 설치하여야 하며, 접지상태를 항상 확인하여야 한다.

제12조(운반)

사업주는 철근을 인력 및 기계로 운반할 때 다음 각 호의 사항을 준수하여야 한다.

1. 인력으로 철근을 운반할 때에는 다음 각 목의 사항을 준수하여야 한다.
   가. 1인당 무게는 25킬로그램 정도가 적절하며, 무리한 운반을 삼가하여야 한다.

나. 2인 이상이 1조가 되어 어깨메기로 하여 운반하는 등 안전을 도모하여야 한다.

다. 긴 철근을 부득이 한 사람이 운반할 때에는 한쪽을 어깨에 메고 한쪽 끝을 끌면서 운반하여야 한다.

라. 운반할 때에는 양끝을 묶어 운반하여야 한다.

마. 내려놓을 때는 천천히 내려놓고 던지지 않아야 한다.

바. 공동 작업을 할 때에는 신호에 따라 작업을 하여야 한다.

2. 기계를 이용하여 철근을 운반할 때 다음 각 목의 사항을 준수하여야 한다.

가. 운반작업 시에는 작업 책임자를 배치하여 수신호 또는 표준신호 방법에 의하여 시행한다.

나. 달아 올릴 때에는 다음 〈그림〉과 같은 요령으로 올리고 로프와 기구의 허용하중을 검토하여 과다하게 달아 올리지 않아야 한다.

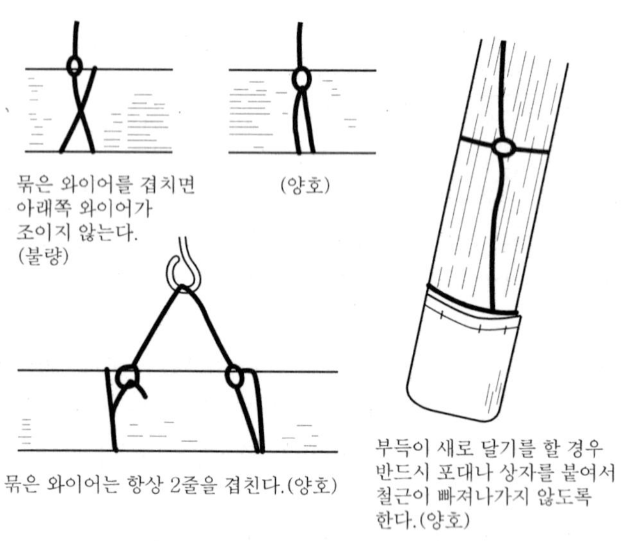

묶은 와이어의 걸치기 예

다. 비계나 거푸집 등에 대량의 철근을 걸쳐 놓거나 얹어 놓아서는 안 된다.

라. 달아 올리는 부근에는 관계근로자 이외 사람의 출입을 금지시켜야 한다.

마. 권양기의 운전자는 현장책임자가 지정하는 자가 하여야 한다.

3. 철근을 운반할 때 감전사고 등을 예방하기 위하여 다음 각 목의 사항을 준수하여야 한다.

가. 철근 운반작업을 하는 바닥 부근에는 전선이 배치되어 있지 않아야 한다.

나. 철근 운반작업을 하는 주변의 전선은 사용철근의 최대길이 이상의 높이에 배선되어야 하며 이격거리는 최소한 2미터 이상이어야 한다.

다. 운반장비는 반드시 전선의 배선상태를 확인한 후 운행하여야 한다.

[5] 콘크리트 공사

제13조(타설)

사업주는 콘크리트 타설 시 다음 각 호에 정하는 안전수칙을 준수하여야 한다.

1. 타설순서는 계획에 의하여 실시하여야 한다.
2. 콘크리트를 치는 도중에는 거푸집, 지보공 등의 이상 유무를 확인하여야 하고, 담당자를 배치하여 이상이 발생한 때에는 신속한 처리를 하여야 한다.
3. 타설속도는 건설부 제정 콘크리트 표준시방서에 의한다.
4. 손수레를 이용하여 콘크리트를 운반할 때에는 다음 각 목의 사항을 준수하여야 한다.
   가. 손수레를 타설하는 위치까지 천천히 운반하여 거푸집에 충격을 주지 아니하도록 타설하여야 한다.
   나. 손수레에 의하여 운반할 때에는 적당한 간격을 유지하여야 하고 뛰어서는 안 되며, 통로구분을 명확히 하여야 한다.
   다. 운반 통로에 방해가 되는 것은 즉시 제거하여야 한다.
5. 기자재 설치, 사용을 할 때에는 다음 각 목의 사항을 준수하여야 한다.
   가. 콘크리트의 운반, 타설기계를 설치하여 작업할 때에는 성능을 확인하여야 한다.
   나. 콘크리트의 운반, 타설기계는 사용 전, 사용 중, 사용 후 반드시 점검하여야 한다.
6. 콘크리트를 한곳에만 치우쳐서 타설할 경우 거푸집의 변형 및 탈락에 의한 붕괴사고가 발생되므로 타설순서를 준수하여야 한다.
7. 전동기는 적절히 사용되어야 하며, 지나친 진동은 거푸집 도괴의 원인이 될 수 있으므로 각별히 주의하여야 한다.

제14조(펌프카)

사업주는 펌프카에 의해 콘크리트를 타설할 때에는 제13조의 규정 외에 다음 각 호에 정하는 안전수칙을 준수하여야 한다.

1. 레디믹스트 콘크리트(이하 레미콘이라 함) 트럭과 펌프카를 적절히 유도하기 위하여 차량안내자를 배치하여야 한다.
2. 펌프배관용 비계를 사전점검하고 이상이 있을 때에는 보강 후 작업하여야 한다.
3. 펌프카의 배관상태를 확인하여야 하며, 레미콘트럭과 펌프카와 호스선단의 연결작업을 확인하여야 하며 장비사양의 적정 호스길이를 초과하여서는 아니 된다.

4. 호스선단이 요동하지 아니하도록 확실히 붙잡고 타설하여야 한다.
5. 공기압송 방법의 펌프카를 사용할 때에는 콘크리트가 비산하는 경우가 있으므로 주의하여 타설하여야 한다.
6. 펌프카의 붐대를 조정할 때에는 주변 전선 등 지장물을 확인하고 이격거리를 준수하여야 한다.
7. 아우트리거를 사용할 때 지반의 부동침하로 펌프카가 전도되지 아니하도록 하여야 한다.
8. 펌프카의 전후에는 식별이 용이한 안전표지판을 설치하여야 한다.

제15조(기타)

콘크리트 시공과 관련되는 안전수칙은 건설부 제정 콘크리트표준 시방서에 준한다.

제16조(재검토기한)

이 고시에 대하여 2016년 1월 1일 기준으로 매 3년이 되는 시점(매 3년째의 12월 31일까지를 말한다)마다 그 타당성을 검토하여 개선 등의 조치를 하여야 한다.

[6] 철골 공사

제4장 철골건립작업

제1절 건립준비 및 철골반입

제7조(건립준비)

철골건립준비를 할 때 다음 각 호의 사항을 준수하여야 한다.

1. 지상 작업장에서 건립준비 및 기계기구를 배치할 경우에는 낙하물의 위험이 없는 평탄한 장소를 선정하여 정비하고 경사지에서는 작업대나 임시발판 등을 설치하는 등 안전하게 한 후 작업하여야 한다.
2. 건립작업에 지장이 되는 수목은 제거하거나 이설하여야 한다.
3. 인근에 건축물 또는 고압선 등이 있는 경우에는 이에 대한 방호조치 및 안전조치를 하여야 한다.
4. 사용 전에 기계기구에 대한 정비 및 보수를 철저히 실시하여야 한다.
5. 기계가 계획대로 배치되어 있는가, 윈치는 작업구역을 확인할 수 있는 곳에 위치하였는가, 기계에 부착된 앵커 등 고정장치와 기초구조 등을 확인하여야 한다.

제8조(철골반입)

철골반입 시 다음 각 호의 사항을 준수하여야 한다.

1. 다른 작업에 장해가 되지 않는 곳에 철골을 적치하여야 한다.
2. 받침대는 적치될 부재의 중량을 고려하여 적당한 간격으로 안정성 있는 것을 사용하여야 한다.
3. 부재 반입 시는 건립의 순서 등을 고려하여 반입하여야 하며 시공순서가 빠른 부재는 상단부에 위치하도록 한다.
4. 부재 하차 시는 쌓여 있는 부재의 도괴에 대비하여야 한다.
5. 부재 하차 시 트럭 위에서의 작업은 불안정하므로 인양 시 부재가 무너지지 않도록 주의하여야 한다.
6. 부재에 로프를 체결하는 작업자는 경험이 풍부한 사람이 하도록 하여야 한다.
7. 인양 시 기계의 운전자는 서서히 들어올려 일단 안정상태로 된 것을 확인한 다음 다시 서서히 들어 올리며 트럭 적재함으로부터 2미터 정도가 되었을 때 수평이동시켜야 한다.
8. 수평이동 시는 다음 각 목의 사항을 준수하여야 한다.

가. 전선 등 다른 장해물에 접촉할 우려는 없는지 확인하여야 한다.
나. 유도 로프를 끌거나 누르지 않도록 하여야 한다.
다. 인양된 부재의 아래쪽에 작업자가 들어가지 않도록 하여야 한다.
라. 내려야 할 지점에서 일단 정지시킨 후 흔들림을 정지시킨 다음 서서히 내리도록 하여야 한다.

9. 적치 시는 너무 높게 쌓지 않도록 하며 체인 등으로 묶어 두거나 버팀대를 대어 넘어가지 않도록 하여야 하며 적치높이는 적치 부재 하단폭의 1/3 이하이어야 한다.

제2절 기둥건립

제9조(기둥의 인양)

건립을 위하여 철골기둥을 인양할 때에는 다음 각 호의 사항을 준수하여야 한다.

1. 인양 와이어 로프와 샤클, 받침대, 유도 로프, 구명용 마닐라 로프(기둥 승강용), 큰 지렛대, 드래프트핀, 조임기구 등을 준비하여야 한다.
2. 발 디딜 곳, 손잡을 곳, 안전대 설치장치 등을 확인하여야 한다.
3. 기둥 위쪽 끝의 볼트 구멍을 이용하여 인양용 장방형의 덧댐 철판을 부착하여야 한다. 이때 볼트는 무게를 충분히 견딜 수 있는 규격이어야 하며 덧댐 철판이 휘지 않도록 충분히 체결하여야 한다.

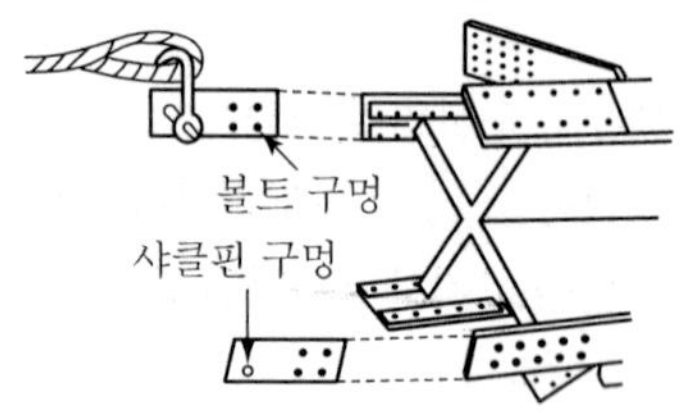

인양용 철판의 설치방법

4. 덧댐 철판에 와이어 로프를 설치할 때에는 샤클을 사용하여야 하며 샤클용 구멍이나 볼트 구멍에 와이어 로프를 직접 걸어 사용해서는 안 된다.
5. 보의 브래킷 부재의 밑쪽에 와이어 로프를 걸 경우는 밑에 보호용 굄재를 사용하여야 한다.
6. 훅에 인양 와이어 로프를 걸 때에는 중심에 걸도록 하여야 하며 기둥 건립작업 중 요동에 의한 탈락을 방지하기 위하여 해지판 설치 등 탈락 방지기능이 있는 것을 사용하여야 한다.

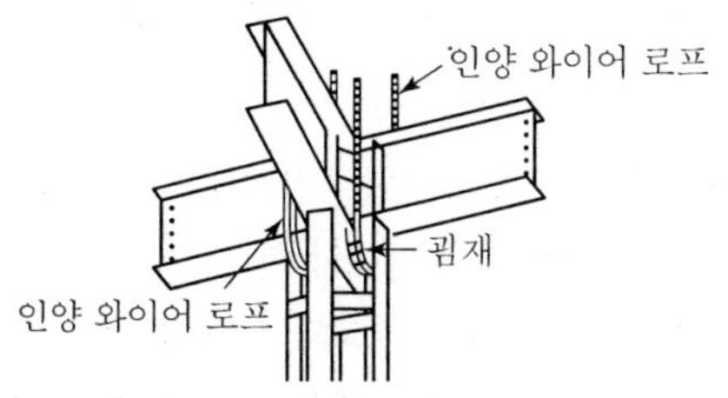

7. 기둥을 일으켜 세울 때는 옆으로 미끄러지는 등의 위험을 방지하기 위하여 다음 각 목의 사항을 준수하여야 한다.
   가. 기둥을 일으켜 세우기 전에 기둥의 밑부분에 미끄럼 방지를 위한 깔판을 삽입하여야 한다.
   나. 기둥을 일으켜 세울 때는 밑부분이 미끄러지지 않게 서서히 들어올려야 한다.
   다. 좌우회전 시 급히 움직이면 회전운동이 발생하므로 서서히 실시해야 한다.
   라. 달아 올린 기둥이 흔들릴 때는 일단 지면으로 내려 흔들림을 멈추게 한 다음 바로 잡아 다시 올려야 한다.
8. 권상, 수평이동 및 선회 시에는 부재의 이동 범위 안에 사람이 없는 것을 확인한 후 실시하여야 한다.
9. 인양 및 부재에 로프를 매는 작업은 경험이 충분한 자가 하도록 해야 한다.
10. 철골 인양 시 통신, 신호체계를 수립하고 충분한 사전 교육을 하여야 한다.
11. 철골 인양작업 시 작업책임자는 건립기계와 인양작업자를 동시에 관찰할 수 있는 지점에 위치하여야 한다.

제10조(기둥의 고정)

사업주는 철골기둥을 앵커 볼트 또는 다른 철골기둥에 접속시킬 때 다음 각 호의 사항을 준수하여야 한다.

1. 앵커 볼트에 고정시키는 작업은 다음 각 목의 순서에 따라야 한다.
   가. 기둥의 인양은 고정시킬 바로 위에서 일단 멈춘 다음 손이 닿을 위치까지 내리도록 한다.
   나. 앵커 볼트의 바로 위까지 흔들림이 없도록 유도하면서 방향을 확인하고 천천히 내려야 한다.
   다. 기둥 베이스 구멍을 통해 앵커 볼트를 보면서 정확히 유도하고, 볼트가 손상되지 않도록 조심스럽게 제자리에 위치시켜야 한다. 이때 손, 발이 끼지 않도록 주의한다.
   라. 바른 위치에 잘 들어갔는지 확인하고 앵커 볼트 전체의 균형을 유지하면서 확실히 조여야 한다.

마. 인양 와이어 로프를 제거하기 위하여 기둥 위로 올라갈 때 또는 기둥에서 내려올 때는 기둥의 트랩을 이용하여야 한다.

바. 인양 와이어 로프를 풀어 제거할 때에는 안전대를 사용해야 하며 샤클핀이 빠져 떨어지는 일등이 발생하지 않도록 주의해야 한다.

2. 다른 철골기둥에 접속시키는 작업은 다음의 각 목의 순서에 따라야 한다.

가. 작업자는 2인 일조로 하여 기둥에 올라간 다음 안전대를 기둥의 위쪽 부분에 설치한 후 인양되는 기둥을 기다리도록 한다.

나. 기둥이 아래층 기둥의 윗부분까지 인양되면 일단 동작을 정지시켜야 한다.

다. 인양된 기둥이 흔들리거나 기둥의 접속방향이 맞지 않을 때는 신호를 명확히 하여 유도하여야 한다.

라. 기둥의 접속에 앞서 이음철판(splice plate)에 설치된 볼트를 느슨하게 풀어둔다.

마. 아래층 기둥 윗부분 가까이 이동되면 작업자는 수공구 등을 이용하여 정확한 접속위치로 유도하여야 한다.

바. 볼트를 필요한 수만큼 신속히 체결해야 한다.

사. 작업자가 기둥을 오르내릴 때에는 기둥의 트랩을 이용하고 인양 와이어 로프를 제거할 때는 안전대를 사용하여야 한다.

제3절 보의 조립

제11조(보의 인양)

철골보를 인양할 때 다음 각 호의 사항을 준수하여야 한다.

1. 인양 와이어 로프의 매달기 각도는 양변 60°를 기준으로 2열로 매달고 와이어 체결지점은 수평부재의 1/3 기점을 기준하여야 한다.
2. 조립되는 순서에 따라 사용될 부재가 하단부에 적치되어 있을 때에는 상단부의 부재를 무너뜨리는 일이 없도록 주의하여 옆으로 옮긴 후 부재를 인양하여야 한다.
3. 크램프로 부재를 체결할 때는 다음 각 목의 사항을 준수하여야 한다.

가. 크램프는 부재를 수평으로 하는 두 곳의 위치에 사용하여야 하며 부재 양단방향은 등간격이어야 한다.

나. 부득이 한군데만을 사용할 때는 위험이 적은 장소로서 간단한 이동을 하는 경우에 한하여야 하며 부재길이의 1/3 지점을 기준하여야 한다.

다. 두 곳을 매어 인양시킬 때 와이어 로프의 내각은 60도 이하이어야 한다.

라. 크램프의 정격용량 이상 매달지 않아야 한다.

마. 체결작업 중 크램프 본체가 장애물에 부딪치지 않게 주의하여야 한다.

바. 크램프의 작동상태를 점검한 후 사용하여야 한다.

4. 유도 로프는 확실히 매야 한다.
5. 인양할 때는 다음 각 목의 사항을 준수하여야 한다.
   가. 인양 와이어 로프는 훅의 중심에 걸어야 하며 훅은 용접의 경우 용접장 등 용접규격을 확인하여 인양 시 취성파괴에 의한 탈락을 방지하여야 한다.
   나. 신호자는 운전자가 잘 보이는 곳에서 신호하여야 한다.
   다. 불안정하거나 매단 부재가 경사지면 지상에 내려 다시 체결하여야 한다.
   라. 부재의 균형을 확인하면 서서히 인양하여야 한다.
   마. 흔들리거나 선회하지 않도록 유도 로프로 유도하며 장애물에 닿지 않도록 주의하여야 한다.

제12조(보의 설치)

철골보를 설치할 때는 다음 각 호의 사항을 준수하여야 한다.

1. 보의 설치작업에 있어 반드시 안전대를 기둥의 본체부재 또는 기둥 승강용 트랩에 걸어 추락을 방지하여야 한다.
2. 작업자는 한곳에 2인, 다른 곳에 1인 또는 2인 한 조가 되어 기둥에 올라가야 하며 기둥 상단부 및 보 연결부 등에 안전대 부착설비를 하여야 한다.
3. 작업자가 기둥과 연결된 브래킷에 올라 앉은 자세로 보를 설치할 수 있는 브래킷 형태의 보는 다음 각 목의 순서에 따라 조립하여야 한다.
   가. 보의 인양에 앞서 브래킷의 플랜지 상단에 가체결한 이음철판(splice plate)의 볼트를 풀고 이 이음철판을 브래킷의 플랜지 하단으로 옮겨 다시 볼트로 체결한다.
   나. 인양된 보가 브래킷 가까이까지 인양되었으며 일단 멈추도록 해야 한다.
   다. 인양된 보의 흔들림, 설치방향을 확인하고 신호를 명확히 하여 브래킷의 바로 윗부분으로 정확하게 유도시킨다.
   라. 보 양단의 작업자는 서로 협력하면서 수공구를 이용하여 볼트 구멍을 맞추도록 해야 된다.
   마. 볼트 구멍이 맞지 않을 경우는 신속히 지지용 드래프트 핀을 타입해야 하며 이때 필요 이상 무리한 힘을 가하여 볼트 구멍이 손상되지 않도록 하여야 한다.
   바. 플랜지 상단, 웨브의 이음철판을 필요한 만큼의 볼트로 체결하여 이때 철판을 손에서 떨어뜨리지 않도록 주의해야 한다.
4. 작업자가 기둥에 매달린 자세로 설치하게 되는 브래킷이 없는 형태의 보의 경우도 위 3호의 브래킷이 있는 형태의 보에서만 적용되는 부분을 제외하고는 모두 같은 요령으로 조립하여야 한다.

5. 인양 와이어 로프를 해체할 때에는 안전대를 사용하여 보위를 이동하여야 하며 안전대를 설치할 구명줄은 보의 설치와 동시에 기둥 간에 설치하도록 해야 한다.
6. 해체한 와이어 로프는 훅에 걸어 내리며 밑으로 던져서는 안 된다.

제5장 철골공사용 가설설비

제13조(비계)

비계 및 작업발판을 설치할 때는 다음 각 호의 사항을 준수하여야 한다.

1. 달비계 등 전면에 걸쳐 설치하는 전면비계는 추락 방지용 방망을 연결 설치하여 사용해야 한다.
2. 달기틀 및 달비계용 달기체인은 "가설기자재 성능검정규격"에 적합한 것이어야 한다.

제14조(재료 적치장소와 통로)

재료의 적치장소와 통로의 가설에 있어서 다음 각 호의 사항을 준수하여야 한다.

1. 철골건립의 진행에 따라 공사용 재료, 공구, 용접기 등의 적치장소와 통로를 가설하여야 하며 구체공사에도 이용될 수 있도록 계획하여야 한다.
2. 철골철근콘크리트조의 경우 작업장을 통상 연면적 1,000평방미터에 1개소를 설치하고 그 면적은 50평방미터 이상이어야 한다. 또한 2개소 이상 설치할 경우에는 작업장 간 상호 연락통로를 가설하여야 한다.
3. 작업장 설치위는 기중기의 선회범위 내에서 수평운반거리가 가장 짧게 되도록 계획하여야 한다.
4. 계획상 최대적재하중과 작업내용, 공정 등을 검토하여 작업장에 적재되는 자재의 수량, 배치방법 등의 제한요령을 명확히 정하여 안전수칙을 부착하여야 한다.
5. 철골조의 바닥에 철판을 부설하여 통로로 사용할 수 있으나 재료를 쌓아둘 수는 없으므로 스팬이 큰 건물에서는 가설강재를 부설하여 사용토록 하여야 한다.
6. 건물 외부로 돌출된 작업장은 적재하중과 작업하중을 고려하여 충분한 안전성을 갖게 하여야 하며 작업자가 추락하지 않도록 난간과 낙하 방지를 위한 안전난간대 등 안전설비를 갖추어야 한다.
7. 가설통로는 사용목적에 따라 안전성을 충분히 고려하여 설치하여야 하며 통로 양측에 높이 90센티미터, 수평충격력 100킬로그램 이상의 지지력이 있는 견고한 손잡이 난간을 설치하여야 한다.

제15조(동력 및 용접설비)

철골공사에 필요한 동력 및 용접설비를 계획할 때 다음 각호의 사항을 고려하여야 한다.

1. 타워크레인을 사용하는 고층구조물의 경우에는 크레인이 위층으로 점차 이동하므로 크레인용 동력과 용접용 동력도 승강이 가능하도록 최상층 높이까지 이동할 수 있는 케이블 등을 준비하여야 한다.
2. 현장용접을 할 필요가 있을 경우에는 공정에 따른 용접량, 용접방법, 용접규격, 용접기의 대수 등을 정확히 계획하여야 한다.
3. 용접기, 용접봉, 건조기 등은 보관소를 따로 설치하여 작업장소의 이동에 따라 이동시키면서 작업하도록 계획하여야 한다.

제16조(재해 방지설비)

철골공사 중 재해 방지를 위하여 다음 각 호의 사항을 준수하여야 한다.

1. 철골공사에 있어서는 용도, 사용장소 및 조건에 따라 다음 〈표〉의 재해 방지설비를 갖추어야 한다.

재해 방지설비

	기능	용도, 사용장소, 조건	설비
추락방지	안전한 작업이 가능한 작업대	높이 2미터 이상의 장소로서 추락의 우려가 있는 작업	비계, 달비계, 수평통로, 안전난간대
	추락자를 보호할 수 있는 것	작업대 설치가 어렵거나 개구부 주위로 난간설치가 어려운 곳	추락 방지용 방망
	추락의 우려가 있는 위험장소에서 작업자의 행동을 제한하는 것	개구부 및 작업대의 끝	난간, 울타리
	작업자의 신체를 유지시키는 것	안전한 작업대나 난간설비를 할 수 없는 곳	안전대부착설비, 안전대, 구명줄
비래낙하 및 비산방지	위에서 낙하된 것을 막는 것	철골 건립, 볼트 체결 및 기타 상하작업	방호철망, 방호울타리, 가설앵커설비
	제3자의 위해 방지	볼트, 콘크리트 덩어리, 형틀재, 일반자재, 먼저 등이 낙하비산할 우려가 있는 작업	방호철망, 방호시트, 방호울타리, 방호선반, 안전망
	불꽃의 비산 방지	용접, 용단을 수반하는 작업	석면포

2. 고속작업에 따른 추락방지를 위하여 추락방지용 방망을 설치하도록 하고 작업자는 안전대를 사용하도록 하며 안전대 사용을 위해 미리 철골에 안전대 부착설비를 설치해 두어야 한다.
3. 구명줄을 설치할 경우에는 1가닥의 구명줄을 여러 명이 동시에 사용하지 않도록 하여야 하며 구명줄을 마닐라 로프 직경 16밀리미터를 기준하여 설치하고 작업방법을 충분히 검토하여야 한다.
4. 낙하 비래 및 비산 방지설비는 지상층의 철골건립개시 전에 설치하고 철골건물의 높이가 지상 20미터 이하일 때는 방호선반을 1단 이상, 20미터 이상인 경우에는 2단 이상 설치토록 하며 설치방법은 다음 〈그림〉과 같이 건물외부비계 방호시트에서 수평거리로 2미터 이상 돌출하고 20도 이상의 각도를 유지시켜야 한다.
5. 외부비계를 필요로 하지 않는 공법을 채택한 경우에도 낙하비래 및 비산 방지설비를 하여야 하며 철골보등을 이용하여 설치하여야 한다.

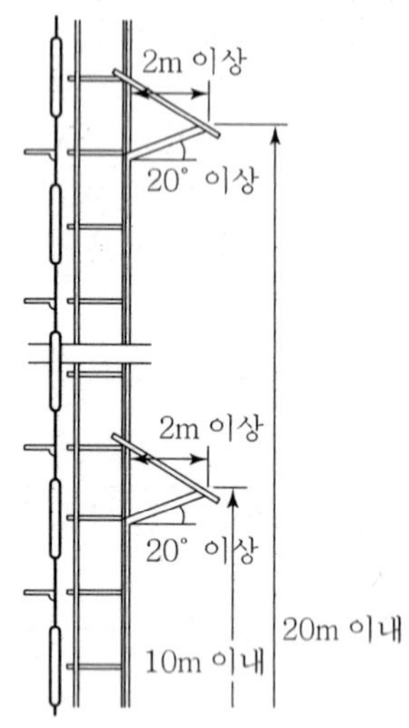

낙하비래 방지시설의 설치기준

6. 화기를 사용할 경우에는 그곳에 불연재료로 울타리를 설치하거나 석면포로 주위를 덮는 등의 조치를 취해야 한다.
7. 철골건물 내부에 낙하비래 방지시설을 설치할 경우에는 일반적으로 3층 간격마다 수평으로 철망을 설치하여 작업자의 추락 방지시설을 겸하도록 하되 기둥 주위에 공간이 생기지 않도록 하여야 한다.
8. 철골건립 중 건립위치까지 작업자가 안전하게 승강할 수 있는 사다리, 계단, 외부비계, 승강용 엘리베이터 등을 설치해야 하며 건립이 실시되는 층에서는 주로 기둥을 이용하여

올라가는 경우가 많으므로 기둥승강 설비로서 다음〈그림〉과 같이 기둥 제작 시 16밀리미터 철근 등을 이용하여 30센티미터 이내의 간격, 30센티미터 이상의 폭으로 트랩을 설치하여야 하며 안전대 부착설비구조를 겸용하여야 한다.

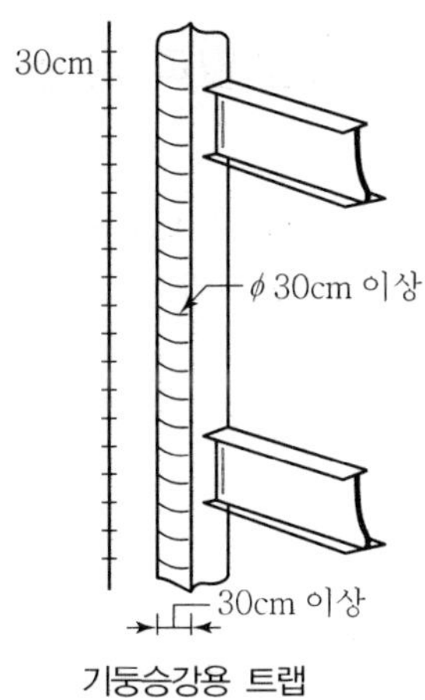

기둥승강용 트랩

제17조(재검토기한)

이 고시에 대하여 2016년 1월 1일 기준으로 매 3년이 되는 시점(매 3년째의 12월 31일까지를 말한다)마다 그 타당성을 검토하여 개선 등의 조치를 하여야 한다.

[7] 터널 공사

제3장 발파 및 굴착

제14조(기계굴착)

① 로드 헤더(Load Header), 쉬드 머신(Shield Machine), 터널 보링머신(T.B.M) 등 굴착기계는 다음 각 호의 사항을 고려하여 선정하고 작업순서 등 작업안전계획을 수립한 후 작업하여야 한다.

1. 터널굴착단면의 크기 및 형상
2. 지질구성 및 암반의 강도
3. 작업공간
4. 용수상태 및 막장의 자립도
5. 굴진방향에 따른 지질단층의 변화 정도

② 제1항의 수립된 작업안전계획에는 최소한 다음 각 호의 사항이 포함되어야 한다.

1. 굴착기계 및 운반장비 선정
2. 굴착단면의 굴착순서 및 방법
3. 굴진작업 1주기의 공정순서 및 굴진단위길이
4. 버력 적재방법 및 운반경로
5. 배수 및 환기
6. 이상 지질 발견 시 대처방안
7. 작업 시작 전 장비의 점검
8. 안전담당자 선임

③ 사업주는 제1항 및 제2항에서 수립된 작업안전계획에 준하여 작업을 하여야 하며 이를 작업자에게 교육하고 확인하여야 한다.

④ 작업자는 사업주로부터 지시 또는 교육받은 작업내용을 준수하여야 한다.

제15조(연약지반의 굴착)

사업주는 연약지반 굴착 시에는 다음 각 호의 사항을 준수하여야 한다.

1. 막장에 연약지반 발생 시 포아폴링, 프리그라우팅 등 지반보강 조치를 한 후 굴착하여야 한다.
2. 굴착작업 시작 전에 뿜어붙이기 콘크리트를 비상시에 타설할 수 있도록 준비하여야 한다.
3. 성능이 좋은 급결제를 항상 준비하여 두어야 한다.

4. 철망, 소철선, 마대, 강관 등을 갱내의 찾기 쉬운 곳에 준비하여 두어야 한다.
5. 막장에는 항상 작업자를 배치하여야 하며, 주 · 야간 교대 시에도 막장에서 교대하도록 하여야 한다.
6. 이상용수 발생 또는 막장 자립도에 이상이 있을 때에는 즉시 작업을 중단하고 이에 대한 조치를 한 후 작업하여야 한다.
7. 작업장에는 안전담당자를 배치하여야 한다.
8. 필요시 수평보링, 수직보링을 추가 실시하고 지층단면도를 정확하게 작성하여 굴착계획을 수립하여야 한다.

제4장 뿜어붙이기 콘크리트

제16조(작업계획)

① 사업주는 뿜어붙이기 콘크리트 작업 시에는 사전에 작업계획을 수립 후 실시하여야 한다.
② 제1항 작업계획에는 최소한 다음 각 호의 사항이 포함되어야 한다.

1. 사용목적 및 투입장비
2. 건식 공법, 습식 공법 등 공법의 선택
3. 노즐의 분사출력기준
4. 압송거리
5. 분진 방지대책
6. 재료의 혼입기준
7. 리바운드 방지대책
8. 작업의 안전수칙

③ 사업주는 제1항 및 제2항의 작업계획을 근로자에게 교육시켜야 한다.

제17조(일반사항)

사업주는 뿜어붙이기 콘크리트 작업 시 다음 각 호의 사항을 준수하여야 한다.

1. 뿜어붙이기 작업 전 필히 대상암반면의 절리상태, 부석, 탈락, 붕락 등의 사전 조사를 실시하고 유동성 부석은 완전하게 정리하여야 한다.
2. 뿜어붙이기 작업대상구간에 용수가 있을 경우에는 작업 전 누수공 설치, 배수관 매입에 의한 누수유도 등 적절한 배수처리를 하거나 급결성모르타르 등으로 지수하여 접착면의 누수에 의한 수막분리현상을 방지하여야 한다.
3. 뿜어붙이기 콘크리트의 압축강도는 24시간 이내에 100kgf/cm^2 이상, 28일 강도 200kgf/kg 이상을 유지하여야 한다.

4. 철망 고정용 앵커는 10m^{2}당 2본을 표준으로 한다.
5. 철망은 철선 굵기 ψ3mm~6mm, 눈금간격 사방 100mm의 것을 사용하여야 하며, 이음부위는 20cm 이상 겹치도록 하여야 한다.
6. 철망은 원지반으로부터 1.0cm 이상 이격거리를 유지하여야 한다.
7. 지반의 이완변형을 최소한으로 하기 위하여 굴착 후 최단시간 내에 뿜어붙이기 콘크리트 작업을 신속하게 시행하여야 한다.
8. 기계의 고장 등으로 작업이 중단되지 않도록 기계의 점검 및 유지 보수를 실시하여야 한다.
9. 작업 전 근로자에게 분진마스크, 귀마개, 보안경 등 개인 보호구를 지급하고 착용 여부를 확인 후 작업하여야 한다.
10. 뿜어붙이기 콘크리트의 노즐분사압력은 2~3kgf/cm^{2}를 표준으로 한다.
11. 물의 압력은 압축공기의 압력보다 1kgf/cm^2 높게 유지하여야 한다.
12. 지반 및 암반의 상태에 따라 뿜어붙이기 콘크리트의 최소 두께는 다음 각 목의 기준 이상이어야 한다.
    가. 약간 취약한 암반 : 2cm
    나. 약간 파괴되기 쉬운 암반 : 3cm
    다. 파괴되기 쉬운 암반 : 5cm
    라. 매우 파괴되기 쉬운 암반 : 7cm(철망 병용)
    마. 팽창성의 암반 : 15cm(강재 지보공과 철망 병용)
13. 뿜어붙이기 콘크리트 작업 시에는 부근의 건조물 등의 오손을 방지하기 위하여 작업 전 경계부위에 필요한 방호조치를 하여야 한다.
14. 접착 불량, 혼합비율 불량 등 불량한 뿜어붙이기 콘크리트가 발견되었을 시 신속히 양호한 뿜어붙이기 콘크리트로 대체하여 콘크리트 덩어리의 분리 낙하로 인한 재해를 예방하여야 한다.

제5장 강아아치 지보공

제18조(일반사항)

강아아치 지보공 설치 시에는 다음 각 호의 사항을 준수하여야 한다.

1. 강아아치 지보공을 조립할 때에는 설계, 시방에 부합하는 조립도를 작성하고 당해 조립도에 따라 조립하여야 하며 재질기준, 설치간격, 접합볼트 체결 등의 기준을 준수하여야 한다.

2. 강아아치 지보공 조립 시에는 부재운반, 부재전도, 협착 등 안전조치를 취한 후 조립작업을 하여야 한다.
3. 설계조건의 암반보다 구조적으로 불리한 경우에는 강아아치 지보공의 간격을 적절한 기준으로 축소하여야 한다.

제19조(시공)

강아아치 지보공 시공 시에는 다음 각 호의 사항을 준수하여야 한다.

1. 강아아치 지보공은 발파굴착면의 절리발달, 편암붕락 등 원지반에 불리한 파괴응력이 발생하기 전 가능한 한 신속히 설치하여야 한다.
2. 강아아치 지보공은 정해진 위치에 정확히 설치하여야 하며 건립 후 그의 위치중심, 고저차에 대하여 수시로 점검하여야 한다.
3. 강아아치 지보공의 설치에 있어서는 지질 및 지층의 특성에 따라 침하 발생이 우려될 경우 쐐기, 앵커 등의 고정조치를 강구하여야 한다.
4. 강아아치 지보공의 상호연결볼트 및 연결재는 충분히 조여야 하며 용접을 금하고 덧댐판으로 볼트－너트 구조의 접합을 실시하여야 한다.
5. 강아아치 지보공의 받침은 목재 받침을 금하고 철근류 및 양질의 콘크리트 블록 등으로 고정하여야 한다.
6. 강아아치 지보공에 변형, 부재이완, 설치간격 불량 등의 이상이 있다고 인정되는 경우에는 즉시 안전하고 확실한 방법으로 보강을 하여야 한다.
7. 프리그라우팅 및 포이폴링 등의 보강작업 시 사용되는 봉, 파이프 등에 의하여 강아아치 지보공이 이동하거나 뒤틀리는 것을 막아야 하며, 이 경우 설치오차는 수평거리 10cm 이내로 하여야 한다.
8. 예상치 못했던 막장의 구조적 불안정 등과 같은 비상의 상황에 대비하여 충분한 양의 비상용 통나무와 쐐기목, 급결제, 시멘트 등을 준비해 두어야 한다.

제6장 록 볼트

제20조(일반사항)

록 볼트 설치작업에 있어 작업 전, 작업 중 다음 각 호의 사항을 준수하여야 한다.

1. 록 볼트공 작업에 있어서는 작업 전 다음 각 목의 사항을 검토하여 실시하여야 한다.
   가. 지반의 강도
   나. 절리의 간격 및 방향
   다. 균열의 상태

라. 용수상황

마. 천공직경의 확대 유무 및 정도

바. 보어홀의 거리 정도 및 자립 여부

사. 뿜어붙이기 콘크리트 타설방향

아. 시공관리의 용이성

자. 정착의 확실성

차. 경제성

2. 록 볼트 설치작업의 분류기준은 선단정착형, 전면접착형, 병용형을 기준으로 하며 작업 전 설계, 시방에 준하는 적정한 방식 여부를 확인하여야 한다.
3. 록 볼트 선정에 있어서는 2, 3종류의 록 볼트를 선정하여 현장 부근의 조건이 동일한 장소에서 시험시공, 인발시험 등을 시행하여 록 볼트 강도를 사전 확인함으로써 가장 적합한 종류의 록 볼트를 선정할 수 있도록 하여야 한다.
4. 록 볼트 재질 선정에 있어서는 암반조건, 설계시방 등을 고려하여 선정하여야 하며, 록 볼트의 직경은 25mm를 원칙으로 하여야 한다.
5. 록 볼트 접착제 선정에 있어서는 조기 접착력이 크고, 취급이 간단하여야 하며 내구성이 양호한 조건의 것을 선정하여야 한다.
6. 록 볼트 삽입간격 및 길이의 기준은 다음 각 목의 사항을 고려하여 결정하여야 한다.

가. 원지반의 강도와 암반특성

나. 절리의 간격 및 방향

다. 터널의 단면규격

라. 사용목적

제21조(시공)

록 볼트 시공에 있어서는 다음 각 호의 사항을 준수하여야 한다.

1. 록 볼트 천공작업은 소정의 위치, 천공 직경 및 천공 깊이의 적정성을 확인하고 굴착면에 직각으로 천공하여야 하며, 볼트 삽입 전에 유해한 녹 · 석분 등 이물질이 남지 않도록 청소하여야 한다.
2. 록 볼트의 조이기는 삽입 후 즉시 록 볼트의 항복강도를 넘지 않는 범위에서 충분한 힘으로 조여야 한다.
3. 록 볼트의 다시 조이기는 시공 후 1일 정도 경과한 후 실시하여야 하며, 그 후에도 정기적으로 점검하여, 소정의 긴장력이 도입되어 있는지를 확인하고, 이완되어 있는 경우에는 다시 조이기를 하여야 한다.
4. 모든 형태의 지지판은 지반의 변형을 구속하는 효과를 발휘하고, 지반의 붕락 방지를

위하여 암석이나 뿜어붙이기 콘크리트 표면에 완전히 밀착되도록 하여야 한다.

5. 록 볼트는 뿜어붙이기 콘크리트의 경과 후 가능한 한 빠른 시기에 시공하여야 한다.
6. 록 볼트의 천공에 따라 용수가 발생한 경우에는 단위면적 기준 중앙 집수유도방식 및 각공별 차수방식 등에 의하여 용출수 유도 및 차수를 실시하여야 한다.
7. 경사방향 록 볼트의 시공에 있어서는 소정의 각도를 준수하여야 하며, 낙석으로 인한 근로자의 안전조치를 선행한 후에 시행하여야 한다.
8. 록 볼트 작업의 표준시공방식으로서 시스템 볼팅을 실시하여야 하며 인발시험, 내공 변위 측정, 천단침하측정, 지중변위측정 등의 계측결과로부터 다음 각 목에 해당될 때에는 록 볼트의 추가시공을 하여야 한다.
   가. 터널벽면의 변형이 록 볼트 길이의 약 6% 이상으로 판단되는 경우
   나. 록 볼트의 인발시험 결과로부터 충분한 인발내력이 얻어지지 않는 경우
   다. 록 볼트 길이의 약 반 이상으로부터 지반 심부까지의 사이에 축력분포의 최대치가 존재하는 경우
   라. 소성영역의 확대가 록 볼트 길이를 초과한 것으로 판단되는 경우
9. 암반상태, 지질의 상황과 계측결과에 따라 필요한 경우에는 록 볼트의 증타 등 보완조치를 신속하게 실시하여야 한다.
10. 록 볼트 시공 시 천공장의 규격에 따라 싱커, 크롤러드릴 등 천공기를 선별하여야 하며, 사용하기 전 드릴의 마모, 동력 전달상태 등 장비의 점검 및 유지보수를 실시하여야 한다.
11. 록 볼트의 삽입장비는 시방규격의 회전속도(rpm)를 확인하고 에어오우거 등 표준모델의 장비를 사용하여야 한다.
12. 록 볼트는 시공 후 정기적으로 인발시험을 실시하고 축력변화에 대한 기록을 명확히 하여 암반거동의 기록을 분석하여야 한다.
13. 록 볼트 작업은 천공 및 볼트 삽입 작업 시 근로자의 안전을 위하여 개인 보호구를 착용하여야 하며 관리감독자 및 안전담당자는 이를 확인하여야 한다.

제7장 콘크리트 라이닝 및 거푸집

제22조(콘크리트 라이닝)

콘크리트 라이닝을 시공함에 있어서는 시공 전, 시공 중 다음 각 호의 사항을 사전 검토하여야 한다.

1. 콘크리트 라이닝 공법 선정 시 다음 각 목의 사항을 검토하여 시공방식을 선정하여야 한다.

가. 지질, 암질상태
나. 단면형상
다. 라이닝의 작업능률
라. 굴착공법

2. 굴착공법에 따른 라이닝공법의 선정은 다음 〈표〉를 준용한다.

굴착공법에 따른 라이닝공법

라이닝공법		굴착공법	
측벽선행공법	전단면 공법	아아치선행 공법	상부반단면 선진공법
측변도갱선진 상부반단면 공법		지설도갱선진 상부반단면 공법	

3. 라이닝 콘크리트 배면과 뿜어붙인 콘크리트면 사이에 공극이 생기지 않도록 하여야 한다.
4. 콘크리트 재료의 혼합 후 타설 완료 때까지의 소요시간은 다음 각 호를 기준으로 하여야 한다.
   가. 온난 · 건조 시 1시간 이내
   나. 저온 · 습윤 시 2시간 이내
5. 콘크리트 운반 중 재료의 분리, 손실, 이물의 혼입이 발생하지 않는 방법으로 운반하여야 한다.
6. 콘크리트 타설표면은 이물질이 없도록 사전에 제거하여야 한다.
7. 1구간의 콘크리트는 연속해서 타설하여야 하며, 좌우대칭으로 같은 높이로 하여 거푸집에 편압이 작용하지 않도록 하여야 한다.
8. 타설슈트, 벨트컨베이어 등을 사용하는 경우에는 충격, 휘말림 등에 대하여 충분한 주의를 하여야 한다.
9. 굳지 않은 콘크리트의 처짐 및 침하로 인하여 터널천장 부분에 공극이 생기는 위험을 방지하기 위해서 콘크리트가 경화된 후 시방에 의한 접착 그라우팅을 천장부에 시행하여야 한다.

제23조(거푸집구조의 확인)

거푸집은 콘크리트의 타설 속도 등을 고려하여 타설된 콘크리트의 압력에 충분히 견디는 구조이어야 하며 다음 각 호의 사항을 준수하여야 한다.

1. 이동식 거푸집에 있어서는 다음 각 목의 사항을 준수하여야 한다.
   가. 이동식 거푸집 제작 시에는 근로자의 작업에 지장을 초래하지 않도록 작업공간을 확보할 수 있는 구조이어야 한다.

나. 이동식 거푸집에 있어서는 볼트, 너트 등으로 이완되지 않도록 견고하게 고정하여야 하며 휨, 비틀림, 전단 등의 응력 발생에 대하여 점검하여야 한다.

다. 거푸집 이동용 궤도는 침하 방지를 위하여 지반의 다짐, 편평도를 사전에 점검하고 침목 설치상태, 레일의 간격 등을 사전점검하여야 한다.

라. 이동식 거푸집의 경우 설치 후 장시간 방치 시 사용된 재크류의 나선파손, 유압실린더, 플레이트 등의 파손 및 이완 유무를 재확인하여야 하며 교체, 보완, 보강 등의 조치를 하여야 한다.

마. 콘크리트 타설하중 및 타설충격에 의한 거푸집 변위 및 이동방지의 목적으로 가설앵커, 쐐기 등의 설치를 하여야 한다.

2. 조립식 거푸집에 있어서는 다음 각 목의 사항을 준수하여야 한다.

가. 조립식 거푸집은 제작사양 조립도의 조립순서를 준수하여야 하며 해체 시의 순서는 조립순서의 역순을 원칙으로 하여야 한다.

나. 조립식 거푸집을 해체할 때에는 순서에 의해 부재를 정리정돈하고 부착 콘크리트, 유해물질 등을 제거하고 힌지, 재크 등의 활절작동 구간은 윤활유 등으로 주입하여야 한다.

다. 조립과 해체의 반복작업에 의한 볼트, 너트의 손상률을 사전에 검토하고 충분한 여분을 준비하여야 한다.

라. 라이닝플레이트 등의 절단, 변형, 부재 탈락 시 용접 접합을 금하며 필요시 동일 재질의 부재로 교체하여야 한다.

마. 벽체 및 천장부 작업 시 작업대 설치를 요하며 사다리, 안전난간대, 안전대 부착설비, 이동용 바퀴 및 정지장치 등을 설치하여야 한다.

제24조(시공)

거푸집을 조립할 때 다음 각 호의 사항을 준수하여야 한다.

1. 거푸집 조립작업의 시행 전 다음 각 목의 사항을 고려하여 타설목적에 적당한 규격 여부를 확인하여야 한다.

가. 콘크리트의 1회 타설량

나. 타설길이

다. 타설속도

2. 거푸집의 측면판은 콘크리트의 타설측압 및 압축력에 충분히 견디는 구조로 하여야 하며 모르타르가 새어나가지 않도록 원지반에 밀착, 고정시켜야 한다.

3. 거푸집은 타설된 콘크리트가 필요한 강도에 달할 때까지 거푸집을 제거하지 않아야 하며 시방의 양생기준을 준수하여야 한다.

4. 거푸집을 조립할 때에는 철근의 앵커구조, 피복규격 등을 확인하고 철근의 변위, 이동방지용 쐐기 설치 상태를 확인하여야 한다.

제8장 계측

제25조(계측의 목적)

터널 계측은 굴착지반의 거동, 지보공 부재의 변위, 응력의 변화 등에 대한 정밀 측정을 실시함으로써 시공의 안전성을 사전에 확보하고 설계 시의 조사치와 비교분석하여 현장조건에 적정하도록 수정, 보완하는 데 그 목적이 있으며 다음 각 호를 기준으로 한다.

1. 터널 내 육안조사
2. 내공변위 측정
3. 천단침하 측정
4. 록 볼트 인발시험
5. 지표면 침하측정
6. 지중변위 측정
7. 지중침하 측정
8. 지중수평변위 측정
9. 지하수위 측정
10. 록 볼트 축력 측정
11. 뿜어붙이기 콘크리트 응력 측정
12. 터널 내 탄성과 속도 측정
13. 주변 구조물의 변형상태 조사

제26조(계측관리)

① 사업주는 터널작업 시 사전에 계측계획을 수립하고 그 계획에 따른 계측을 하여야 한다.

② 제1항의 계측 계획에는 다음 각 호의 사항이 포함되어야 한다.

1. 측정위치 개소 및 측정의 기능 분류
2. 계측 시 소요장비
3. 계측빈도
4. 계측결과 분석방법
5. 변위 허용치 기준
6. 이상 변위 시 조치 및 보강대책
7. 계측 전담반 운영계획

8. 계측관리 기록분석 계통기준 수립

③ 사업주는 계측결과를 설계 및 시공에 반영하여 공사의 안전성을 도모할 수 있도록 측정기준을 명확히 하여야 한다.

④ 계측관리의 구분은 일상계측과 대표계측으로 하며 계측빈도 기준은 측정 특성별로 별도 수립하여야 한다.

제27조(계측결과 기록)

사업주는 계측결과를 시공관리 및 장래계획에 반영할 수 있도록 그 기록을 보존하여야 한다.

제28조(계측기의 관리)

사업주는 계측의 인적 및 기계적 오차를 최소화하기 위하여 다음 각 호의 사항을 준수하여야 한다.

1. 계측사항에 있어 전문교육을 받은 계측 전담원을 지정하여 지정된 자만이 계측할 수 있도록 하여야 한다.
2. 설치된 계측기 및 센서 등의 정밀기기는 관계자 이외에 취급을 금지하여야 한다.
3. 계측기록의 결과를 분석 후 시공 중 조치사항에 대하여는 충분한 기술자료 및 표준지침에 의거하여야 한다.

제9장 배수 및 방수

제29조(배수 및 방수계획의 작성)

① 사업주는 터널 내의 누수로 인한 붕괴위험 및 근로자의 직업안전을 위하여 제3조 또는 제4조의 조사를 근거로 하여 배수 및 방수계획을 수립한 후 그 계획에 의하여 안전조치를 하여야 한다.

② 제1항의 시공계획에는 다음 각 호의 사항이 포함되어야 한다.

1. 지하수위 및 투수계수에 의한 예상 누수량 산출
2. 배수펌프 소요대수 및 용량
3. 배수방식의 선정 및 집수구 설치방식
4. 터널 내부 누수개소 조사 및 점검 담당자 선임
5. 누수량 집수유도 계획 또는 방수계획
6. 굴착상부지반의 채수대 조사

제30조(누수에 의한 위험방지)

사업주는 누수에 의한 주변구조물 침하 또는 터널붕괴로 인한 근로자의 피해를 방지하기 위하여 다음 각 호의 사항을 준수하여야 한다.

1. 터널 내의 누수개소, 누수량 측정 등의 목적으로 담당자를 선임하여야 한다.
2. 누수개소를 발견할 시에는 토사 유출로 인한 상부지반의 공극발생 여부를 확인하여야 하며 규정된 용량의 용기에 의한 분당 누출 누수량을 측정하여야 한다.
3. 뿜어붙이기 콘크리트 부위에 토사유출의 용수 발생 시 즉시 작업을 중단하고 지중 침하, 지표면 침하 등에 계측 결과를 확인하고 정밀지반 조사 후 급결그라우팅 등의 조치를 취하여야 한다.
4. 누수 및 용출수 처리에 있어서는 다음 각 목의 사항을 확인 후 집수유도로 설치 또는 방수의 조치를 하여야 한다.
   가. 누수에 토사의 혼입 정도 여부
   나. 제3조 및 제4조의 조사를 근거로 배면 또는 상부지층의 지하수위 및 지질 상태
   다. 누수를 위한 배수로 설치 시 탈수 또는 토사유출로 인한 붕괴 위험성 검토
   라. 방수로 인한 지수처리 시 배면 과다 수압에 의한 붕괴의 임계한도
   마. 용출수량의 단위시간 변화 및 증가량
5. 상기 각 호의 사항을 확인 후 이에 대한 적절한 조치를 하여야 한다.

제31조(아아치 접합부 배수유도)

사업주는 터널구조상 2중 아아치, 3중 아아치의 구조에 있어서 시공 중 가설배수도 유도는 아아치 접합부 상단에 임시 배수 관로 등을 설치하여 배수안전조치를 취하여야 한다.

제32조(배수로)

사업주는 제29조에 의한 계획에 따라 배수로를 설치하고 지반의 안정조건, 근로자의 양호한 작업조건을 유지하여야 한다.

제33조(지반보강)

사업주는 누수에 의한 붕괴위험이 있는 개소에는 약액주입 공법 등 지반보강 조치를 하여야 하며 정밀지층조사, 채수대 여부, 투수성판단 등의 조치를 사전에 실시하여야 한다.

제34조(감전위험방지)

① 사업주는 수중배수 펌프 설치 시에는 근로자의 감전 재해를 방지하기 위하여 펌프 외함에 접지를 하여야 하며 수시로 누전상태 등의 확인을 하여야 한다.

② 사업주는 터널 내 각종 전선가설의 안전기준을 확인하여야 하며 근로자가 접촉되지 않도록 충분한 높이의 측면에 가설하여 수중 배선이 되지 않도록 하여야 한다.

③ 갱내 조명등, 수중펌프, 용접기 등에는 반드시 누전차단기 회로와 연결되어야 하며 표준방식의 접지를 실시하여야 한다.

제10장 조명 및 환기

제35조(조명)

사업주는 막장의 균열 및 지질상태 터널벽면의 요철정도, 부석의 유무, 누수상황 등을 확인할 수 있도록 조명시설을 하여야 한다.

제36조(조명시설의 기준)

사업주는 근로자의 안전을 위하여 터널 작업면에 대한 조명장치 및 설비를 확인하여야 하며 조도의 기준은 다음 〈표〉를 준용한다.

작업면에 대한 조도 기준

작업기준	기준
막장구간	60lUX 이상
터널중간구간	50lUX 이상
터널입 · 출구, 수직구 구간	30lUX 이상

제37조(채광 및 조명)

사업주는 채광 및 조명에 대해서는 명암의 대조가 심하지 않고 또는 눈부심을 발생시키지 않는 방법으로 설치하여야 하며 막장 점검, 누수점검, 부석 및 변형 등의 점검을 확실하게 시행할 수 있도록 적절한 조도를 유지하여야 한다.

제38조(조명시설의 정기점검)

사업주는 조명설비에 대하여 정기 및 수시점검계획을 수립하고 단선, 단락, 파손, 누전 등에 대하여는 즉시 조치하여야 한다.

제39조(환기)

사업주는 근로자의 보건위생을 위하여 환기시설을 하고 다음 각 호의 사항을 준수하여야 한다.

1. 터널 전 지역에 항상 신선한 공기를 공급할 수 있는 충분한 용량의 환기설비를 설치하여야 하며 환기용량의 산출은 다음 각 목을 기준으로 한다.
   가. 발파 후 가스 단위 배출량을 산출하고 이의 소요환기량
   나. 근로자의 호흡에 필요한 소요환기량
   다. 디젤기관의 유해가스에 대한 소요환기량
   라. 뿜어붙이기 콘크리트의 분진에 대한 소요환기량
   마. 암반 및 지반 자체의 유독가스 발생량
2. 발파 후 유해가스, 분진 및 내연기관의 배기가스 등을 신속히 환기시켜야 하며 발파 후 30분 이내에 배기, 송기가 완료되도록 하여야 한다.
3. 환기가스처리장치가 없는 디젤기관은 터널 내의 투입을 금하여야 한다.

4. 터널 내의 기온은 37℃ 이하가 되도록 신선한 공기로 환기시켜야 하며 근로자의 작업조건에 유해하지 아니한 상태를 유지하여야 한다.
5. 소요환기량에 충분한 용량의 설비를 하여야 하며 중앙집중환기방식, 단열식 송풍방식, 병열식 송풍방식 등의 기준에 의하여 적정한 계획을 수립하여야 한다.

제40조(환기설비의 정기점검)

사업주는 환기설비에 대하여 정기점검을 실시하고 파손, 파괴 및 용량 부족 시 보수 또는 교체하여야 한다.

Occupational Safety Instructor

[8] 해체작업에 따른 공해 방지

제22조(소음 및 진동)

해체공사의 공법에 따라 발생하는 소음과 진동의 특성을 파악하여 다음 각 호의 사항을 준수하여야 한다.

1. 공기압축기 등은 적당한 장소에 설치하여야 하며 장비의 소음 진동기준은 관계법에서 정하는 바에 따라서 처리하여야 한다.
2. 전도공법의 경우 전도물 규모를 작게 하여 중량을 최소화하며 전도대상물의 높이도 되도록 작게 하여야 한다.
3. 철해머 공법의 경우 해머의 중량과 낙하높이를 가능한 한 낮게 하여야 한다.
4. 현장 내에서는 대형 부재로 해체하며 장외에서 잘게 파쇄하여야 한다.
5. 인접건물의 피해를 줄이기 위해 방음, 방진 목적의 가시설을 설치하여야 한다.

제23조(분진)

분진 발생을 억제하기 위하여 직접 발생 부분에 피라밋식, 수평살수식으로 물을 뿌리거나 간접적으로 방진시트, 분진차단막 등의 방진벽을 설치하여야 한다.

제24조(지반침하)

지하실 등을 해체할 경우에는 해체작업 전에 대상건물의 깊이, 토질, 주변상황 등과 사용하는 중기 운행 시 수반되는 진동 등을 고려하여 지반침하에 대비하여야 한다.

제25조(폐기물)

해체작업 과정에서 발생하는 폐기물은 관계법에서 정하는 바에 따라 처리하여야 한다.

Occupational Safety Instructor

[9] 추락재해 방지

제1장 총칙

제1조(목적)

이 고시는 「산업안전보건법」 제13조에 따라 추락재해 방지를 위하여 사용되는 방망, 안전대, 지지로프, 표준안전난간의 설치 및 관리에 관하여 사업주에게 지도 · 권고할 기술상의 지침을 규정함을 목적으로 한다.

제2조(정의)

① 이 지침에서 사용되는 용어의 정의는 다음 각 호와 같다.

1. "방망"이라 함은 그물코가 다수 연속된 것을 말한다.
2. "매듭"이라 함은 그물코의 정점을 만드는 방망사의 매듭을 말한다.
3. "테두리로프"라 함은 방망 주변을 형성하는 로우프를 말한다.
4. "재봉사"라 함은 테두리로프와 방망을 일체화하기 위한 실을 말한다. 여기서 사는 방망사와 동일한 재질의 것을 말한다.
5. "달기로프"라 함은 방망을 지지점에 부착하기 위한 로우프를 말한다.
6. "시험용사"라 함은 등속인장시험에 사용하기 위한 것으로서 방망사와 동일한 재질의 것을 말한다.

② 그 밖에 이 고시에서 사용하는 용어의 뜻은 이 고시에 특별한 규정이 없으면 「산업안전보건법」, 같은 법 시행령 및 시행규칙, 「산업안전보건기준에 관한 규칙」에서 정하는 바에 따른다.

제2장 방망의 구조 등 안전기준

제1절 구조

제3조(구조 및 치수)

방망은 망, 테두리로프, 달기로프, 시험용사로 구성되어진 것으로서 각 부분은 다음 각 호에 정하는 바에 적합하여야 한다(참조 : 〈그림 1〉).

1. 소 재 : 합성섬유 또는 그 이상의 물리적 성질을 갖는 것이어야 한다.
2. 그물코 : 사각 또는 마름모로서 그 크기는 10센티미터 이하이어야 한다.

3. 방망의 종류 : 매듭방망으로서 매듭은 원칙적으로 단매듭을 한다.
4. 테두리로프와 방망의 재봉 : 테두리로프는 각 그물코를 관통시키고 서로 중복됨 없이 재봉사로 결속한다.
5. 테두리로프 상호의 접합 : 테두리로프를 중간에서 결속하는 경우는 충분한 강도를 갖도록 한다.
6. 달기로프의 결속 : 달기로프는 3회 이상 엮어 묶는 방법 또는 이와 동등 이상의 강도를 갖는 방법으로 테두리로프에 결속하여야 한다.
7. 시험용사는 방망 폐기 시 방망사의 강도를 점검하기 위하여 테두리로프에 연하여 방망에 재봉한 방망사이다.

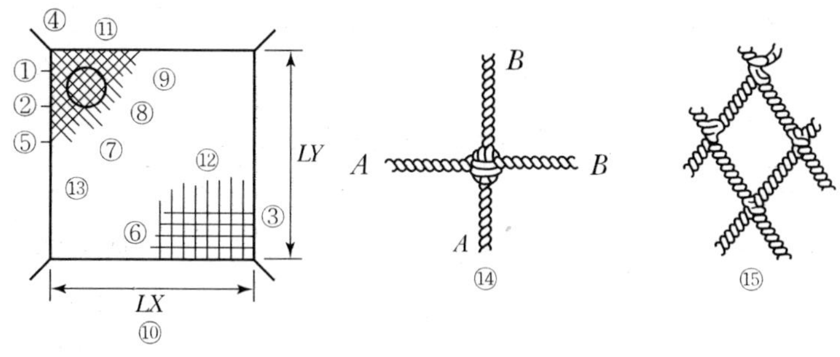

〈그림 1〉

부넷트 각부의 명칭(〈그림 1〉 관련) 번호

번호	명칭	번호	명칭
1	방망사	9	매듭
2	테두리로프	10	재봉치수
3	재봉사	11	방망
4	달기로프	12	사각그물코
5	중간달기로프	13	마름모그물코
6	실험용사	14	매듭방망
7	그물코	15	매듭 없는 방망
8	그물코 치수		

제4조(테두리로프 및 달기로프의 강도)

테두리로우프 및 달기로우프의 강도는 다음 각 호에 정하는 바에 적합하여야 한다.

1. 테두리로프 및 달기로프는 방망에 사용되는 로프와 동일한 시험편의 양단을 인장 시험기로 체크하거나 또는 이와 유사한 방법으로 인장속도가 매분 20cm 이상 30cm 이하의 등속인장시험(이하 "등속인장시험"이라 한다)을 행한 경우 인장강도가 1,500kg 이상이어야 한다.
2. 제1호의 경우 시험편의 유효길이는 로프 직경의 30배 이상으로 시험편수는 5개 이상으로 하고, 산술평균하여 로프의 인장강도를 산출한다.

제5조(방망사의 강도)

방망사는 시험용사로부터 채취한 시험편의 양단을 인장시험기로 시험하거나 또는 이와 유사한 방법으로서 등속인장시험을 한 경우 그 강도는 〈표 2〉 및 〈표 3〉에 정한 값 이상이어야 한다.

〈표 2〉 방망사의 신품에 대한 인장강도

그물코의 크기 (단위 : cm)	방망의 종류(단위 : kg)	
	매듭 없는 방망	매듭방망
10	240	200
5		110

〈표 3〉 방망사의 폐기 시 인장강도

그물코의 크기 (단위 : cm)	방망의 종류(단위 : kg)	
	매듭 없는 방망	매듭방망
10	150	135
5		60

제6조(시험)

등속인장시험은 한국공업규격(K.S)에 적합하도록 행하여야 한다.

제3절 방망의 사용방법

제7조(허용낙하높이)

작업발판과 방망 부착위치의 수직거리(이하 "낙하높이"라 한다.)는 〈표 4〉 및 〈그림 2〉, 〈그림 3〉에 의해 계산된 값 이하로 한다.

〈표 4〉 방망의 허용 낙하높이

높이 종류/조건	낙하높이(H_1)		방망과 바닥면 높이(H_2)		방망의 처짐길이(S)
	단일방망	복합방만	10cm 그물코	5cm 그물코	
$L<A$	$\frac{1}{4}(L+2A)$	$\frac{1}{5}(L+2A)$	$\frac{0.85}{4}(L+3A)$	$\frac{0.95}{4}(L+3A)$	$\frac{1}{4}\times\frac{1}{3}(L+2A)\times\cdots$
$L\geq A$	$3/4L$	$3/5L$	$0.85L$	$0.95L$	$3/4L\times1/3$

또, L, A의 값은 〈그림 2〉, 〈그림 3〉에 의한다.

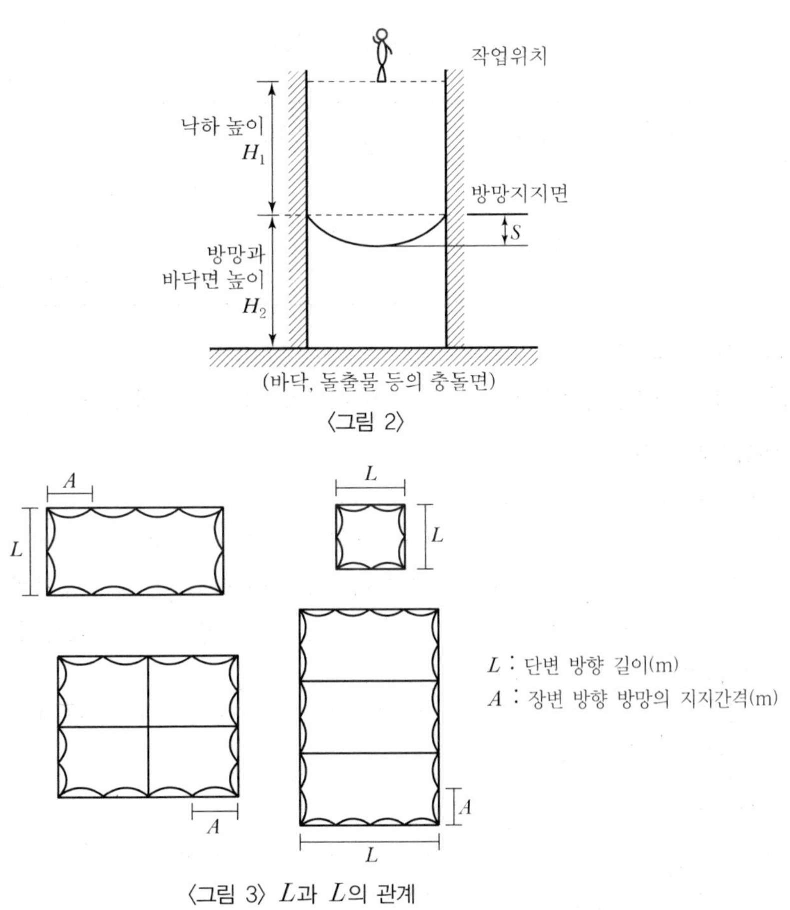

〈그림 2〉

〈그림 3〉 L과 L의 관계

제8조(지지점의 강도)

지지점의 강도는 다음 각 호에 의한 계산값 이상이어야 한다.

1. 방망 지지점은 600킬로그램의 외력에 견딜 수 있는 강도를 보유하여야 한다(다만, 연속적인 구조물이 방망 지지점인 경우의 외력이 다음 식에 계산한 값에 견딜 수 있는 것은 제외한다).

   $F = 200B$

   여기서, F : 외력(kg)

   B : 지지점 간격(m)

2. 지지점의 응력은 다음 〈표 5〉에 따라 규정한 허용응력값 이상이어야 한다.

〈표 5〉 지지재료에 따른 허용응력

(단위 : kg/cm^2)

허용응력 / 지지재료	압축	인장	전단	휨	부착
일반구조용 강재	2,400	2,400	1,350	2,400	–
콘크리트	4주 압축강도의 2/3	4주 압축강도의 1/15		–	14(경량골재를 사용하는 것은 12)

제9조(지지점의 간격)

방망지지점의 간격은 방망주변을 통해 추락할 위험이 없는 것이어야 한다.

제10조(정기시험)

정기시험 등은 다음 각 호에 정하는 바에 의하여 행한다.

1. 방망의 정기시험은 사용개시 후 1년 이내로 하고, 그 후 6개월마다 1회씩 정기적으로 시험용사에 대해서 등속인장시험을 하여야 한다. 다만, 사용상태가 비슷한 다수의 방망의 시험용사에 대하여는 무작위 추출한 5개 이상을 인장시험했을 경우 다른 방망에 대한 등속인장시험을 생략할 수 있다.
2. 방망의 마모가 현저한 경우나 방망이 유해가스에 노출된 경우에는 사용 후 시험용사에 대해서 인장시험을 하여야 한다.

제11조(보관)

지방망을 보관할 때는 사전에 다음 각 호의 조치를 취하여야 한다.

1. 방망은 깨끗하게 보관하여야 한다.
2. 방망은 자외선, 기름, 유해가스가 없는 건조한 장소에서 취하여야 한다.

제12조(사용제한)

다음 각 호의 1에 해당하는 방망은 사용하지 말아야 한다.

1. 방망사가 규정한 강도 이하인 방망
2. 인체 또는 이와 동등 이상의 무게를 갖는 낙하물에 대해 충격을 받은 방망
3. 파손한 부분을 보수하지 않은 방망
4. 강도가 명확하지 않은 방망

제13조(표시)

방망에는 보기 쉬운 곳에 다음 각 호의 사항을 표시하여야 한다.

1. 제조자명
2. 제조연월
3. 재봉치수
4. 그물코
5. 신품인 때의 방망의 강도

제3장 안전대

제1절 안전대의 구조

제14조(구조) 〈삭제〉

제2절 안전대의 선정

제15조(선정)

지안전대의 선정은 다음 각 호의 사용목적에 적합한 안전대를 선정하여야 한다.

1. 1종 안전대는 전주 위에서의 작업과 같이 발받침은 확보되어 있어도 불완전하여 체중의 일부는 U자 걸이로 하여 안전대에 지지하여야만 작업을 할 수 있으며, 1개 걸이의 상태로서는 사용하지 않는 경우에 선정해야 한다.
2. 2종 안전대는 1개 걸이 전용으로서 작업을 할 경우, 안전대에 의지하지 않아도 작업할 수 있는 발판이 확보되었을 때 사용한다. 로프의 끝단에 훅이나 카라비나가 부착된 것은 구조물 또는 시설물 등에 지지할 수 있거나 클립부착 지지로프가 있는 경우에 사용한다. 또한 로프의 끝단에 클립이 부착된 것은 수직지지로프만으로 안전대를 설치하는 경우에 사용한다.
3. 3종 안전대는 1개 걸이와 U자 걸이로 사용할 때 적합하다. 특히 U자걸이 작업 시 훅을 걸고 벗길 때 추락을 방지하기 위해 보조로프를 사용하는 것이 좋다.

4. 4종 안전대는 1개 걸이, U자 걸이 겸용으로 보조훅이 부착되어 있어 U자 걸이 작업 시 훅을 D링에 걸고 벗길 때 추락위험이 많은 경우에 적합하다.

제3절 안전대의 사용방법

제16조(착용)

지안전대의 착용은 다음 각 호에 정하는 착용방법에 따라야 한다.

1. 벨트는 추락 시 작업자에게 충격을 최소한으로 하고 추락저지 시 발쪽으로 빠지지 않도록 요골 근처에 확실하게 착용하도록 하여야 한다.
2. 버클을 바르게 사용하고, 벨트 끝이 벨트통로를 확실하게 통과하도록 하여야 한다.
3. 신축조절기를 사용할 때 각 링에 바르게 걸어야 하며, 벨트 끝이나 작업복이 말려 들어가지 않도록 주의하여야 한다.
4. U자걸이 사용 시 훅을 각링이나 D링 이외의 것에 잘못 거는 일이 없도록 벨트의 D링이나 각링부에는 훅이 걸릴 수 있는 물건은 부착하지 말아야 한다.
5. 착용 후 지상에서 각각의 사용상태에서 체중을 걸고 각 부품의 이상 유무를 확인한 후 사용하도록 하여야 한다.
6. 안전대를 지지하는 대상물은 로프의 이동에 의해 로프가 벗겨지거나 빠질 우려가 없는 구조로 충격에 충분히 견딜 수 있어야 한다.
7. 안전대를 지지하는 대상물에 추락 시 로프를 절단할 위험이 있는 예리한 각이 있는 경우에 로프가 예리한 각에 접촉하지 않도록 충분한 조치를 하여야 한다.

제17조(안전대의 사용)

지안전대 사용은 다음 각 호에 정하는 사용방법에 따라야 한다.

1. 1개 걸이 사용에는 다음 각 목에 정하는 사항을 준수하여야 한다.
   가. 로프 길이가 2.5미터 이상인 2종 안전대는 반드시 2.5미터 이내의 범위에서 사용하도록 하여야 한다.
   나. 안전대의 로프를 지지하는 구조물의 위치는 반드시 벨트의 위치보다 높아야 하며, 작업에 지장이 없는 경우 높은 위치의 것으로 선정하여야 한다.
   다. 신축조절기를 사용하는 경우 작업에 지장이 없는 범위에서 로프의 길이를 짧게 조절하여 사용하여야 한다.
   라. 수직 구조물이나 경사면에서 작업을 하는 경우 미끄러지거나 마찰에 의한 위험이 발생할 우려가 있을 경우에는 설비를 보강하거나 지지로프를 설치하여야 한다.
   마. 추락한 경우 전자상태가 되었을 경우 물체에 충돌하지 않는 위치에 안전대를 설치하

여야 한다.

바. 바닥면 으로부터 높이가 낮은 장소에서 사용하는 경우 바닥면으로 부터 로프 길이의 2배 이상의 높이에 있는 구조물 등에 설치하도록 해야 한다. 로프의 길이 때문에 불가능한 경우에는 3종 또는 4종 안전대를 사용하여 로프의 길이를 짧게 하여 사용하도록 한다.

사. 추락 시에 로프를 지지한 위치에서 신체의 최하사점까지의 거리를 h라 하면, h = 로프의 길이 + 로프의 신장길이 + 작업자키의 1/2이 되고, 로프를 지지한 위치에서 바닥면까지의 거리를 H라 하면 $H > h$가 되어야만 한다.

2. U자 걸이 사용에는 다음 각 목에 정하는 사항을 준수하여야 한다.

가. U자 걸이로 1종, 3종 또는 4종 안전대를 사용하여야 하며, 훅을 걸고 벗길 때 추락을 방지하기 위하여 1종, 3종은 보조로프, 4종은 훅을 사용하여야 한다.

나. 훅이 확실하게 걸려 있는지 확인하고 체중을 옮길 때는 갑자기 손을 떼지 말고 서서히 체중을 옮겨 이상이 없는가를 확인한 후 손을 떼도록 하여야 한다.

다. 전주나 구조물 등에 돌려진 로프의 위치는 허리에 착용한 벨트의 위치보다 낮아지지 않도록 주의하여야 한다.

라. 로프의 길이는 작업상 필요한 최소한의 길이로 하여야 한다.

마. 추락 저지 시에 로프가 아래로 미끄러져 내려가지 않는 장소에 로프를 설치하여야 한다.

3. 4종 안전대 사용에는 다음 각 목에 정하는 사항을 준수하여야 한다.

가. 4종 안전대는 통상 1개 걸이와 U자 걸이 겸용으로 특히 U자 걸이 사용할 때 훅을 D링에 걸고 벗길 때 미리 보조훅을 구조물에 설치하여 추락을 방지하도록 하여야 한다. 보조훅을 사용할 때 로프의 길이는 1.5미터의 범위 내에서 사용하여야 한다.

나. 전주 등을 승강하는 경우 로프를 U자 걸이 상태로 승강하고 만일 장애물이 있을 때에는 보조훅을 사용하여 장애물을 피하여야 한다.

4. 보조로프의 사용은 보조로프의 한쪽을 D링 또는 각링에 설치하고 다른 한쪽은 구조물에 설치하는 것으로서 로프의 양단에 훅이 부착된 것은 구조물에 설치되는 훅으로 2중 구조가 아니더라도 D링 또는 각링에 걸리는 훅은 반드시 2중 이탈 방지구조의 훅으로 하여야 한다.

5. 클립부착안전대의 사용에는 다음 각 목에 정하는 사항을 준수하여야 한다.

가. 1종 또는 2종 클립부착 안전대는 로프 끝단의 클립을 합성수지 로프의 수직 지지 로프에 설치해서 사용하여야 한다.

나. 지지로프는 클립에 표시된 굵기로서 2,340킬로그램 이상의 인장강도를 갖는 것을

사용하여야 한다.

다. 클립을 지지로프에 설치할 경우 클립에 표시된 상하방향이 틀리지 않도록 하고 이탈 방지장치를 확실하게 조작하여야 한다.

6. 수직지지로프에 부착하여 사용하는 경우에는 다음 각 목에 정하는 사항을 준수하여야 한다.

가. 합성섬유로프의 지지로프에 훅 또는 카라비나 부착 안전대를 설치하는 경우 지지로프에 부착된 크립에 훅 또는 카라비나를 걸이서 사용하여야 한다.

나. 한 줄의 지지로프를 이용하는 작업자의 수는 1인으로 하여야 한다.

다. 허리에 장착한 벨트의 위치는 지지로프에 부착된 크립의 위치보다 위에 있지 않도록 사용하여야 한다.

라. 추락한 경우에 지지상태에서 다른 물체에 충돌하지 않도록 사용하여야 한다.

마. 긴 합성섬유로프로 된 지지로프를 사용하는 경우 추락저지 시에 아랫부분의 장애물에 접촉하지 않도록 사용하여야 한다.

7. 수평지지로프에 부착하여 사용하는 경우에는 다음 각 목에 정하는 사항을 준수하여야 한다.

가. 수평지지로프는 안전대를 부착시킬 수 있는 구조물이 없고 작업공정이 횡이동 또는 작업상 빈번히 횡방향으로 이동할 필요가 있는 경우에 벨트의 높이보다 높은 위치에 설치하고 수평지지로프에 안전대의 훅 또는 카라비나를 걸어 사용하여야 한다.

나. 한 줄의 지지로프를 이용하는 작업자의 수는 1인으로 하여야 한다.

다. 추락한 경우 진자상태가 되어 물체에 충돌하지 않도록 사용하여야 한다.

라. 합성섬유로프를 지지로프로 사용하는 경우 추락저지 시 아랫부분의 장애물에 접촉되지 않도록 사용하여야 한다.

제4절 안전대의 점검, 보수, 보관 및 폐기

제18조(점검)

안전대의 점검, 보수, 보관 및 폐기는 책임자를 정하여 정기점검하고 관리대장에 다음 각 호에 정하는 기준에 의하여 그 결과나 관리상의 필요한 사항을 기록하여야 한다.

1. 벨트의 마모, 흠, 비틀림, 약품류에 의한 변색
2. 재봉실의 마모, 절단, 풀림
3. 철물류의 마모, 균열, 변형, 전기단락에 의한 용융, 리벳이나 스프링의 상태
4. 로우프의 마모, 소선의 절단, 흠, 열에 의한 변형, 풀림 등의 변형, 약품류에 의한 변색

5. 각 부품의 손상 정도에 의한 사용한계에 대해서는 부품의 재질, 치수, 구조 및 사용조건을 고려하여야 하며 벨트 및 로프에 사용되는 나일론, 비닐론, 폴리에스텔의 재료특성 및 로프의 인장강도는 〈표 6〉 및 〈표 7〉과 같다.

〈표 6〉 벨트 및 로프에 사용하는 재료 특성

구분/재료	나일론	비닐론	폴리에스테르
비중	1.14	1.26~1.30	1.38
내열성	• 연화점 : 180℃ • 용융점 : 215~220℃	• 연화점 : 220~230℃ • 용융점 : 명료하지 않음	• 연화점 : 238~240℃ • 용융점 : 255~260℃
자연상태에서 강도와의 관계	강도가 저하된다.	강도가 거의 저하하지 않는다.	강도가 거의 저하하지 않는다.
내산성	강한 염산, 강한 유산, 강한 초산에 일부 분해하지만 7% 염산, 20% 초산에서는 강도가 거의 저하하지 않는다.	강한 염산, 강한 유산, 강한 초산에서 늘어나거나 분해하지만, 10% 염산, 30% 유산에서는 거의 강도가 저하하지 않는다.	35% 염산, 75% 유산, 60% 초산에서 강도가 거의 저하하지 않는다.
내알칼리성	50% 가성소다 용액, 28% 암모니아 용액에서 강도가 거의 저하하지 않는다.	50% 가성소다 용액에서는 강도가 거의 저하하지 않는다.	10% 가성소다 용액, 28% 암모니아 용액에서는 강도가 거의 저하하지 않는다.

〈표 7〉 로프의 인장강도

지름 (mm)	인장강도(ton)	
	나일론로프	비닐론로프
10	1.85	0.95
11	2.21	1.13
12	2.80	1.37
14	3.73	1.83
16	4.78	2.34

제19조(보수)

보수는 정기적으로 하여야 하며, 필요한 경우 다음 각 호에 정하는 사항에 따라 수시로 하여야 한다.

1. 벨트, 로우프가 더러워지면 미지근한 물을 사용하여 씻거나 중성세제를 사용하여 씻은 후 잘 헹구고 직사광선은 피하여 통풍이 잘되는 곳에서 자연 건조시켜야 한다.

2. 벨트, 로우프에 도료가 묻은 경우에는 용제를 사용해서는 안 되고, 헝겊 등으로 닦아 내어야 한다.
3. 철물류가 물에 젖은 경우에는 마른 헝겊으로 잘 닦아 내고 녹방지 기름을 엷게 발라야 한다.
4. 철물류의 회전부는 정기적으로 주유하여야 한다.

제20조(보관)

안전대는 다음 각 호의 장소에 보관하여야 한다.

1. 직사광선이 닿지 않는 곳
2. 통풍이 잘되며 습기가 없는 곳
3. 부식성 물질이 없는 곳
4. 화기 등이 근처에 없는 곳

제21조(폐기)

다음 각 호의 1의 규정에 해당되는 안전대는 폐기하여야 한다.

1. 다음 각 목의 1의 규정에 해당되는 로우프는 폐기하여야 한다.
   가. 소선에 손상이 있는 것
   나. 페인트, 기름, 약품, 오물 등에 의해 변화된 것
   다. 비틀림이 있는 것
   라. 횡마로 된 부분이 헐거워진 것
2. 다음 각 목의 1의 규정에 해당되는 벨트는 폐기하여야 한다.
   가. 끝 또는 폭에 1밀리미터 이상의 손상 또는 변형이 있는 것
   나. 양끝의 헤짐이 심한 것
3. 다음 각 목의 1의 규정에 해당되는 재봉 부분은 폐기하여야 한다.
   가. 재봉 부분의 이완이 있는 것
   나. 재봉실이 1개소 이상 절단되어 있는 것
   다. 재봉실의 마모가 심한 것
4. 다음 각 목의 1의 규정에 해당되는 D링 부분은 폐기하여야 한다.
   가. 깊이 1밀리미터 이상 손상이 있는 것(특히 그림의 X부분)
   나. 눈에 보일 정도로 변형이 심한 것
   다. 전체적으로 녹이 슬어 있는 것

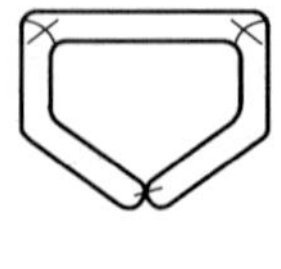

〈그림 4〉

5. 다음 각 목의 1의 규정에 해당되는 훅, 버클 부분은 폐기하여야 한다.
   가. 훅과 갈고리 부분의 안쪽에 손상이 있는 것(그림 X부분)
   나. 훅 외측에 깊이 1밀리미터 이상의 손상이 있는 것
   다. 이탈 방지장치의 작동이 나쁜 것
   라. 전체적으로 녹이 슬어 있는 것
   마. 변형되어 있거나 버클의 체결상태가 나쁜 것

〈그림 5〉

제5절 강관틀비계의 조립, 해체 시 안전대를 사용하는 경우의 수평지지로프와 지지로프지주

제22조(재료)

지지로프의 재료는 다음 각호에 규정된 규격에 적합한 것으로 하여야 한다.

1. 와이어로프 또는 합성섬유로프를 사용하여야 한다.
2. 와이어로프는 KS D 3514에 규정된 4호(6×24)에 적합한 와이어로프로서 그 직경이 9mm ~10mm의 것으로 하여야 한다.
3. 합성섬유로프를 사용하는 경우는 KS K 3717에 적합한 나일론로프, KS K 3718에 적합한 비닐론로프 또는 그 이상의 물리적 성질을 갖는 로프로서 그 직경이 나일론로프의 경우 12, 14, 16mm, 비닐론로프는 16mm로 하고, 기타의 경우는 2,340kg 이상의 인장강도를 갖는 직경으로 하여야 한다.
4. 지지로프지주, 수평지지로프의 훅, 카라비나 및 결속재 등의 부속철물이나 수평지지 로프의 끝단의 가공 등에 관하여는 노동부장관이 정하는 규격 이상으로 하여야 한다.

제23조(설치)

지지로프를 설치하여 사용할 경우에는 다음 각 호에 정하는 바에 적합한 것이어야 한다.

1. 지지로프지주는 강관틀비계의 기둥재에 설치하고, 그 설치간격은 〈표 8〉의 값 이하로 하여야 한다. 다만, 안전대의 로프 길이가 1.0m 이하인 것을 사용하는 경우는 예외로 한다.

〈표 8〉 지지로프지주 설치 간격

지지로프의 종류	지지로프지주를 설치한 비계발판의 지상으로부터의 높이 (단위 : 층)	지지로프 설치간격 (단위 : 스판)
와이어로프 3 이상	2 10	4
합성섬유로프 4 이상	2 3 8	1 5

2. 와이어로프는 잘 점검하여 사용하고 10퍼센트 이상의 소선이 파단되어 있는 것, 직경의 감소가 7퍼센트 이상인 것, 비틀림된 것, 현저히 변형 또는 부식된 것은 사용하지 않아야 한다.
3. 합성섬유로프에 있어서도 사전에 잘 점검하고 스트랜드가 파단된 것, 현저히 손상 또는 부식된 것, 지지로프로서 사용 중 충격을 받은 것은 사용하지 않아야 한다.
4. 지지로프의 지주 간의 설치높이는 비계 바닥면으로부터 0.9미터 이상, 2미터 이하의 높이로 하여야 한다.
5. 지지로프를 지주 사이에 설치할 경우 헐겁지 않도록 하여야 하며 필요한 경우 결속재를 사용하여 지지로프를 결속하여야 한다. 결속작업 시 작업원은 안전한 위치에서 작업하고 안전대를 사용하는 경우에 결속작업이 저해되지 않는 곳에 설치하여야 한다.
6. 보조로프의 끝단은 작업바닥을 기준으로 지지로프지주의 외부 1스판 위치의 기둥재에 설치하여야 한다.

제24조(주의 점검)

지지로프를 사용하는 경우 다음 각 호에 정하는 기준에 따라야 한다.

1. 안전대는 로프의 길이가 1.5미터 정도이고, 2종 또는 3종 안전대를 사용하여야 한다.
2. 안전대의 훅은 지지로프에 직접 걸리는 것으로 하여야 한다.
3. 와이어로프의 지지로프에 안전대를 설치할 경우는 안전대의 로프를 지지로프에 돌려서 걸지 않아야 한다.
4. 수평지지로프지주 및 지지로프를 설치 또는 교체 직후에 다음 각 목에 대해서 점검을 하고 이상이 있는 경우에는 즉시 수정, 보완 또는 교체하여야 한다.
   가. 지주의 비계에의 설치부분
   나. 지지로프의 설치상태
   다. 지지로프, 보조로프 설치부 및 유지부
5. 합성섬유로프의 지지로프는 사용 중 충격을 받을 경우 즉시 교체하여야 한다.

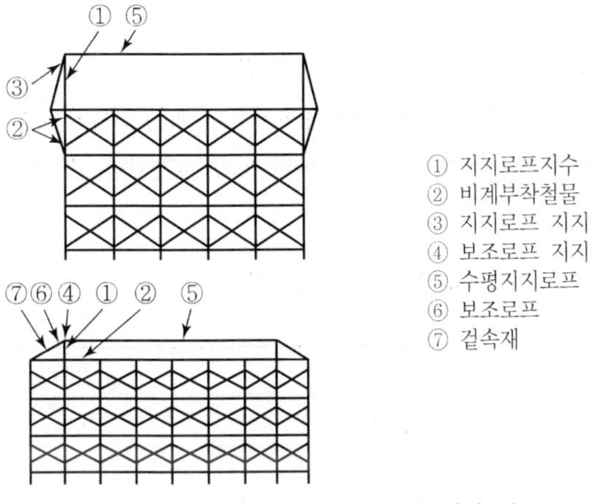

〈그림 6〉 지지로프의 설치 예

제4장 표준안전난간

제25조(설치위치)

표준안전난간(이하 "안전난간"이라 한다)의 설치장소는 중량물 취급 개구부, 작업대, 가설계단의 통로, 흙막이 지보공의 상부등으로 한다.

제26조(명칭)

안전난간의 각부 명칭은 〈그림 7〉에 나타낸 바와 같다.

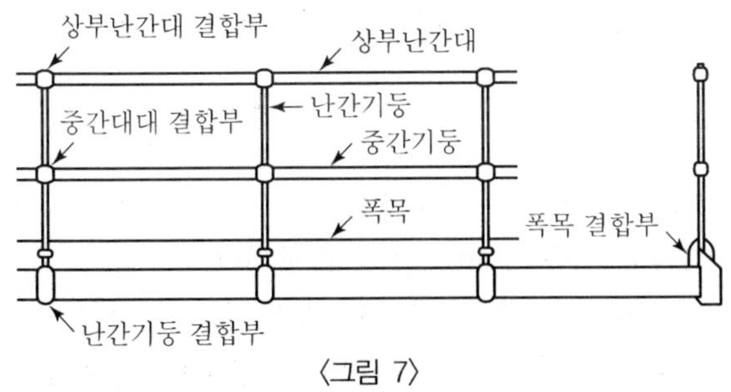

〈그림 7〉

제27조(재료)

안전난간에 사용되는 재료는 다음 각 호에 정한 것과 같다.

1. 강재 : 상부난간대, 중간대 등 주요부분에 이용되는 강재는 〈표 9〉에 나타낸 것이거나 또는 그 이상의 기계적성질을 갖는 것이어야 하며, 현저한 손상, 변형, 부식 등이 없는 것이어야 한다.

〈표 9〉 부재의 단면규격

(단위 : mm)

강재의 종류	난간기둥	상부난간대
강관	ϕ34.0×2.3	ϕ27.2×2.3
각형 광관	30×30×1.6	25×25×1.6
형강	40×40×5	40×40×3

2. 목재 : 강도상 현저한 결점이 되는 갈라짐, 충식, 마디, 부식, 휨, 섬유의 경사 등이 없고 나무껍질을 완전히 제거한 것으로 한다.

〈표 10〉 목재의 단면규격

(단위 : mm)

목재의 종류	난간기둥	상부난간대
통나무	말구경 70	말구경 70
각재	70×70	60×60

3. 기타 : 와이어로프 등 상기 이외의 재료는 강도상 현저한 결점이 되는 손상이 없는 것으로 한다.

제28조(구조)

안전난간은 난간기둥, 상부난간대, 중간대 및 폭목으로 구성되며, 각 부분의 접합부는 쉽게 변위, 변형을 일으키지 않는 구조로서 다음 각 호에 정한 것과 같다.

1. 달비계의 걸이재, 지주비계 등을 난간기둥 대신 이용하는 경우 및 건축물의 기둥 간에 충분한 내력을 갖는 와이어로프로 상부난간대, 중간대 등을 설치하는 경우는 난간기둥을 설치하지 않아도 된다.
2. 상부난간대와 작업발판 사이에 방망을 설치하거나 널판을 대는 경우는 중간대 및 폭목은 설치하지 않아도 된다.
3. 보에서의 추락을 방지하기 위해 안전난간을 설치하는 경우와 같이 충분한 통로 폭이 얻어지는 경우는 폭목을 설치하지 않는다.

제29조(치수)

안전난간의 치수는 다음 각 호에 정하는 것과 같다.

1. 높이 : 안전난간의 높이(작업바닥면에서 상부난간의 끝단까지의 높이)는 90센티미터 이상으로 한다.
2. 난간기둥의 중심간격 : 난간기둥의 중심간격은 2미터 이하로 한다.
3. 중간대의 간격 : 폭목과 중간대, 중간대와 상부난간대 등의 내부간격은 각각 45센티미터를 넘지 않도록 설치한다.
4. 폭목의 높이 : 작업면에서 띠장목의 상면까지의 높이가 10센티미터 이상 되도록 설치한다. 다만, 합판 등을 겹쳐서 사용하는 등 작업바닥면이 고르지 못한 경우에는 높은 것을 기준으로 한다.
5. 띠장목과 작업바닥면 사이의 틈은 10밀리미터 이하로 한다.

제30조(난간기둥 간격)

제2종 안전난간의 난간기둥 간격이 1.8미터 이하인 경우에는 다음 각 호에 정하는 것과 같다.

1. 난간기둥 등에 사용하는 강관은 〈표 9〉에 나타낸 규격 이상의 규격을 갖는 것으로 한다.
2. 와이어로프를 사용하는 경우에는 그 직경이 9밀리미터 이상이어야 한다.
3. 난간기둥에 사용되는 목재는 〈표 10〉에 표시한 단면 이상의 규격을 갖는 것으로 한다.
4. 폭목으로 사용하는 목재는 폭은 10센티미터 이상으로 하고 두께는 1.6센티미터 이상으로 한다.

제31조(하중)

안전난간의 주요 부분은 종류에 따라서 〈표 11〉에 나타내는 하중에 대해 충분한 것으로 하며 이 경우 하중의 작용방향은 상부난간대 직각인 면의 모든 방향을 말한다.

〈표 11〉 작용위치 및 하중의 값

종류	안전난간부분	작용 위치	하중
하중작용부	상부난간대	스판의 중앙점	120kg
제1종	난간기둥, 난간기둥결합부, 상부난간대 설치부	난간기둥과 상부난간대의 결정	100kg

제32조(수평최대처짐)

제31조의 하중에 의한 수평최대처짐은 10밀리미터 이하로 한다.

제33조(허용응력)

계산에 의해 안전난간의 강도를 검토하는 경우 허용응력은 재료의 종류에 따라 제1종 안전난간은 아래 〈표 12〉, 〈표 13〉에 나타낸 허용응력으로 한다.

〈표 11〉 강재의 허용응력도

(단위 : kg/cm^2)

재료/허용응력도의 종류	인장	압축	휨
SPS 41	2,400	1,400	SS41
SPS50	3,300	1,900	SS50

〈표 12〉 목재의 허용응력도

(단위 : kg/cm^2)

재료/허용응력도의 종류	인장	압축	휨
노송나무	180	160	180
삼목	140	120	140
졸참나무	200	140	200
합판	–	–	220
통나무	상기의 1.25배		

단, 제2종 안전난간의 경우에는 상기 표에 나타낸 허용응력의 80퍼센트 이상의 값으로 한다.

제34조(조립 또는 부착)

안전난간의 결속 및 조립은 다음 각 호에 정한 바에 의한다.

1. 안전난간의 각부재는 탈락, 미끄러짐 등이 발생하지 않도록 확실하게 설치하고, 상부난간대는 용이하게 회전하지 않도록 한다.
2. 상부난간대, 중간대 또는 띠장목에 이음재를 사용할 때에는 그 이음부분이 이탈되지 않도록 한다.
3. 난간기둥의 설치는 작업바닥에 대해 수직으로 한다. 또한 작업바닥의 바닥재료에 직접 설치할 경우 작업바닥은 비틀림, 전도, 부풀음 등이 없는 견고한 것으로 한다.

제35조(주의)

1. 안전난간은 함부로 제거해서는 안 된다. 단, 작업형편상 부득이 제거할 경우에는 작업종료 즉시 원상복구하도록 한다.
2. 안전난간을 안전대의 로프, 지지로프, 서포트, 벽연결, 비계판 등의 지지점 또는 자재 운반용 걸이로서 사용하면 안 된다.
3. 안전난간에 재료 등을 기대어 두어서는 안 된다.
4. 상부난간대 또는 중간대를 밟고 승강해서는 안 된다.

제36조(재검토기한)

이 고시에 대하여 2016년 1월 1일 기준으로 매3년이 되는 시점(매 3년째의 12월 31일까지를 말한다)마다 그 타당성을 검토하여 개선 등의 조치를 하여야 한다.

실전면접 대응자료

ACTUAL
INTERVIEW

Occupational Safety Instructor

[1] 계절 · 시사성

Q 1.
장마철 건설현장의 재해예방대책에 대하여 설명하세요.

답변 : 우리나라에서 장마철은 6월 하순부터 7월까지 지속적으로 비가 내리는 시기를 의미합니다. 장마철에는 지반 내부로 우수가 침투하여 지하수위 상승으로 지반의 전단강도가 약화되며, 그로 인해 기초의 부등침하, 사면 파괴, 흙막이 등의 붕괴가 우려되고, 고온다습한 기후로 인하여 근로자에게는 열사병 등의 건강 장해가 발생하며, 미생물의 증식 및 부패로 식중독, 질식 등의 재해가 증가되는 시기입니다. 장마철 대책으로는 장마가 오기 전 현장에 수방자재를 비축하고 비상연락망을 작성하여 사무실에 비치해야 합니다. 또한 취약지구인 축대, 옹벽, 깎기 및 쌓기 사면과 세굴 우려가 있는 기초지반을 점검하고 보완작업을 실시하여, 침사지 설치 및 배수로 등의 정비로 수해 피해를 방지해야 합니다. 장마철이 지난 후 발생하는 국지성 호우로 인한 피해가 더 심각하므로 항상 일기예보를 면밀히 분석하여 여름철이 끝날 때까지 긴장의 끈을 놓지 말아야 하겠습니다.

Q 2.
3대 악성 사고사망의 예방대책에 대하여 설명하세요.

답변 : 건설업의 3대 악성 사고사망 요인은 충돌, 추락, 질식입니다. 충돌은 지게차, 트럭, 굴삭기 운행 중 발생하여 반드시 유자격자가 운전하고 전후방 시야가 확보되어야 하며 좌석 안전띠를 착용하고 운전해야 합니다. 추락사고는 비계, 지붕, 개구부, 사다리 등에서 자주 발생하므로 작업발판, 안전난간, 개구부 덮개를 설치하고 여름철에는 폭염으로 인한 밀폐공간에서의 질식 재해가 발생하므로 작업 전 환기, 산소농도 측정, 구조 시 송기마스크를 착용하여 재해를 예방해야 하겠습니다.

Q 3.
폭염주의보, 폭염경보 발령 시 조치기준에 대하여 설명하세요.

답변 : 건설현장의 특성상 옥외작업이 많아 여름철 직사광선에 노출되어 열사병에 걸리는 경우가 많으므로 주기적으로 근로자의 보건상태를 점검해야 합니다.

폭염주의보는 일최고기온 33도 이상이 2일 이상 지속이 예상될 시 발령되고, 폭염경보는 일최고기온 35도 이상이 2일 이상 지속이 예상될 시 발령되므로 폭염특보 발령 시에는 14~17시까지 옥외작업을 자제하고 더위 휴식시간제인 하트 브레이크(Heat Break)를 적용하여 1시간당 10~15분의 휴식을 취하고 작업시간을 조정해야 합니다. 휴게시설에는 선풍기, 에어컨, 깨끗한 물과 식염수를 비치하고 「산업안전보건법」 개정에 따른 아이스조끼, 쿨토시, 빙설 제조기 등을 지급하며 그늘, 휴식처를 제공하여 열사병에 의한 재해를 예방하여야 하겠습니다.

Occupational Safety Instructor

[2] 산업안전보건법 및 건설기술 진흥법

Q 1.
건설안전법상 안전점검 · 안전진단에 대하여 설명하세요.

답변 : 「산업안전보건법」에는 매일 수시로 하는 일상점검과 정기점검, 특별점검, 임시점검을 제시하고 있으며, 안전보건진단은 명령진단과 자율진단으로 구분하고 있습니다. 「건설기술 진흥법」에는 자체안전점검과 안전관리계획서에 계획된 정기안전점검, 정기안전점검 결과 필요시 시행하는 정밀안전점검, 준공 직전에 실시하는 초기점검과 1년 이상 공사 중단 후 재개 시 관리주체의 필요에 따라 정기안전점검 수준 이상으로 시행하는 공사 재개 전 점검을 제시하고 있습니다.
「시설물안전 및 유지관리에 관한 특별법」상의 정기점검은 1, 2, 3종 시설물에 대하여 a, b, c등급은 반기당 1회, d, e등급은 해빙기, 우기, 동절기 3회 실시하며, 정밀점검은 1, 2종 시설물에 대하여 a등급, b, c등급, d, e등급으로 구분하여 건축물은 4년, 3년, 2년에, 1회 시설물은 3년, 2년, 1년에 1회 실시하며, 정밀안전진단은 1종 시설물에 대하여 a등급, b, c등급, d, e등급 각각 6년, 5년, 4년에 1회씩 실시하고 긴급점검은 관리주체의 필요시 실시하며 성능평가는 5년에 1회 실시합니다.

Q 2.
유해위험기계의 안전점검 주기와 검사 항목, 특별안전검사 항목에 대하여 설명하세요.

답변 : 유해위험기계의 설치 이전 시에는 이동식을 제외한 크레인, 리프트, 곤돌라는 6개월마다 안전점검을 실시하고, 구조 변경 시에는 이동식 크레인, 고소작업대 등은 최초 3년 이내에 최초로 실시하고 이후 2년마다 실시합니다. 안전점검 항목에는 기계의 작동상태, 기계의 설치상태, 외관검사, 제동장치, 전기장치, 방호장치 등이 있으며, 특별안전검사 항목으로는 컨베이어의 이탈 방지장치, 역주행 방지장치, 스토퍼(Stopper)와 산업용 로봇의 안전매트, 방호울 등이 있습니다.

Q 3.
유해위험방지계획서의 작성대상을 설명하세요.

답변 : 건설공사의 사전 안전성 평가제도는 설계단계부터 안전관리체계를 정기적으로 점검하는 제도로, 「산업안전보건법」에서는 위해위험방지계획서, 「건설기술 진흥법」에서는 안전관리계획서의 작성을 의무화하고 있습니다. 유해위험방지계획서는 착공 전 공단에 2부 제출하여 승인을 받은 후 공사에 착공하며, 제출대상 사업장은 지상높이 31m 이상의 건축물 또는 인공구조물, 연면적 3만 m^2 이상인 건축물, 연면적 5천 m^2 이상인 문화 집회시설, 최대지간길이 50m 이상의 교량공사, 깊이 10m 이상의 굴착공사, 터널공사, 다목적댐, 발전용 댐, 저수용량 2천만 톤 이상의 용수전용댐이 해당됩니다.

Q 4.
밀폐공간의 적정 공기수준을 설명하세요.

답변 : 산소결핍, 유해가스로 인한 질식, 화재, 폭발 등의 위험이 있는 장소를 밀폐공간이라 하며, 이러한 밀폐공간에서는 작업 전과 작업 중 수시로 유해가스 농도를 측정해야 합니다. 적정 공기수준은 산소농도 18~23.5%, 탄산가스 1.5% 미만, 일산화탄소 30ppm 미만, 황화수소 10ppm 미만으로 관리하여야 합니다.

Q 5.
건설사고 신고대상에 대하여 설명하세요.

답변 : 건설사고의 신고는 사망자 3인 및 부상자 10인 이상 발생 시 붕괴전도로 재시공이 필요한 사고인 중대건설사고에 대하여 국토교통부에 제출하게 되어 있었으나 2019년 7월 1일부터 적용된 「건설기술 진흥법」에서는 사망 또는 3일 이상의 휴업이 필요한 인명피해, 1천만 원 이상의 재산피해가 발생한 모든 건설사고에 대하여 국토교통부에 신고함으로써 건설사고의 통계관리와 DB 구축으로 DFS 및 현장에서 동종 유사해재를 예방하는 자료로 활용할 수 있도록 하였습니다.

Q 6.
위험성 평가에 대하여 설명하세요.

답변 : 위험성 평가란 부상 및 질병으로 이어질 수 있는 위험성의 크기가 허용 가능한 범위인지 평가하고 근로자에 대한 위험 또는 건강장해를 방지하기 위한 조치를 취하는 제도로서 유해위험요인을 파악하고 가능성과 중대성에 대한 점수 산정으로 위험성을 추정하여 허용 가능 여부의 결정에 따라 위험성 감소대책을 수립 · 시행하는 제도입니다. 위험성 평가 원칙은 첫째, 위험성을 없애고, 둘째 위험성이 큰 것부터 감소대책을 이행하며, 셋째, 법규 위반, 긴급한 위험을 우선적으로 개선하고, 넷째, 노사협력으로 전원 참가를 실행하고, 다섯째, 위험성 평가를 사전에 실시함을 원칙으로 합니다.

Q 7.
건설공사 발주자의 산재 예방조치에 대하여 설명하세요.

답변 : 건설공사 재해예방을 위하여 계획, 설계, 시공단계에서 발주자의 안전보건에 대한 의무를 부여하는 제도로서 발주자는 계획단계에서 기본안전보건대장을 작성하여 설계단계 시 설계자에게 지급하여 설계안전보건대장을 작성케 하며 공사단계에서는 시공자에게 설계안전보건대장을 지급하여 공사안전보건대장을 작성토록하여 이행상태를 확인 · 점검함으로써 건설공사의 산재 발생을 예방하는 제도입니다. 2019년 6월 1일부터 시행되었으며, 「건설기술 진흥법」의 DFS와 연계하여 유해위험요소를 사전에 발굴 · 제거함으로써 재해를 예방하는 제도입니다.

Q 8.
설계 변경 요청제도에 대하여 설명하세요.

답변 : 재해 발생 위험이 높은 가설구조물의 붕괴 등 안전성 의심 시 전문가의 검토를 받아 안전성 확보를 위한 설계 변경을 요청할 수 있으며 특별한 사유가 없는 한 이를 반영하여야 하는 제도로서 높이 31m 이상의 비계, 작업발판 일체형 거푸집, 높이 6m 이상의 거푸집 · 동바리, 터널 지보공, 높이 2m 이상의 흙막이 지보공, 동력 사용 가설구조물 등에 대하여 건축구조, 토목구조, 토질 및 기초 기술사 등의 검토를 받아 설계 변경할 수 있는 제도입니다.

Q 9.
KOSHA-MS에 대하여 설명하세요.

답변 : 2018년 국제표준화 기구에서 국제규격 ISO45001을 공표함에 따라 그간 운영해 오던 KOSHA18001에 ISO45001을 반영하고 사업장의 현장 작동성을 높이고자 도입된 제도로서 국제표준 ISO45001 인증기준체계의 반영으로 향후 사업장에서 국제표준 인증 취득 시 전환이 수월하고 사망사고 감축을 목표로 하는 정부기조에 부합되도록 재해율 기준 인증 취소요건이 사고사망만인율로 변경되었습니다.
평가항목은 안전보건경영체제 분야 18개 항목, 안전보건 활동 15개 항목, 경영층 현장 관리자 등 관계자 면담 6개 항목 등 총 39개 항목입니다.

Occupational Safety Instructor

[3] 안전관리

Q 1.
안전교육의 종류와 내용에 대하여 설명하세요.

답변 : 안전교육에는 정기안전교육, 채용 시 교육, 작업내용 변경 시 교육, 특별안전교육, 건설업 기초안전보건교육이 있습니다. 정기교육은 매 분기 6시간 이상, 채용 시는 8시간, 작업내용 변경 시는 2시간 이상, 특별안전교육은 2시간 이상, 건설업 기초안전교육은 4시간 이상을 실시하며, 기계 · 기구 위험성과 작업순서, 사고 발생 시 조치사항, MSDS, 작업방법 등과 「산업안전보건법」 내용을 교육합니다.

Q 2.
특별안전보건교육에 대하여 설명하세요.

답변 : 특별안전보건교육은 거푸집 · 동바리의 설치 · 해체작업, 비계 설치 · 해체작업, 용접 · 용단작업, 밀폐공간 작업, 2m 이상 굴착작업, 1ton 이상 크레인 사용 작업, 흙막이 지보공, 터널 굴착작업 등을 시행할 때 해당 작업 시작 전 2시간 이상 교육하는 것으로 작업방법, 기계작동법, 사고 발생 시 조치사항 등 및 대상작업의 안전보건 조치 등에 대하여 교육하는 것을 말합니다.

Q 3.
하인리히와 버드의 연쇄성 이론에 대하여 설명하세요.

답변 : 하인리히는 재해 발생을 사고요인의 연쇄반응의 결과로 보고 도미노 이론을 제시하였으며, 버드는 손실제어요인의 연쇄반응 결과로 재해가 발생한다고 제시하였습니다. 하인리히는 불안전한 행동, 불안전한 상태를 제거하면 재해는 예방된다고 하였고, 버드는 기본적인 4M, 즉 인적(Man), 설비적(Machine), 작업적(Media), 관리적(Management) 요인에서 사고요인을 제거하고 관리를 철저히 하면 재해는 예방된다고 주장하였지만 현재의 재해 형태는 복합형으로 발생하므로 커트 레빈의 인간행동 방정식에서 인적 요인 및 환경 요인을 개선하고 기능(Function)의 설계단계 DFS에서 재해요인을 제거하여야만 재해를 예방할 수 있다고 생각합니다.

Q 4.
재해통계 분석방법에 대하여 설명하세요.

답변 : 재해통계 분석은 동종 · 유사재해를 예방하기 위한 DB 구축으로 정성적 재해통계 분석과 정량적 재해통계 분석방법이 있으며, 정성적 재해통계 분석에는 파레토도, 특성요인도, 크로스도, 관리도법이 있고, 정량적 재해통계 분석에는 연천인율, 빈도율, 강도율과 종합재해지수 FSI가 있습니다. 재해통계 분석자료는 현장의 안전교육자료로 활용하며 설계 시 DFS에서 유해위험요인을 도출할 경우에 활용하여 동종 · 유사재해를 예방해야 합니다.

Q 5.
정량적 재해통계 분석방법에 대하여 설명하세요.

답변 : 재해통계 분석에는 정성적 재해통계 분석과 정량적 재해통계 분석방법이 있으며, 정성적 재해통계 분석에는 파레토도, 특성요인도, 크로스도, 관리도법이 있고, 정량적 재해통계 분석에는 연천인율, 빈도율, 강도율과 종합재해지수 FSI가 있습니다. 정량적 재해통계 방식 중 연천인율은 재해지수를 연평균 근로자 수로 나누어 평균 1,000인당 몇 건의 재해가 발생하였는 가를 나타내는 것이며, 도수율은 빈도율이라고도 하는데 재해건수를 연근로시간수로 나누어 1,000,000인시를 기준으로 한 재해의 발생 건수를 나타냅니다. 강도율은 근로손실일수를 연근로시간수로 나누어 1,000시간당 발생한 근로손실일수로 나타내며, 종합재해지수는 빈도율과 강도율을 곱하여 지수로 나타낸 것으로 기업체에서 각 부서별로 안전경쟁제도를 실시할 때 안전성적의 기준으로 사용 시 효과가 있습니다.

Occupational Safety Instructor

[4] 보호구

Q 1.
보호구의 종류와 방진마스크에 대하여 설명하세요.

답변 : 보호구란 각종 위험에서 사람을 보호하기 위한 목적으로 신체에 착용하는 장비를 말합니다. 안전보호구와 위생보호구로 분류되는데 안전보호구에는 안전장갑, 안전모, 안전대, 안전화 등이 있으며, 위생보호구에는 보안경, 방진마스크, 송기마스크 등이 있습니다. 보호구는 착용이 간편하고 작업에 방해가 되지 않아야 하며 방호 성능이 충분해야 합니다. 방진마스크는 특급, 1급, 2급으로 분류되며 특급은 석면해체 등 독성 발암물질 발생장소에서 작업 시 지급하고 1급은 용접, 주물 등 열적 · 기계적 분진 발생 장소 등에서 지급하며, 2급은 토석, 암석, 시멘트 작업 등 특급, 1급 이외의 작업장소에서 작업 시 지급하여야 합니다.

산소 농도 18% 이하의 장소에서는 송기마스크로 변경지급하며, 유해가스 증기, 휘발성 미스트 발생 작업장 및 방사성 물질 작업장에서는 별도의 방호장치를 지급하여야 합니다.

Q 2.
안전대 및 최하사점에 대하여 설명하세요.

답변 : 안전대란 2m 이상의 고소작업 시 추락에 의한 위험을 방지하기 위하여 사용하는 보호구로서 U자 걸이 전용, 한줄 걸이 전용인 벨트식과 안전그네식이 있으며, 벨트식은 추락 시 허리 등의 손상이 크므로 안전그네식을 지급해야 합니다. 지급 시에는 안전인증 제품인지를 확인하고 손상 유무 등을 점검해야 하는데 로프는 소선이 손상된 것, 벨트는 1mm 이상 손상 및 변형된 것, 재봉부분은 재봉실이 1개소 이상 절단된 것, D링, 훅, 버클 등은 1mm 이상 손상된 것은 폐기하여야 합니다.

한줄 걸이 안전대를 착용하고 작업 시에는 최하사점에 대하여 고려해야 하는데 로프의 길이와 로프의 신장길이, 작업자 키의 1/2의 합이 지지로프 위치에서 바닥면 까지의 높이보다 짧아야 안전하다고 하겠습니다.

Occupational Safety Instructor

[5] 가설공사

Q 1.
가설통로의 종류와 설치기준에 대하여 설명하세요.

답변 : 가설통로에는 경사로, 계단, 사다리, 승강로가 있으며 경사로는 경사각 30도 이내에 15도 초과 시 미끄럼 막이를 설치하여야 하고, 계단은 경사각 30~60도 이내로 설치하며, 높이 3m 이내에 너비 1.2m의 참을 설치해야 합니다. 사다리는 경사각 75도 이하로 상단에 걸쳐 놓은 위치에서 60cm 이상 올라가게 설치하고 승강기는 수직으로 높이 30cm, 폭 30cm 이상의 트랩과 수직 구명줄을 병설하여 안전대를 부착해야 합니다.

Q 2.
교량 슬래브 시공 시 낙하물 방지망의 설치기준을 설명하세요.

답변 : 낙하물 방지망은 상부에서 떨어지는 낙하물이 하부에 직접 떨어져 하부 작업자에게 피해를 주지 않게 하기 위하여 설치하는 것으로 지지대는 48.6mm 단관비계를 사용하며 각도는 20~30도로, 내민길이는 2m 이상 되어야 하며, 건축물에서는 지상에서 8m 내에 첫단을 설치하고 다음 단은 10m 이내에 설치합니다.

Q 3.
추락방호망에 대하여 설명하세요.

답변 : 추락 사망사고 방지를 위하여 설치하는 추락방호망은 메시시트형, 그물망형, 밴드형의 수직형과 수평으로 설치하는 형태가 있는데 그물코, 테두리로프, 달기로프 등으로 구성되며, 설치 시 달기로프 인장은 1차 인장 시 2.4kN, 2차 인장 시 48시간 후 2.4kN으로 당기고 130시간 후 감소 하중이 20% 이하이어야 합니다.

방망은 KS 제품을 사용하여야 하며 방망사의 강도는 그물코 크기 10cm 기준 매듭이 없는 것은 신품 240kg 폐기 시 150kg이며 매듭이 있는 것은 신품 200kg 폐기 시 135kg 이하이고 그물코 5cm의 매듭이 있는 것은 신품 110kg 폐기 시 60kg 이하입니다.

Q 4.
추락사고를 방지하기 위한 조치에는 어떤 방법이 있는지 설명하세요.

답변 : 건설현장의 추락 사망자 수는 전체의 54.5%로 절반 이상을 차지합니다. 사고는 작업대 등의 가설구조물, 20억 미만의 소형 현장, 공종은 건축공사, 공공보다는 민간공사에서 많이 발생하는데 원인으로는 작업자의 부주의가 가장 많고 작업대 파손, 작업환경 불량 등의 순으로 발생하는 것으로 통계가 나와 있습니다.
정부의 '22년 건설현장 추락사고 사망자 50% 감축(17년 대비)' 추진정책에 맞추어 4월에 발표된 주요 지침은 작업발판 일체형 비계, 즉 시스템 비계를 설계단계에서 반영할 것, 미반영된 기존 현장도 설계 변경하여 반영시킬 것과 IoT 등 첨단기술을 활용한 스마트 안전장비를 사용할 수 있도록 설계 반영할 것 및 사전작업허가제, 안전수칙 위반자 의무교육, 데코플레이트 공사의 안전성 확보 방침 등이 발표되었습니다.
그러나 추락사고는 작업자의 부주의로 발생하는 사례가 가장 많으므로 근로자의 안전교육을 강화하고 작업발판, 안전난간, 추락 · 낙하방지망 등을 기준에 맞추어 설치 및 관리하며 사다리는 이동 통로로만 사용해야 합니다. 무엇보다 추락사고 예방을 위한 현장 조치가 가장 중요하므로 개구부 등은 발생 즉시 덮개를 설치해야 합니다.

Q 5.
와이어로프 및 달기체인의 사용금지 기준에 대하여 설명하세요.

답변 : 양중기, 달비계 등에서 사용하는 와이어로프는 사용 전 점검해야 하는데 폐기 기준은 이음새가 있는 것, 한 가닥 소선 수가 10% 이상 절단된 것, 공칭지름이 7%를 초과하여 지름이 감소한 것, 심하게 변형 · 부식된 것은 폐기해야 하며, 달기체인은 전체 길이의 5% 이상 늘어난 것, 단면 감소가 10% 초과된 것, 심하게 변형된 것, 균열이 발생된 것은 폐기해야 합니다.

Q 6.
가설구조물에 작용하는 하중의 종류에는 무엇이 있는지 설명하세요.

답변 : 가설구조물의 설치 시에는 「건설기술 진흥법」에 따라 구조 안전성을 검토해야 하며 구조 검토 시 고려해야 할 가설구조물에 작용하는 하중은 수직 · 수평의 풍하중, 고정하중, 충격하중, 작업하중, 설하중 등의 연직하중과 작업 시 진동 · 충격 · 시공오차의 편심 등에 의한 수평방향 하중 및 기타 지진하중이 있습니다.

Occupational Safety Instructor

[6] 건설기계

Q 1.
5대 건설기계의 종류와 지게차 안전대책에 대하여 설명하세요.

답변 : 건설현장의 5대 건설기계로는 고소작업대, 굴삭기, 이동식 크레인, 지게차, 트럭이 있습니다. 지게차는 화물의 적재, 운반, 하역 등에 이용하는 건설기계로서 재해유형은 운행 중 보행자와의 충돌, 상 · 하차작업 중 전도, 적재화물의 붕괴, 포크 위 탑승으로 인한 추락 등이 있으며, 운전자격이 없는 사람의 운전으로 인한 조작미숙, 안전장치 미부착 등으로 인한 재해가 발생하므로 3톤 이상은 건설기계조종사 면허, 3톤 미만은 소형건설기계조종사 면허 소지자가 운전해야 하고 안전띠, 후미등, 헤드가드, 백레스트 등의 안전장치를 설치한 후 운행해야 합니다. 운행 중에는 운전자의 시야가 확보될 수 있도록 과다적재하지 않고 급선회 금지 및 운반 시 운행속도를 준수해야 하며 키는 1인이 관리하고 휴식 시에는 반드시 키를 뽑아 운전자가 관리해야 합니다. 또한 「산업안전보건기준에 관한 규칙」의 지게차 관련 입법예고 사항에는 후방시야 확보를 위한 안전장치 설치 부착 의무화와 건설기계조종사 면허가 필요 없는 전동식 지게차에 대하여 소형건설기계조종 교육기관에서 교육을 이수토록 명시되었습니다.

Q 2.
타워크레인의 안전작업기준에 대하여 설명하세요.

답변 : 타워크레인은 동력을 사용하여 중량물을 달아 올리거나 수평으로 운반하는 건설기계로 마스트, 지브, 텔레스코픽 케이지, 평행추로 구성되며 벽체 지지방식과 와이어로프 지지방식이 있습니다.

타워크레인의 작업주체별 대여자는 안전작업 절차를 서면으로 발급해야 하며 대여받는 자는 장비 간 인접건물의 충돌 방지를 위하여 충돌 방지장치를 설치해야 합니다. 설치 · 해체 · 상승 시 영상 기록을 보존하며, 2020년 1월부터는 타워크레인의 설치 · 해체 시에는 고용노동부장관에게 등록된 자가 시행해야 한다고 규정하고 있습니다.

Occupational Safety Instructor

[7] 철근

Q 1.
평형철근비에 대하여 설명하세요.

답변 : 굽힘을 받는 철근콘크리트 단면에서 압축 측 콘크리트와 인장철근이 동시에 각각 압축인장 허용한계가 되도록 배근되었을 때의 인장 철근비를 평형철근비라 합니다. 과소철근 배근 시 연성 파괴가 일어나고 과대철근 배근 시 취성 파괴가 일어나므로 평형 철근비로 설계해야 하나 최대 철근비를 정하여 철근비를 제한하는 이유는 구조물의 안전성을 확보하기 위하여 연성 파괴를 유도하기 위함입니다.

Occupational Safety Instructor

[8] 거푸집

Q 1.
거푸집 · 동바리 존치기간에 대하여 설명하세요.

답변 : 콘크리트 타설 후 거푸집 · 동바리의 존치기간이 필요한 이유는 조기 해체 시 콘크리트의 붕괴사고 및 구조물의 균열이 발생하여 내구성이 저하되고, 장기간 방치 시 거푸집 · 동바리의 경제성이 저하되므로 적정한 기간을 맞추어야 합니다.

존치기간은 보통 현장에서 안전성을 유지하기 위하여 압축강도 시험 후 거푸집 · 동바리 해체 시기를 정하는데 기둥, 벽 등 수직부재는 5MPa 이상, 슬래브, 보 등 수평부재는 설계기준 강도 2/3 이상 또는 14MPa 이상일 때 해체하며, 압축강도 시험을 하지 않을 때는 보통포틀랜드시멘트 기준으로 20도 이상일 시 3일, 10～20도에서는 4일 후 해체를 결정합니다.

Q 2.
거푸집 · 동바리의 안전성 검토에 대하여 설명하세요.

답변 : 가설구조물의 구조적 안전성 확인대상은 높이가 31m 이상인 비계, 작업발판 일체형 거푸집, 5m 이상의 거푸집 및 동바리, 터널의 지보공 또는 3m 이상인 흙막이 지보공, 동력을 이용하여 움직이는 가설구조물입니다. 거푸집 · 동바리의 안전성 검토는 하중 계산, 응력 계산, 단면 계산, 부분 상세시공도(Shop Drawing) 순으로 실시하며 검토항목 중 첫째 하중 검토항목은 연직하중으로 고정하중, 충격하중, 작업하중이며 횡하중은 고정하중의 2%를 적용하고 측압, 기타 설하중 유수압이 있으며, 둘째로 강도 검토, 셋째로 처짐 검토, 넷째로 특수 안전성 검토항목으로 지진, 풍하중, 진동, 충격, 편심에 대하여 검토되어야 합니다. 거푸집 · 동바리의 안전성 검토는 안전관리계획 수립 시 작성되어야 하며 전문 기술사의 확인이 필요하고 설계 누락 시에는 설계 변경을 통한 반영으로 공사 중 안전성을 확보하여야 합니다.

Occupational Safety Instructor

[9] 콘크리트

Q1.
블리딩(Bleeding)와 레이턴스(Laitance)에 대하여 설명하세요.

답변 : 블리딩은 굳지 않은 콘크리트의 재료분리 현상으로 시멘트와 골재의 침강으로 표면에 물이 상승하는 현상을 말하며, 레이턴스는 블리딩 발생 시 시멘트 골재 중의 미립자가 표면에 가라앉는 현상으로 문제점은 블리딩 발생 시 거푸집 표면에 채널링(Channeling)이 발생하고 레이턴스는 강도가 없으며 수밀성이 저하된다는 것입니다. 이러한 형상은 W/B가 높을 때 또는 골재 중 유해물질이 혼입되었을 때 발생하며 W/B를 적게 하고 AE제를 사용하며 이어치기 시에는 워터제트(Water Jet) 등으로 제거 후 타설합니다. 이러한 과정은 콘크리트 강도, 수밀성에는 좋지 않으나 표면 마무리 작업에는 유효하게 작용하는 양면성이 있습니다.

Q2.
온도균열에 대하여 설명하세요.

답변 : 온도균열은 매스콘크리트(Mass Concrete)에서 주로 발생되며 양생 시 콘크리트의 내외부 온도차에 의하여 외부는 압축되고 내부는 인장응력으로 인해 온도균열이 발생하는데 특히 동절기에 많이 발생됩니다. 온도균열은 초기균열로서 균열부의 수분 침투로 철근의 부식, 팽창이 일어나 균열이 가속화되어 구조물의 내구성, 수밀성이 저하되고 그로 인해 구조물에 열화가 발생하여 수명이 단축됩니다. 이를 예방하기 위해서는 양생 시 습윤양생 및 프리쿨링(Pre-Cooling), 파이프쿨링(Pipe-Cooling)으로 내외부 온도차를 25도 이하로 유지시켜 온도균열을 예방해야 합니다.

Q 3.
콘크리트 균열 발생 시 대책에 대하여 설명하세요.

답변 : 콘크리트 균열은 초기균열과 장기균열로 분류되는데 초기균열은 소성수축균열, 침하균열, 거푸집 변형, 진동 등에 의한 물리적 요인이 있겠으며, 장기균열은 건조수축균열과 동결융해, 크리프(Creep) 등의 물리적 요인과 탄산화 AAR, 염해 등의 화학적 요인으로 인하여 발생합니다. 철근콘크리트에 균열이 발생하면 수분이 침투하여 철근의 부식으로 체적이 2.6배 정도 팽창하면서 균열이 가속화되고 콘크리트의 열화가 진행되어 구조물의 내구성이 저하됩니다. 콘크리트 타설 후 거푸집 해체 시 균열을 조사하여 균열관리대장을 작성하고 1주에서 1개월 간격으로 재조사하여 균열의 진행성 여부를 판단하며, 진행이 종료되면 균열의 크기에 따라 비구조적 균열은 국부치환공법, 표면처리공법, 충진공법, 주입공법 등을 적용하여 보수하고 구조적으로 문제가 될 정도의 균열은 정밀점검 또는 1, 2종 시설물에 대하여는 정밀안전진단을 실시하여 강판 부착, 탄소섬유시트 보강, 단면 보강, 프리스레싱(Prestressing) 등의 보강공법 등을 적용하여 구조물의 기능 및 내하력을 유지 · 증진시켜야 합니다.

Q 4.
콘크리트 비파괴 시험의 종류에 대하여 설명하세요.

답변 : 콘크리트의 비파괴 시험은 기존 구조물의 건전도 평가 시 콘크리트의 강도, 내구성을 조사하기 위한 방법으로 강도 추정에는 반발경도법, 초음파법, 복합법, 인발법이 있으며, 내부검사에는 초음파 탐상, 방사선 투과법이 있고, 표면검사에는 육안측정법이 있습니다. 슈미트 해머(Schmidthammer)로 하는 반발경도법은 신뢰도가 떨어지므로 초음파법과 같이 실시하는 복합법을 주로 사용하며, 다수 측 측정으로 평균값을 적용하여 정밀도를 높이는 방법을 택해야 합니다.

반발경도법은 측정면을 청소하고 3cm 간격으로 가로 4개, 세로 5개의 총 20개를 측정하여 평균치보다 ±20% 이상은 버리고 재평균한 값을 콘크리트 강도로 계산합니다.

Q 5.
콘크리트 복합열화에 대하여 설명하세요.

답변 : 콘크리트의 복합열화는 내적 · 외적 요인 등의 복합적 원인에 의하여 내구성이 저하되는 현상입니다. 내적 요인으로는 AAR, 철근 부식, 화학적 침식 등이 있으며, 외적 요인으로서 물리적으로는 열, 동해, 하중, 진동, 충격 등이 있고, 화학적으로는 탄산화 및 염해가 있습니다. 복합열화 발생 시에는 균열이 일어나 유효 단면적 감소로 응력이 증가하여 내구성이 저하되는 현상이 나타나므로 콘크리트의 생산, 타설, 양생의 전 과정에서 품질관리를 철저히 해야 합니다.

Q 6.
콘크리트 크리프(Creep)에 대하여 설명하세요.

답변 : 일정한 크기의 하중이 지속적으로 작용할 때 하중의 증가가 없어도 시간이 경과함에 따라 콘크리트의 변형이 증가하는 현상을 말하는 것으로 콘크리트에 하중을 재하하면 탄성 변형이 발생하고 하중을 유지하면 크리프 변형이 생기며 하중을 제거하면 탄성이 회복 되고 시간 경화 후에는 크리프가 회복되는 과정에 의하여 발생합니다. 크리프가 발생하면 변형, 균열, 처짐이 발생하여 심할 경우 구조물이 변형, 붕괴되고 PS 강재의 긴장력이 손실되므로 압축 측에 가는 철근을 배치하고 설계 시 손실을 고려해야 합니다.

Q 7.
콘크리트 폭열에 대하여 설명하세요.

답변 : 콘크리트 폭열은 화재 시 고강도 콘크리트가 빠르게 가열되어 부재 표면이 폭발음과 함께 박리, 박락되는 현상으로 화재 시 상온 100℃에서는 자유간극수가 방출되고 200℃에서는 물리적 흡착수가 방출되며 300℃에서는 콘크리트가 손상되기 시작하고 400℃에서는 화학적 결합수가 방출되면서 폭렬 현상이 발생합니다. 폭렬 현상이 발생하면 강도 저하, 내구성 저하, 시설물의 붕괴가 일어나므로 콘크리트의 내화성능을 향상시키고, 섬유보강 콘크리트 타설 및 피복두께를 증가시켜 화재열에 대한 대비를 해야 합니다.

Q 8.
서중콘크리트에 대하여 설명하세요.

답변 : 서중콘크리트로 관리하여야 하는 기간을 일률적으로 정하기는 어려우나 콘크리트 타설 시 기온이 30℃를 넘으면 여러 가지 성상이 현저해지므로 이 평균기온이 25℃를 넘는 시기에 서중콘크리트로 시공할 수 있도록 준비해야 합니다. 기온이 높으면 슬럼프가 저하하고, 공기량이 감소하며 응결시간이 단축되고 워커빌리티(Wakability)가 저하됩니다. 또한 양생 중 수분의 급격한 증발로 건조수축 균열이 발생하며 온도 상승으로 온도 균열이 발생하므로 콘크리트 생산 시 시멘트, 물, 골재 등을 냉각시켜 배합하며 운반시간은 1시간 이내로 하고 타설 중 펌프 카 배관의 온도 상승 방지를 위하여 부직포 등으로 덮고 살수하며 양생 시에는 가능한 한 표면 마무리 직후 피막양생제를 살포하여 수분 증발을 예방하고 응결 후 양생포를 덮어 습윤양생을 실시합니다. 하절기 서중 콘크리트의 생산 및 타설 온도는 레미콘 공장 출하 시의 콘크리트 온도가 30℃ 이하가 되어야 하며, 현장 도착 후 타설 직전의 콘크리트 온도는 35℃ 이하가 되어야 합니다.

Q 9.
콜드 조인트(Cold Joint)에 대하여 설명하세요.

답변 : 콜드 조인트란 콘크리트 타설 시 기계 고장, 기상악화 등으로 타설이 중단되어 계획되지 않은 위치에서 발생되는 시공이음을 말하며 압축강도가 3.5MPa 이상 될 때 및 기온이 25℃ 이상일 경우 1시간 이상 타설이 지연될 때 발생합니다. 콜드 조인트 발생 시 접합면이 구조적으로 취약부가 되므로 경화 전에는 워터제트(Water Jet) 등으로 골재를 노출시키고 경화 후에는 치핑(Chipping)을 하고 물청소 후 이어치기를 실시해야 합니다. 여름철에는 콘크리트 타설 시 콜드 조인트가 자주 발생하므로 레미콘 수급방법, 콘크리트 타설공 교대조 편성, 펌프카 비상수급대책 등을 마련해야 합니다.

Occupational Safety Instructor

[10] 토공

Q 1.
액상화에 대하여 설명하세요.

답변 : 느슨한 포화 시질토 지반에서 진동하중 작용 시 과잉간극수압의 상승으로 유효응력이 저하되어 전단저항력이 상실됨으로써 액체와 같은 상태가 되는 현상을 말하며, 액상화 발생 시 구조물의 부등침하, 교대의 측방유동, 지중 매설관의 이탈, 파손 등이 발생합니다. 액상화의 원인은 내적으로는 입도 불량, 지하수위 상승이 있고 외적으로는 지진, 발파진동 등으로 인하여 일어나므로 치환공법 및 지하수위 저하공법, 구조물 기초를 파일(Pile) 기초로 시공하고 발파 시 미진동 발파공법을 적용하여 액상화 발생으로 인한 재해를 예방해야 합니다.

Q 2.
RQD(Rock Quality Designation)에 대하여 설명하세요.

답변 : RQD란 암반 시추 후 10cm 이상 되는 코어(Core) 길이 합계를 총 시추길이로 나눈 백분율로서 암반의 지지력 추정, 암반 분류방법으로 RMR, Q-SYSTEM, 일축압축 강도 등과 함께 사용됩니다.

Occupational Safety Instructor

[11] 연약지반

Q 1.
연약지반이에 대하여 설명하세요.

답변 : 연약지반이란 상부구조물의 하중을 지지할 수 없어 안전과 침하에 문제를 일으키는 지반으로 사질토는 N치가 10 이하이고 점성토는 4 이하인 지반을 말합니다. 쌓기 지반에서의 원호활동과 교대구조의 측방유동이 일어날 수 있으므로, 점성토는 치환, 강제압밀, 탈수, 배수, 고결공법 등을 적용하고, 사질토에서는 진동, 다짐, 폭파, 전압, 약액주입공법 등을 적용하여 연약지반을 개량한 후 도로, 구조물 등을 시공하여 부등침하, 전도, 붕괴 등을 예방해야 합니다.

Q 2.
다짐과 압밀의 차이점에 대하여 설명하세요.

답변 : 다짐과 사질토 지반에서 인위적인 압력을 가하여 흙속의 공기를 배출시켜 입자 간의 결합력을 치밀하게 하는 것을 의미합니다. 압밀이란 점성토 지반에서 흙속의 간극수를 소산시켜 흙이 시간 의존적으로 압축되는 것으로, 하중 재하 시부터 간극수 배출 시까지의 1차 압밀과 간극수 배출 이후 입자 재배열까지의 2차 압밀이 있습니다.

Occupational Safety Instructor

[12] 사면

Q 1.
사면의 안전점검기준 및 점검시기에 대하여 설명하세요.

답변 : 절토사면은 연직높이 50m 이상을 포함한 단일수평연장 200m 이상을 2종 시설물로 분류하며 정기안전점검은 2종 시설물일 경우 안전관리계획서에 명기된 횟수와 시기에 따라 실시합니다. 작업 전중후, 해빙기, 우기 전, 강우 후, 인근지역 발파 후 및 지진 발생 후에 점검하여 전 지표면을 답사하고 부석 변화 상태를 확인하며, 용수량 변화 및 보호공, 보강고의 변위를 확인합니다.

Q 2.
랜드 슬라이드(Land Slide)와 랜드 크리프(Land Creep)의 차이점을 설명하세요.

답변 : 랜드 슬라이드와 랜드 크리프는 산사태의 발생 형태로서 랜드 슬라이드는 호우, 지진으로 인한 전단응력의 증가로 풍화함, 사질토 급경사 사면에서 빠르고 순간적으로 발생하며 비교적 소형입니다.
랜드 크리프는 강우 후 일정 시간이 지나면 전단강도 감소로 파쇄대, 연질암 완경사 사면에서 느리고 연속적으로 발생하며 대형입니다.

Occupational Safety Instructor

[13] 흙막이

Q 1.
흙막이 계측의 종류와 방법을 설명하세요.

답변 : 계측의 목적은 시공 중 안정성 확보와 데이터베이스 구축으로 향후 설계 반영, 분쟁 발생 시 법적 근거자료를 마련하기 위하여 실시하며, 흙막이 계측 항목은 경사계, 지중수평변위계, 간극수압계, 토압계, 하중계, 변위계, 경사계(Tiltmeter), 저중경사계, 지표침하계, 균열계, 진동계, 소음측정계 등이 있으며, 계측 범위는 굴착깊이 $\times \tan(45^\circ - \phi/2)$ 이상 실시하고 인접구조물 및 시설물에 대하여 계측합니다.
계측 빈도는 계측기 설치 시 초기치를 측정하고, 공사 시작부터 굴착 완료 시까지 일 1~2회, 굴착 완료 시에서 변위 수렴 시까지는 주 1~2회, 변위 수렴 후에는 월 1~2회 실시합니다. 계측기가 현장 관리 기준치를 초과하면 공사를 중단하고 안전대책을 수립 · 시행 후 안전성이 확보되면 공사를 재개해야 합니다.

Q 2.
어스 앵커(Earth Anchor) 설치 시 안전관리 사항에 대하여 설명하세요.

답변 : 흙막이 벽 설치 시 띠장에 E/A를 설치하여 흙막이 벽을 지지하는 것으로 H-Pile 천공, 토류판 설치, 띠장 설치, E/A 천공, 강선 삽입, 1차 그라우팅, 양생, 인장시험, 정착, 2차 그라우팅을 실시하며, 안전관리 사항으로는 자재 반입 시 PS 강선, 정착구 등의 품질을 확인하고, 천공 시 공벽 보호를 위한 케이싱 삽입을 확인하며, 그라우팅 시 주입압 및 주입량을 확인한 후 모르타르 몰드를 만들어 3일 후 압축강도 시험을 하여 충분한 강도가 발휘되는지를 확인 후 인장을 합니다. 이때 인장력과 신장력이 설계치에 도달하는지를 확인 후 정착시켜야 합니다. 인장 시에는 인장기 후면에 사람이 없도록 조치해야 하며 인장 후 인장력이 유지되는지를 하중계를 설치하여 계측하여야 합니다.
E/A 설치 후 인장된 강선을 수시로 확인하여 인장력이 풀리는지를 꾸준히 확인하고 풀렸을 시에는 재인장 또는 보강 천공을 실시하여 안정성을 확보해야 합니다.

Q 3.
E/A와 S/N에 대하여 설명하세요.

답변 : 굴착면 또는 사면에 보강하는 공법으로 E/A는 인장력으로 토압을 지지하고 PS 강선을 사용하며 가설 및 영구 앵커로 사용됩니다. S/N은 지반을 보강하여 안정화시키며 D25 철근을 사용하고 사면보강 및 옹벽 등을 보강하는 데 쓰입니다.

Q 4.
히빙(Heaving)과 보일링(Boiling)에 대하여 설명하세요.

답변 : 히빙은 점토지반 굴착 시 흙막이 배면토와 굴착 저면 흙의 중량차 때문에 굴착 저면이 부풀어 오르는 현상을 말하며, 보일링은 투수성이 좋은 사질토 지반에서 흙막이 굴착 시 배면토와 굴착 저면의 수위차에 의해 굴착 저면에서 물과 모래가 유출되는 현상을 말합니다.
히빙, 보일링 발생 시 굴착 저면의 지지력 감소 및 주변지반 침하로 인하여 도로 파손, 인접구조물 변형, 지하매설물 등의 파손이 일어나므로 토질조사를 통한 설계 시 충분한 근입장을 확보하고 LW, SGR, JSP 등의 주입공법으로 지반 개량 및 차수를 실시하여 흙막이의 안전성을 확보해야 합니다.

Q 5.
안정액의 기능과 관리사항을 설명하세요.

답변 : 안정액은 굴착공사 중 굴착 벽면의 붕괴를 방지하고 지하수 유입을 억제시키는 비중이 큰 액체로서 농도 관리가 중요합니다.
안정액은 벤토나이트(Bentonite)와 CMC로 분류되며 벤토나이트는 함량 5% 이하의 점토 성분으로 염화물에 취약하여 해안, 항문공사에 불리하고 CMC는 함량 5% 이상의 펄프 성분으로 박테리아에 취약하여 하천공사에 불리합니다.
안정액이 관리되지 않으면 겔(Gel)화로 유동성이 떨어지고 이벽(Mud Cake) 발생으로 주면 마찰저항이 감소하며 일수현상이 발생하여 공벽이 붕괴되는 재해가 발생하므로 안정액은 농도관리, 공법에 맞는 안정액 선정, 점성 및 비중 1.02~1.07을 유지하고, 여과성 관리 및 안정액의 높이는 지하수위보다 1.2~1.5m 높게 유지해야 합니다.

Q 6.
도심지 흙막이공사 시 인접지반 침하 방지대책에 대하여 설명하세요.

답변 : 도심지 흙막이 지보공을 설치하면서 굴착공사를 진행할 때에는 사전에 지하안전영향평가를 실시하여 지반의 특성을 파악하고 설계 시 DFS에 반영해야 하며, 착공 전 안전관리계획서 작성 시 DFS 정보를 기반으로 인접지반 침하 방지대책을 포함하여야 합니다. 시공 중에는 근입장을 체크하고, 계측을 실시하여 인접지반의 거동을 파악하며 시공 완료 후에는 사후지하안전영향조사, 지반침하 위험도평가, 지하안전점검 등을 실시하여 지반 침하에 대한 안정성을 확보해야 합니다.

Occupational Safety Instructor

[14] 옹벽

Q1.
옹벽의 안정성 판정방법에 대하여 설명하세요.

답변 : 옹벽 구조물은 사면의 안정 확보 및 배후지 여유 확보를 위하여 설치하는 시설물로서 안정성 판정은 내적으로는 콘크리트의 균열, 열화, 지반의 누수, 세굴, 부등침하에 대하여 검토되어야 하고 외적으로는 활동, 전도, 지반 지지력에 대하여 검토되어야 합니다.

Q2.
보강토 옹벽의 파괴 유형별 안전대책을 설명하세요.

답변 : 보강토 옹벽은 점착력이 적은 흙에 인장강도가 큰 보강재를 삽입하여 전단저항력을 증대시킨 구조물로, 주요 피해유형으로 전면 배부름 현상이 발생할 수 있는데 뒤채움 재료가 불량하거나 그리드가 파단된 경우 허용범위 내에서는 지속적인 모니터링이 필요하며, 위험 시 배부름 부위의 부분적 보수방법과 그라우팅, 배수공 설치방법이 있습니다. 부분적 붕괴는 골재층의 우수 유입 및 집중하중으로 발생하므로 상단에 측구 시공 및 부분 재시공을 하며 장비, 차량 등의 근접 운행을 제한하여야 합니다. 안전성 검토 항목으로는 원호활동의 안정성, 지반 지지력, 보강재의 강도 인장력, 뒤채움 재료, 지하수 처리, 코너부 문제가 있습니다.

Occupational Safety Instructor

[15] 기초

Q 1.
부마찰력(Negative Skin Friction)에 대하여 설명하세요.

답변 : 말뚝의 부마찰력은 말뚝 주변 지반의 침하로 인해 하향으로 작용하는 주면 마찰력으로 지지력 감소 및 말뚝의 파손이 발생합니다. 원인은 지중에 연약층이 존재하거나 지하수위 저하 시 마찰말뚝에서 발생하며, 프리보링(Preboring) 후 말뚝을 삽입하고 시멘트밀크를 주입하는 공법을 적용하거나 슬립레이어 파일을 사용하고, 선단지지 말뚝으로 설계하며, 말뚝의 강성을 증대시키는 방법으로 대책을 세워야 합니다.

Q 2.
흙의 전단파괴 형태 및 특징에 대하여 설명하세요.

답변 : 흙의 전단파괴는 상부 구조물의 과도한 하중 및 연약지반에 의해 침하가 발생할 때 나타나는 현상으로 관입전단파괴, 국부전단파괴, 전반전단파괴의 형태가 있으며, 전단파괴를 방지하기 위해서는 연약지반은 치환하고 구조물의 기초형식을 파일(Pile) 기초 또는 전면 기초로 시공하며, 상부하중을 경감시키는 공법을 적용하여야 합니다. 전단파괴 발생 시에는 정밀안전진단을 실시하고 언더피닝(Underpinning) 공법 등을 적용하여 구조물의 안정성을 확보해야 합니다.

Q 3.
지하구조물의 부상 방지대책에 대하여 설명하세요.

답변 : 부력이란 지하수위 아래 물에 잠긴 구조물의 부피만큼 정수압이 상향으로 작용하는 힘을 말하며, 양압력이란 지하수위 아래에 있는 구조물 하부에서 상향으로 작용하는 물의 압력을 말합니다.

부력, 양압력은 기초저면에 지하 피압대수층이 존재하거나, 지반 내 불투수층 존재로 지하수위 상승, 기상여건으로 우수의 유입, 구조물 자체 자중 부족으로 발생하며 구조물의 기울어짐, 균열, 파손 등의 재해가 발생하므로 구조물 시공 시 영구앵커 시공, 마찰말뚝, 딥웰(Deep Well), 브래킷 설치, 구조물 자체 자중을 증대시키는 공법을 적용하여 부력, 양압력에 대한 대책을 세워야 합니다.

Occupational Safety Instructor

[16] 터널

Q1.
터널공사 시 재해유형 및 안전대책을 설명하세요.

답변 : 터널의 공법은 암반굴착 공법으로서 기계굴착은 TBM, 로드 헤더(Road Header)가 있으며 발파굴착은 NATM, 드릴 & 블라스팅(Drill & Blasting)이 있습니다. 또한 토사굴착 공법으로는 기계굴착으로 실드(Shield), 인력굴착으로 메서(Messor) 공법이 있습니다.

재해 유형은 지보 및 천공작업 시 추락재해와 부석 정리 중 지보공 부착 불량으로 인한 낙석 · 낙반 붕괴 등이 있으며 천공기, 버력 운반 시 충돌, 협착사고와 감전사고 등이 있습니다. 이것은 안전관리 조직의 미흡, 작업절차 및 신호체계 미준수로 인한 재해로서 전용 플랫폼(Flat Form) 설치, 안전거리 유지, 누전 차단기 등의 설치로 재해를 예방해야 합니다.

Q2.
숏크리트의 기능에 대해 설명하세요.

답변 : 숏크리트는 발파 굴착 직후 지반의 이완을 방지하기 위하여 즉시 시행하여야 하며, 이것은 콘크리트 아치(Arch)로서 하중 분담과 응력 집중의 방지, 굴착면의 풍화 및 낙반의 방지를 목적으로 하고 있습니다. 숏크리트 공법에는 건식과 습식이 있으며 반발량 및 분진 발생으로 인하여 현장에서는 주로 습식을 많이 사용하고 있습니다. 숏크리트 타설 중 발생하는 재해유형은 낙석 · 낙반에 의한 재해와 용수 발생으로 인한 숏크리트 박리, 리바운드에 의한 골재시멘트 비산, 타설두께 과다로 인한 숏크리트 붕괴, 분진으로 인한 호흡곤란 및 질식, 비계발판 등의 전도사고가 있으며 굴착면 및 강지보재와 밀착되게 타설하고 각도는 90도, 거리는 1m 이내에서 타설하여 리바운드를 최소화해야 합니다. 타설두께는 1회 7.5cm 이하로 하며 분진 농도 측정은 5m마다 5분 간격으로 $1m^3$당 5mg 이하로 관리하여 재해를 예방해야 합니다.

Q 3.
록볼트(Rock Bolt)의 기능에 대하여 설명하세요.

답변 : 록볼트는 터널의 지보재로서 봉합작용, 아치 형성작용, 내압작용, 지반 보강작용을 하는 역할을 합니다. 록볼트 길이는 록볼트 간격의 2배, 절리 간격의 3배, 터널 폭의 1/3 중 큰 길이로 선정하며 설치 시 낙석 · 낙반에 주의하고 천공 시 막장의 붕괴에 주의해야 하며, 연약지반 노출 시 사전 보강 후 시공해야 합니다.

Q 4.
여굴의 원인과 대책에 대하여 설명하세요.

답변 : 여굴은 터널굴착 시 설계굴착선보다 외측으로 부득이하게 생기는 공간으로 버력 양 증가 및 터널의 안전성에 영향을 줍니다. 여굴이 발생함으로써 버력 양이 증가하고 라이닝 물 양이 증가하며 굴착단면의 불안정과 토압의 불균형으로 인한 붕괴의 위험이 있으므로 암질에 따른 천공발파공법인 제어발파를 실시하여야 합니다. 설계굴착선 외측에 여굴을 고려하여 설정한 수량산출선을 지불선이라 하며, 여굴 기준은 아치부 15~20cm, 측벽부 10~15cm가 적정하겠습니다.

Q 5.
터널굴착 중 연약지반 발생 시 조치방법에 대하여 설명하세요.

답변 : 터널굴착 중 연약지반은 단층파쇄대에서 지내력 저하로 낙석 · 낙반이 발생하고 용수발생으로 인한 천단, 막장의 붕괴, 진행성 여굴에 의한 건조된 비점착성 토사 유출, 이상지압으로 인한 아칭 효과(Arching Effect) 감소로 재해가 발생할 수 있으므로 연약지반 발생 시에는 막장 전면에 숏크리트 및 록볼트를 시공하고 천단에는 포어폴링(Forepoling), 파이프 루프(Pipe Roof), 강관다단그라우팅을 실시하여 막장 안전을 확보해야 합니다. 용수 발생 시에는 배수파이프, 딥웰(Deep Well), 웰포인트(Well Point) 등 배수 수발공을 설치하고 약액 주입으로 흘러나오는 물을 막아야 합니다.

Q 6.
터널 작업환경 개선대책에 대하여 설명하세요.

답변 : 터널 작업 시 환경 저해요인으로는 조명, 환기 불량, 분진 및 진동 발생, 소음 등이 있습니다. 개선대책으로 조명은 막장에서 60lux, 중간에서 50lux, 갱구부 및 수직갱에서 30lux를 유지하고 터널 환기를 위해서는 설계 시에 환기를 고려한 종단선형을 설정하여야 합니다. 시공 중에는 흡인식인 연속식과 단속식, 집중방식인 송기식과 배기식을 현장 여건에 맞춰 선정해야 하며, 산소농도 18~23.5%를 유지하고 발파 후 30분 이내에 송기배기를 완료하여야 하며, 터널 내부 온도를 37℃ 이하로 유지해야 합니다.

[17] 발파

Q 1.
제어발파에 대하여 설명하세요.

답변 : 제어발파는 일반발파공법에서 피할 수 없는 진동 및 여굴을 최소화하기 위하여 시행하는 것으로 지발 효과, 디커플링(Decoupling) 효과, 탬핑(Tamping) 효과를 원리로 하여 벽면제어발파, 정항제어발파, 진동제어발파로 분류되는데 벽면제어발파는 라인드릴링(Line Drilling), 프리스플리팅(Pre-Splitting), 쿠션 블라스팅(Cushion Blasting), 스무스 블라스팅(Smooth Blasting) 등이 있으며 여굴의 최소화, 소음 · 진동 최소화, 굴착효율을 증대하고 안전을 고려한 공법으로 사전조사를 통한 발파공법을 선정하여야 하겠으며, 시험발파를 시행하여 소음 · 진동 계측으로 인근지역의 피해를 최소화할 수 있도록 조치를 취해야 합니다.

[18] 교량

Q 1.
교좌장치에 대하여 설명하세요.

답변 : 교좌장치는 교량 상부하중을 하부구조로 전달하고 처짐, 온도변화, 크리프 건조수축 등에 의한 회전과 변위를 흡수하는 장치이며, 현장에서 주로 사용하는 타입은 포트 베어링(Pot Bearing), 탄성고무 받침, 납면진 받침이 있습니다. 기능적으로는 수직 · 수평력을 전달하는 고정단과 가동단으로 분류되고 교좌장치의 결함은 「시설물의 안전 및 유지관리에 관한 특별법」에 따라 중대한 결함으로 분류되어 긴급점검 및 정밀안전진단으로 즉시 보강작업을 하여야 하며 중대한 보수 · 보강으로 설계도서를 제출하여야 하는 공종에 해당합니다. 손상 원인으로는 받침부 균열과 변형, 이동량 과다가 있으며 연단거리 및 모르타르 두께를 확보하고 설치 시 이동량을 고려하여 프리세팅(Presetting)을 해야 합니다.

Occupational Safety Instructor

[19] 지진

Q1.
지진 발생 시 현장 조치사항에 대하여 설명하세요.

답변 : 지진은 진원에서 수직파인 P파와 횡파인 S파, 표면파인 L파, R파가 있으며 표면파가 가장 많은 피해를 발생시킵니다. 지진이 발생하면 구조물 부등침하, 액상화, 기초의 전단파괴, 지하매설물 등의 파손이 발생할 수 있으며 진도 4 이상의 지진이 발생하면 1종, 2종 시설물은 긴급점검을 실시하여 양중기의 전도, 도괴의 위험성을 점검하고, 가시설물은 결속상태, E/A 긴장상태, H－Pile 수직도 등을 점검하여 안전성을 판단한 후 이상 발생 시 정밀안전점검을 실시해야 합니다.

Q2.
지진의 진도와 규모의 차이점에 대하여 설명하세요.

답변 : 일반적으로 지진의 세기를 나타내는 척도에는 진도와 규모가 있습니다. 진도란 관측자의 위치에 따라 달라지는 상대적인 척도이며, 주변 상황의 피해 정도에 따라서 같은 세기의 지진이 발생하여도 다르게 측정될 수 있습니다. 지진의 규모는 관측자와는 관계없는 절대적인 척도이고, 정량적으로 평가하는 수단이며, 주로 리히터 규모를 사용합니다.

Occupational Safety Instructor

[20] 철골

Q 1.
철골 공작도에 대하여 설명하세요.

답변 : 철골의 공작도란 설계도서와 시방서를 근거로 해서 가공 · 제작을 위해 그려지는 가공도 또는 제작도를 의미합니다. 정밀시공의 확보, 재시공 방지, 도면의 이해도 증진, 안전사고 예방을 위하여 작성하며 안전시설인 기둥 승강용 트랩, 구명줄 설치용 고리 등과 건립시설인 와이어(Wire) 걸이용 고리, 양중기 설치용 보강재 등 세부적인 사항이 포함되어 있어야 합니다.

Q 2.
철골의 자립도 검토대상에 대하여 설명하세요.

답변 : 철골공사는 건립 중 또는 건립 완료 후에도 완전한 구조체가 완성되기 전에는 강풍이나 무게중심의 이탈 등으로 도괴될 위험이 있으므로 철골의 자립도에 대한 안정성 확인이 필요합니다. 높이 20m 이상의 구조물, 구조물의 폭과 높이의 비가 1 : 4 이상인 구조물, 단면구조에 현저한 차이가 있는 구조물, 연면적당 철골량이 50kg/m^2 이하인 구조물, 기둥이 타이 플레이트(Tie Plate)형인 구조물과 이음부가 현장 용접 구조물인 경우에는 자립도 검토를 실시해야 합니다.

Q 3.
용접결함의 종류와 검사방법, 대책에 대하여 설명하세요.

답변 : 용접결함이 발생하면 강재의 부식 및 응력 집중으로 균열이 발생하고 단면 축소로 자립도 상실 및 붕괴가 발생하므로 숙련된 용접사를 배치하고 자격증 확인 및 기량 테스트로 검증한 다음 용접작업에 임해야 하겠으며, 기온 0℃ 이하 및 습도 90% 이상에서는 용접작업을 하지 말아야 합니다.

용접결함의 종류에는 크랙(Crack), 블로우 홀(Blow Hole), 슬래그(Slag), 크레이터(Crater), 언더컷(Under Cut), 피트(Pit), 용입 불량, 피시아이(Fish Eye), 오버랩(Over Lap), 목두께 불량, 각장 부족 등이 있으며, 용접부 검사는 외관 검사 시 변형 및 표면결함을 시행하고 비파괴 검사인 방사선 투과시험, 초음파탐상시험, 자분탐상시험, 침투탐상시험 등을 실시하며 비파괴 검사 불가능 시 절단 검사를 시행하는데 주로 엔드탭(End Tab)을 활용하여 시행합니다.

결함 발생 시에는 제거 후 재용접, 가우징 후 덧붙임, 그라인더로 제거 후 덧붙임 등의 대책을 실시합니다.

Q 4.
데크플레이트 공사 시 안전대책에 대하여 설명하세요.

답변 : 데크플레이트는 제작, 양중, 조립, 설치, 콘크리트 타설 시 추락, 낙하, 붕괴 등의 재해가 발생하므로 설계 시 DFS에서 검사하여 재해 예방대책을 설계에 반영하고 시공 시 구조적 안전성을 확인하여 시공상세도를 작성하여 상재하중에 대한 충분한 강성을 확보할 수 있도록 해야 하며, 양중 시 신호수의 신호기준 준수, 적재 시 좌우 보에 충분한 걸침 길이를 확보하여 과다 적재를 금지해야 합니다.

조립 및 설치 시에는 보 상단에 50mm 이상 걸치고 판개 후 태그 용접 등을 시행하여 작업자의 추락 방지조치를 하여야 합니다.

또한 콘크리트 타설 시에는 한곳에 집중적으로 타설하여 데크플레이트가 붕괴되는 사고를 예방해야 합니다.

Occupational Safety Instructor

[21] 해체, 석면, 환경

Q 1.
해체공사 시 신고대상과 허가대상을 구분해 설명하세요.

답변 : 해체공사는 크게 신고 및 허가대상으로 구분되며 신고대상으로 일부해체, 즉 주요 구조부를 해체하지 않는 건축물의 해체가 있고, 전면해체의 경우 전 면적 500m^2 미만이거나 건축물 높이 12m 미만, 지상층과 지하층을 포함하여 3개층 이하인 건축물, 바닥면적 합계가 85m^2 이내인 증축 · 개축 · 재축(3층 이상 건축물의 경우 바닥면적의 합계가 연면적의 1/10 이내)이거나 연면적 200m^2 미만 또는 3층 미만인 건축물의 대수선, 관리지역 등에 있는 높이 12m 미만의 건축물이 해당되며 허가대상은 신고대상 외 건축물과 신고대상이더라도 해당 건축물 주변에 버스 정류장, 도시철도 역사 출입구, 횡단보도 등 해당 지방자치단체의 조례로 정하는 시설이 있는 경우 해체 허가를 받아야합니다.

Q 2.
연돌효과에 대하여 설명하세요.

답변 : 연돌효과는 계단실이나 E/V실과 같은 수직 통로에서 상 · 하부의 온도와 밀도 차이로 겨울철 상승기류 및 여름철 하강기류가 발생하여 화재를 확산시키는 요인이 되므로 방화문, 방풍문, 자동방화셔터 등을 설치하여 화재 예방 및 화재 확산을 방지해야 합니다.

Occupational Safety Instructor

건설기술 진흥법

ACTUAL INTERVIEW

Occupational Safety Instructor

[1] 안전관리조직

1 안전관리 조직 구성 〈법 제64조〉

① 시공 및 안전 업무를 총괄하여 관리하는 안전총괄책임자
② 토목, 건축, 전기 등 각 분야별 시공 및 안전관리를 지휘하는 분야별 안전관리책임자
③ 현장에서 직접 시공 및 안전관리를 담당하는 안전관리담당자
④ 수급인(대표자)과 하수급인(대표자)으로 구성된 협의체의 구성원

2 안전관리 조직의 직무 등 〈영 제102조〉

(1) 안전총괄책임자

① 안전관리계획서의 작성 및 제출
② 안전관리 관계자의 업무 분담 및 직무 감독
③ 안전사고가 발생할 우려가 있거나 안전사고가 발생한 경우의 비상동원 및 응급조치
④ 안전관리비의 집행 및 확인
⑤ 협의체의 운영
⑥ 안전관리에 필요한 시설 및 장비 등의 지원
⑦ 시행령 제100조 제1항 각 호 외의 부분에 따른 자체안전점검의 실시 및 점검 결과에 따른 조치에 대한 지휘 · 감독
⑧ 시행령 제103조에 따른 안전교육의 지휘 · 감독(매일 공사 착수 전 실시하는 안전교육)

(2) 분야별 안전관리책임자

① 공사분야별 안전관리 및 안전관리계획서의 검토 · 이행
② 각종 자재 등의 적격품 사용 여부 확인
③ 자체안전점검 실시의 확인 및 점검 결과에 따른 조치
④ 건설공사현장에서 발생한 안전사고의 보고
⑤ 제103조에 따른 안전교육의 실시(매일 공사 착수 전 실시하는 안전교육)
⑥ 작업 진행 상황의 관찰 및 지도

(3) 안전관리담당자

① 분야별 안전관리책임자의 직무 보조

② 자체안전점검의 실시

③ 시행령 제103조에 따른 안전교육 실시(매일 공사 착수 전 실시하는 안전교육)

(4) 협의체(매월 1회 이상 회의 개최)

① 안전관리계획의 이행에 관한 사항 협의

② 안전사고 발생 시 대책 등에 관한 사항 협의

Occupational Safety Instructor

[2] 가설구조물 구조 안전성 확인

1 관계전문가의 구조적 안전성을 확인받아야 하는 가설구조물 〈영 제101조의2〉

① 높이 31미터 이상인 비계, 브라켓(bracket) 비계

② 작업발판 일체형 거푸집 또는 높이가 5미터 이상인 거푸집동바리

③ 터널의 지보공 또는 높이가 2미터 이상인 흙막이 지보공

④ 동력을 이용하여 움직이는 가설구조물

⑤ 높이 10미터 이상에서 외부 작업을 하기 위하여 작업발판 및 안전시설물을 일체화하여 설치하는 가설구조물

⑥ 공사현장에서 제작하여 조립 · 설치하는 복합형 가설구조물

⑦ 발주자 또는 인 · 허가기관의 장이 필요하다고 인정하는 가설구조물

※ 건설사업자 또는 주택건설등록업자는 위 항의 가설구조물을 시공하기 전 '시공상세도면'과 '관계전문가의 구조계산서'를 공사감독자 또는 건설사업관리기술인에게 제출

→ 관계전문가의 확인 없이 가설구조물 설치공사를 한 건설사업자 또는 주택건설등록업자는 「건진법」 제88조(벌칙)제8호에 따라 2년 이하의 징역 또는 2천만 원 이하의 벌금

2 가설구조물의 구조적 안전성을 확인할 수 있는 기술사의 요건

① 「기술사법 시행령」 별표 2의2에 따른 건축구조, 토목구조, 토질 및 기초와 건설기계 직무 범위 중 공사감독자 또는 건설사업관리기술인이 해당 가설구조물의 구조적 안전성을 확인하기에 적합하다고 인정하는 직무 범위의 기술사

② 해당 가설구조물을 설치하기 위한 공사의 건설사업자나 주택건설등록업자에게 고용되지 않은 기술사

[3] 건설공사 사고 발생 시 신고

1 건설공사 최초사고 신고(「건설공사 안전관리 업무수행 지침」 제60조, 제61조)

(1) 건설공사 참여자(발주자 제외)는 건설사고 발생 시 2시간 이내에 아래 사항을 발주청 및 인 · 허가기관의 장에게 전화 · 팩스 등으로 통보하여야 한다.

① 사고발생 일시 및 장소(현장주소)

② 사고발생 경위

③ 피해사항(사망자 수, 부상자 수)

④ 공사명

⑤ 그 밖의 필요한 사항 등

(2) 건설공사 참여자로부터 건설사고 발생을 통보받은 발주청 및 인 · 허가기관의 장은 24시간 이내 아래 사항을 국토교통부장관에게 제출해야 하며, 그 결과를 보관 · 관리해야 한다.

① 건설공사 참여자가 통보해야 하는 사항

② 공사현황

③ 사고원인 및 사고 발생 후 조치사항

④ 향후 조치계획 및 재발방지대책

⑤ 그 밖의 필요한 사항 등

→ 건설공사 발주청 및 인 · 허가기관에 미통보한 건설공사 참여자(발주자 제외)는 「건진법」 제91조(과태료) 3항 16호에 따라 300만 원 이하의 과태료

2 건설공사현장 사고조사 〈영 제105조〉

① 국토교통부장관은 중대건설현장사고가 발생하여 현장조사가 필요하다고 판단되는 경우 「건설사고조사위원회 운영규정」에 따라 국토안전관리원으로 하여금 초기현장조사를 실시하게 할 수 있고, 필요시 상세조사 및 정밀조사를 하게 할 수 있다.

※ 중대사고 : 사망자가 3명 이상인 경우, 부상사자 10명 이상인 경우, 건설 중이거나 완공된 시설물이 붕괴 또는 전도되어 재시공이 필요한 경우

② 국토교통부장관, 발주청, 인 · 허가기관의 장 및 건설사고조사위원회는 사고조사를 위해 건설사업자 및 주택건설등록업자 등에게 관련 자료의 제출을 요청할 수 있다.

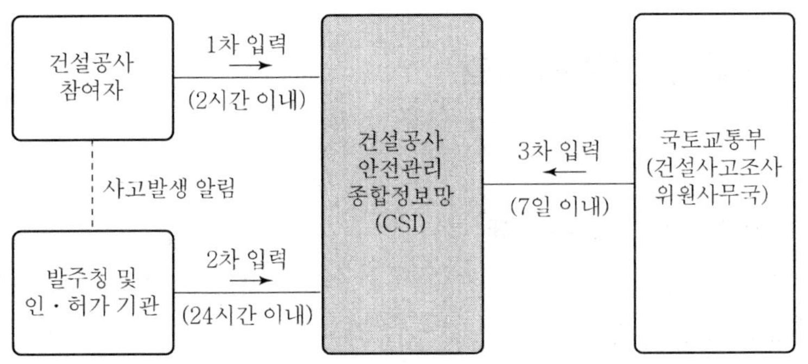

건설공사
참여자
1차 입력
(2시간 이내)
사고발생 알림
발주청 및
인·허가 기관
2차 입력
(24시간 이내)
건설공사
안전관리
종합정보망
(CSI)
3차 입력
(7일 이내)
국토교통부
(건설사고조사
위원사무국)

〈건설사고 신고 절차〉

[4] 안전관리계획

1 작성대상공사 〈영 제98조 제1항〉

① 「시설물의 안전 및 유지관리에 관한 특별법」 제7조 제1호 및 제2호에 따른 1종시설물 및 2종시설물의 건설공사

② 지하 10미터 이상을 굴착하는 건설공사

③ 폭발물을 사용하는 건설공사로서 20미터 안에 시설물이 있거나 100미터 안에 사육하는 가축이 있어 해당 공사로 인한 영향을 받을 것이 예상되는 건설공사

④ 10층 이상 16층 미만인 건축물의 건설공사

④의2 다음 리모델링 또는 해체공사
- 10층 이상인 건축물의 리모델링 또는 해체공사
- 「주택법」 제2조 제25호 다목에 따른 수직증축형 리모델링

⑤ 「건설기계관리법」 제3조에 따라 등록된 다음 건설기계가 사용되는 건설공사
- 천공기(높이 10미터 이상인 것만 해당)
- 항타 및 항발기
- 타워크레인

⑤의2 제101조의2 제1항 각 호의 가설구조물을 사용하는 건설공사
- 높이가 31m 이상 비계
- 작업발판 일체형 거푸집, 높이가 5m 이상인 거푸집 및 동바리
- 터널 지보공 또는 높이 2m 이상인 흙막이 지보공
- 동력을 이용하여 움직이는 가설 구조물
- 그 밖에 발주자 또는 인허가 기관의 장이 필요하다고 인정하는 가설구조물

⑥ 제1항부터 제4항까지, 제4항의2, 제5항 및 제5항의2의 건설공사 외의 건설공사로서 다음 어느 하나에 해당하는 공사
- 발주자가 안전관리가 특히 필요하다고 인정하는 건설공사
- 해당 지방자치단체의 조례로 정하는 건설공사 중에서 인·허가기관의 장이 안전관리가 특히 필요하다고 인정하는 건설공사

2 작성 및 제출 〈법 제62조〉

(1) 작성자 : 건설업자, 주택건설등록업자

(2) 검토 · 확인자 : 공사감독자 또는 건설사업관리기술자

(3) 제출시기 및 제출처 : 건설공사를 착공하기 전에 발주청 또는 인 · 허가기관의 장에게 제출, 안전관리계획의 내용을 변경하는 경우에도 또한 같다.

3 안전관리계획서 심사 〈법 제62조, 영 제98조〉

(1) 안전관리계획을 제출받은 발주청 또는 인 · 허가기관의 장은 15일 이내에 안전관리계획의 내용을 심사하여 건설업자 또는 주택건설등록업자에게 그 결과를 통보해 주어야 한다.

(2) 발주청 또는 인 · 허가기관의 장은 안전관리계획의 내용을 심사하는 경우 제100조 제2항에 따른 건설안전점검기관에 의뢰하여 검토하게 할 수 있다. 다만, 1, 2종시설물의 건설공사의 경우에는 국토안전관리원에 안전관리계획의 검토를 의뢰하여야 한다.

(3) 심사결과 구분 · 판정

① 적정 : 안전에 필요한 조치가 구체적이고 명료하게 계획되어 건설공사의 시공상 안전성이 충분히 확보되어 있다고 인정될 때

② 조건부 적정 : 안전성 확보에 치명적인 영향을 미치지는 아니하지만 일부 보완이 필요하다고 인정될 때

③ 부적정 : 시공 시 안전사고가 발생할 우려가 있거나 계획에 근본적인 결함이 있다고 인정될 때

※ 부적정 판정을 받은 경우에는 안전관리계획의 변경 등 필요한 조치를 하여야 함

4 안전관리계획의 수립 기준 〈법 제62조, 영 제99조〉

① 건설공사의 개요 및 안전관리조직

② 공정별 안전점검계획

③ 공사장 주변의 안전관리대책

④ 통행안전시설의 설치 및 교통 소통에 관한 계획

⑤ 안전관리비 집행계획

⑥ 안전교육 및 비상시 긴급조치계획

⑦ 공종별 안전관리계획(대상 시설물별 건설공법 및 시공절차 포함)

5 안전관리계획의 수립기준(규칙 제58조, 별표 7)

(1) 일반기준

① 안전관리계획은 다음 표에 따라 구분하여 각각 작성 · 제출해야 한다.

구분	작성 기준	제출 기한
총괄 안전관리계획	(1)에 따라 건설공사 전반에 대하여 작성	건설공사 착공 전까지
공종별 세부 안전관리계획	(3) 각 목 중 해당하는 공종별로 작성	공종별로 구분하여 해당 공종의 착공 전까지

② 각 안전관리계획서의 본문에는 반드시 필요한 내용만 작성하며, 해당 사항이 없는 내용에 대해서는 "해당 사항 없음"으로 작성한다.

③ 각 안전관리계획서에 첨부하는 관련 법령, 일반도면, 시방기준 등 일반적인 내용의 자료는 특별히 필요한 자료 외에는 최소한으로 첨부한다. 다만, 안전관리계획의 검토를 위하여 필요한 배치도, 입면도, 층별 평면도, 종 · 횡단면도(세부 단면도를 포함한다) 및 그 밖에 공사현황을 파악할 수 있는 주요 도면 등은 각 안전관리계획과 별도로 첨부하여 제출해야 한다.

④ 이 표에서 규정한 사항 외에 건설공사의 안전 확보를 위하여 안전관리계획에 포함해야 하는 세부사항은 국토교통부장관이 정하여 고시할 수 있다.

(2) 총괄 안전관리계획의 수립기준

1) 건설공사의 개요

공사 전반에 대한 개략을 파악하기 위한 위치도, 공사개요, 전체 공정표 및 설계도서(해당 공사를 인가 · 허가 또는 승인한 행정기관 등에 이미 제출된 경우는 제외한다)

2) 현장 특성 분석

① 현장 여건 분석

주변 지장물(支障物) 여건(지하 매설물, 인접 시설물 제원 등을 포함한다), 지반 조건[지질 특성, 지하수위(地下水位), 시추주상도(試錐柱狀圖) 등을 말한다], 현장시공 조건, 주변 교통 여건 및 환경요소 등

② 시공단계의 위험 요소, 위험성 및 그에 대한 저감대책

㉠ 핵심관리가 필요한 공정으로 선정된 공정의 위험 요소, 위험성 및 그에 대한 저감대책

㉡ 시공단계에서 반드시 고려해야 하는 위험 요소, 위험성 및 그에 대한 저감대책(영 제75조의2제1항에 따라 설계의 안전성 검토를 실시한 경우에는 같은

조 제2항제1호의 사항을 작성하되, 같은 조 제4항에 따라 설계도서의 보완 · 변경 등 필요한 조치를 한 경우에는 해당 조치가 반영된 사항을 기준으로 작성한다)

ⓒ ㉠ 및 ㉡ 외에 시공자가 시공단계에서 위험 요소 및 위험성을 발굴한 경우에 대한 저감대책 마련 방안

③ 공사장 주변 안전관리대책

공사 중 지하매설물의 방호, 인접 시설물 및 지반의 보호 등 공사장 및 공사현장 주변에 대한 안전관리에 관한 사항(주변 시설물에 대한 안전 관련 협의서류 및 지반침하 등에 대한 계측계획을 포함한다)

④ 통행안전시설의 설치 및 교통소통계획

㉠ 공사장 주변의 교통소통대책, 교통안전시설물, 교통사고예방대책 등 교통안전관리에 관한 사항(현장차량 운행계획, 교통 신호수 배치계획, 교통안전시설물 점검계획 및 손상 · 유실 · 작동이상 등에 대한 보수 관리계획을 포함한다)

㉡ 공사장 내부의 주요 지점별 건설기계 · 장비의 전담유도원 배치계획

3) 현장운영계획

① 안전관리조직

공사관리조직 및 임무에 관한 사항으로서 시설물의 시공안전 및 공사장 주변 안전에 대한 점검 · 확인 등을 위한 관리조직표(비상시의 경우를 별도로 구분하여 작성한다)

② 공정별 안전점검계획

㉠ 자체안전점검, 정기안전점검의 시기 · 내용, 안전점검 공정표, 안전점검 체크리스트 등 실시계획 등에 관한 사항

㉡ 계측장비 및 폐쇄회로 텔레비전 등 안전 모니터링 장비의 설치 및 운용계획에 관한 사항(「시설물의 안전 및 유지관리에 관한 특별법 시행령」 별표 1에 따른 제2종시설물 중 공동주택의 건설공사는 공사장 상부에서 전체를 실시간으로 파악할 수 있도록 폐쇄회로 텔레비전의 설치 · 운영계획을 마련해야 한다)

③ 안전관리비 집행계획

안전관리비의 계상, 산출 · 집행계획, 사용계획 등에 관한 사항

④ 안전교육계획

안전교육계획표, 교육의 종류 · 내용 및 교육관리에 관한 사항

⑤ 안전관리계획 이행보고 계획
위험한 공정으로 감독관의 작업허가가 필요한 공정과 그 시기, 안전관리계획 승인권자에게 안전관리계획 이행 여부 등에 대한 정기적 보고계획 등

4) 비상시 긴급조치계획

① 공사현장에서의 사고, 재난, 기상이변 등 비상사태에 대비한 내부 · 외부 비상 연락망, 비상동원조직, 경보체제, 응급조치 및 복구 등에 관한 사항

② 건축공사 중 화재발생을 대비한 대피로 확보 및 비상대피 훈련계획에 관한 사항(단열재 시공시점부터는 월 1회 이상 비상대피 훈련을 실시해야 한다)

(3) 공종별 세부 안전관리계획

1) 가설공사

① 가설구조물의 설치개요 및 시공상세도면

② 안전시공 절차 및 주의사항

③ 안전점검계획표 및 안전점검표

④ 가설물 안전성 계산서

2) 굴착공사 및 발파공사

① 굴착, 흙막이, 발파, 항타 등의 개요 및 시공상세도면

② 안전시공 절차 및 주의사항(지하매설물, 지하수위 변동 및 흐름, 되메우기 다짐 등에 관한 사항을 포함한다)

③ 안전점검계획표 및 안전점검표

④ 굴착 비탈면, 흙막이 등 안전성 계산서

3) 콘크리트공사

① 거푸집, 동바리, 철근, 콘크리트 등 공사개요 및 시공상세도면

② 안전시공 절차 및 주의사항

③ 안전점검계획표 및 안전점검표

④ 동바리 등 안전성 계산서

4) 강구조물공사

① 자재 · 장비 등의 개요 및 시공상세도면

② 안전시공 절차 및 주의사항

③ 안전점검계획표 및 안전점검표

④ 강구조물의 안전성 계산서

5) 성토(흙쌓기) 및 절토(땅깎기) 공사(흙댐공사를 포함한다)

① 자재 · 장비 등의 개요 및 시공상세도면

② 안전시공 절차 및 주의사항

③ 안전점검계획표 및 안전점검표

④ 안전성 계산서

6) 해체공사

① 구조물해체의 대상 · 공법 등의 개요 및 시공상세도면

② 해체순서, 안전시설 및 안전조치 등에 대한 계획

7) 건축설비공사

① 자재 · 장비 등의 개요 및 시공상세도면

② 안전시공 절차 및 주의사항

③ 안전점검계획표 및 안전점검표

④ 안전성 계산서

8) 타워크레인 사용공사

① 타워크레인 운영계획

안전작업절차 및 주의사항, 관리자 및 신호수 배치계획, 타워크레인간 충돌방지계획 및 공사장 외부 선회방지 등 타워크레인 설치 · 운영계획, 표준작업시간 확보계획, 관련 도면[타워크레인에 대한 기초 상세도, 브레이싱(압축 또는 인장에 작용하며 구조물을 보강하는 대각선 방향 등의 구조 부재) 연결 상세도 등 설치 상세도를 포함한다]

② 타워크레인 점검계획

점검시기, 점검 체크리스트 및 검사업체 선정계획 등

③ 타워크레인 임대업체 선정계획

적정 임대업체 선정계획(저가임대 및 재임대 방지방안을 포함한다), 조종사 및 설치 · 해체 작업자 운영계획(원격조종 타워크레인의 장비별 전담 조정사 지정여부 및 조종사의 운전시간 등 기록관리 계획을 포함한다), 임대업체 선정과 관련된 발주자와의 협의시기, 내용, 방법 등 협의계획

④ 타워크레인에 대한 안전성 계산서(현장조건을 반영한 타워크레인의 기초 및 브레이싱에 대한 계산서는 반드시 포함해야 한다)

Occupational Safety Instructor

[5] 소규모 안전관리계획

1 대상 공사

2층 이상 10층 미만이면서 연면적 1천m^2 이상인 공동주택 · 근린생활시설 · 공장 및 연면적 5천m^2 이상인 창고

2 준수사항

시공자는 발주청이나 인허가기관으로부터 계획을 승인받은 이후 착공해야 한다.

3 안전관리계획과 다른 점

(1) **안전관리계획** : 총 6단계(수립 – 확인 – 제출 – 검토 – 승인 – 착공)

(2) **소규모 안전관리계획** : 총 4단계(수립 – 제출 – 승인 – 착공)

4 작성비용의 계상

발주자가 안전관리비에 계상하여 시공자에게 지불

5 세부규정

① 현장을 수시로 출입하는 건설기계나 장비와의 충돌사고 등을 방지하기 위해 현장 내에 기계 · 장비 전담 유도원을 배치해야 한다.

② 화재사고를 대비하여 대피로 확보 및 비상대피훈련계획을 수립하고, 화재위험이 높은 단열재 시공 시점부터는 월 1회 이상 비상대피훈련을 실시해야 한다.

③ 현장 주변을 지나가는 보행자의 안전을 확보하기 위해 공사장 외부로 타워크레인 지브가 지나가지 않도록 타워크레인 운영계획을 수립해야 하고, 무인 타워크레인은 장비별 전담 조종자를 지정 · 운영하여야 한다.

6 안전관리계획과 소규모 안전관리계획 비교

구분	안전관리계획	소규모 안전관리계획	비고
대상	• 10층 이상인 건축물 공사 • 1 · 2종 시설물의 건설공사 • 지하 10m 이상을 굴착하는 건설공사 • 타워크레인, 항타 및 항발기, 높이가 10m 이상인 천공기를 사용하는 건설공사 등	• 2~9층 건축물 공사 중 연면적 1천 m^2 이상인 공동주택, 1 · 2종 근린생활시설, 공장(산업단지에 건축하는 공장은 연면적 2천 m^2 이상) • 2~9층 건축물 공사 중 연면적 5천 m^2 이상인 창고	시행령
내용	• 총괄 안전관리계획 – 건설공사 개요 – 현장 특성 분석(공사장 주변 안전관리대책, 통행안전시설의 설치 및 교통소통계획 등) – 현장운영계획(안전관리조직, 공정별 안전점검계획, 안전관리비집행계획, 안전교육계획 등) – 비상시 긴급조치계획 • 공종별 세부 안전관리계획 – 가설, 굴착 및 발파, 콘크리트, 강구조물, 성토 및 절토, 해체, 설비공사, 타워크레인 공사 등	• 건설공사 개요 • 비계 설치계획 • 안전시설물 설치계획	시행 규칙
절차	• 시공자 수립 • 공사감독자 또는 건설사업관리기술인 확인 • 발주청, 인허가기관에 제출 • 시설안전공단 또는 건설안전점검기관 검토 • 발주청, 인허가기관의 승인 • 착공	• 시공자 수립 • 발주청, 인허가기관에 제출 • 발주청, 인허가기관의 승인 • 착공	법률

[6] 안전점검 종류별 내용

종류	점검시기	점검내용
자체안전 점검	건설공사의 공사기간 동안 해당 공종별로 매일 실시	건설공사 전반
정기안전 점검	• 안전관리계획에서 정한 시기와 횟수에 따라 실시 • 대상 : 안전관리계획 수립 공사	• 임시시설 및 가설공법의 안전성 • 품질, 시공 상태 등의 적정성 • 인접 건축물 또는 구조물의 안전성
정밀안전 점검	정기안전점검 결과 필요시	• 시설물 결함에 대한 구조적 안전성 • 결함의 원인 등을 조사 · 측정 · 평가하여 보수 · 보강 등 방법 제시
초기점검	준공 직전	정기안전점검 수준 이상으로 점검
공사재개 전 점검	1년 이상 공사 중단 후 재개 시	공사 재개 시 안전성 · 구조적 결함

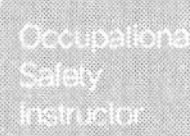

[7] DFS(Design For Safety)

1 목적

계획 · 설계 · 시공 · 사업관리 등 전 단계에서 위험요소를 관리함으로써 건설사고를 예방하기 위한 발주자 중심의 안전관리체계의 확립

2 DFS Flow Chart

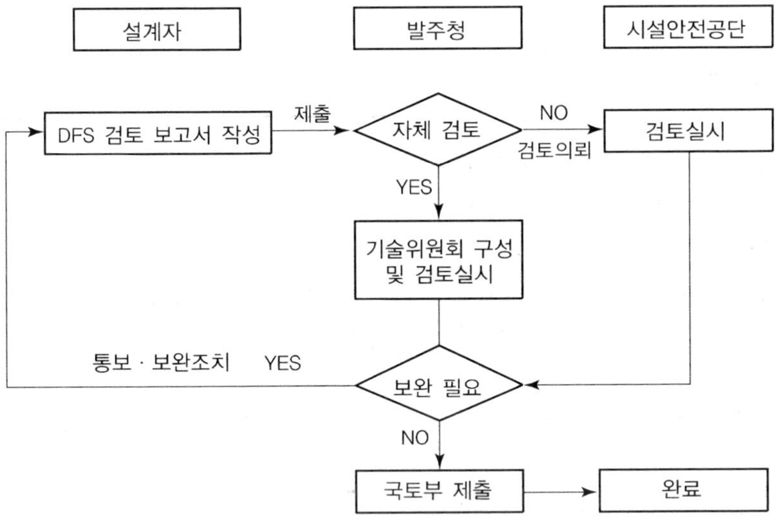

3 대상

발주청 발주공사 중 안전관리계획 수립 대상 건설공사

4 검토시기

실시설계 80% 진행 시점

5 작성자 : 설계자

6 검토기관 : 국토안전관리원

7 승인기관 : 발주청

[8] 안전관리비

1 포함사항

① 안전관리계획의 작성 및 검토 비용
② 안전점검 비용
③ 발파 · 굴착 등의 건설공사로 인한 주변 건축물 등의 피해방지대책 비용
④ 공사장 주변의 통행안전 및 교통소통을 위한 안전시설의 설치 및 유지관리 비용
⑤ 공사시행 중 구조적 안전성 확보 비용

2 계상기준

① 전관리계획서 작성 및 검토비용
② 안전점검 대가의 세부 산출기준 적용
③ 공사장 주변 건축물 등의 피해를 최소화하기 위한 사전보강, 보수, 임시이전 등에 필요한 비용 계상
④ 공사 시행 중의 통행안전 및 교통소통을 위한 시설의 설치비용 및 신호수의 비치비용에 관해서는 토목 · 건축 등 관련 분야의 설계기준 및 인건비기준을 적용하여 계상
⑤ 공정별 안전점검계획에 따라 계측장비, 폐쇄회로텔레비전 등 안전 모니터링 장치의 설치 및 운용에 필요한 비용을 계상
⑥ 가설구조물의 구조적 안전성을 확보하기 위하여 관계 전문가의 확인에 필요한 비용을 계상

3 증액계상

① 공사기간의 연장
② 설계변경 등으로 인한 건설공사 내용의 추가
③ 안전점검의 추가편성 등 안전관리계획의 변경
④ 그 밖에 발주자가 안전관리비의 증액이 필요하다고 인정하는 사유

4 계상항목별 사용기준

계상항목	사용기준
1. 안전관리계획의 작성 및 검토 비용	① 안전관리계획 작성 비용 • 안전관리계획서 작성 비용(공법 변경에 의한 재작성 비용 포함) • 안전점검 공정표 작성 비용 • 안전관리에 필요한 시공 상세도면 작성 비용 • 안전성계산서 작성 비용 (거푸집 및 동바리 등) ※ 기작성된 시공 상세도면 및 안전성계산서 작성 비용은 제외한다. ② 안전관리계획 검토 비용 • 안전관리계획서 검토 비용 • 대상시설물별 세부안전관리계획서 검토 비용 – 시공상세도면 검토 비용 – 안전성계산서 검토 비용 ※ 기작성된 시공 상세도면 및 안전성계산서 작성 비용은 제외한다.
2. 안전점검 비용	① 정기안전점검 비용 건설공사별 정기안전점검 실시시기에 발주자의 승인을 얻어 건설안전점검기관에 의뢰하여 실시하는 안전점검에 소요되는 비용 ② 초기점검 비용 해당 건설공사를 준공(임시사용을 포함)하기 직전에 실시하는 안전점검에 소요되는 비용 ※ 초기점검의 추가조사 비용은 본 지침 안전점검 비용요율에 따라 계상되는 비용과 별도로 비용 계상을 하여야 한다.
3. 발파 · 굴착 등의 건설공사로 인한 주변 건축물 등의 피해방지대책 비용	① 지하매설물 보호조치 비용 • 관매달기 공사 비용 • 지하매설물 보호 및 복구 공사 비용 • 지하매설물 이설 및 임시이전 공사 비용 • 지하매설물 보호조치 방안 수립을 위한 조사 비용 ※ 공사비에 기반영되어 있는 경우에는 계상을 하지 않는다. ② 발파 · 진동 · 소음으로 인한 주변지역 피해방지대책 비용 • 대책 수립을 위해 필요한 계측기 설치, 분석 및 유지관리 비용 • 주변 건축물 및 지반 등의 사전보강, 보수, 임시이전 비용 및 비용 산정을 위한 조사 비용 • 암파쇄방호시설(계획절토고가 10m 이상인 구간) 설치, 유지관리 및 철거 비용

계상항목	사용기준
3. 발파 · 굴착 등의 건설공사로 인한 주변 건축물 등의 피해 방지대책 비용	• 임시방호시설(계획절토고가 10m 미만인 구간) 설치, 유지관리 및 철거 비용 ※ 공사비에 기반영되어 있는 경우에는 계상을 하지 않는다. ③ 지하수 차단 등으로 인한 주변지역 피해방지대책 비용 • 대책 수립을 위해 필요한 계측기의 설치, 분석 및 유지관리 비용 • 주변 건축물 및 지반 등의 사전보강, 보수, 임시이전 비용 및 비용 산정을 위한 조사비용 • 급격한 배수 방지 비용 ※ 공사비에 기반영되어 있는 경우에는 계상을 하지 않는다. ④ 기타 발주자가 안전관리에 필요하다고 판단되는 비용
4. 공사장 주변의 통행안전 및 교통소통을 위한 안전시설의 설치 및 유지관리 비용	① 공사시행 중의 통행안전 및 교통소통을 위한 안전시설의 설치 및 유지관리 비용 • PE드럼, PE펜스, PE방호벽, 방호울타리 등 • 경관등, 차선규제봉, 시선유도봉, 표지병, 점멸등, 차량 유도등 등 • 주의 표지판, 규제 표지판, 지시 표지판, 휴대용 표지판 등 • 라바콘, 차선분리대 등 • 기타 발주자가 필요하다고 인정하는 안전시설 • 현장에서 사토장까지의 교통안전, 주변시설 안전대책시설의 설치 및 유지관리 비용 • 기타 발주자가 필요하다고 인정하는 안전시설 ※ 공사기간 중 공사장 외부에 임시적으로 설치하는 안전시설만 인정된다. ② 기타 발주자가 안전관리에 필요하다고 판단되는 비용
5. 공정별 안전점검계획에 따라 계측장비, 폐쇄회로텔레비전 등 안전 모니터링 장치의 설치 및 운용에 필요한 비용	① 공정별 안전점검계획에 따라 계측장비, 폐쇄회로텔레비전 등 안전 모니터링 장치의 설치 및 운용에 필요한 비용 • 안전관리만을 목적으로 하는 점검장비의 설치 및 운용 비용 • 공사장 외부 구조물의 안전성 확보를 위한 계측장비의 설치 및 운용비용 ② 기타 발주자가 안전관리에 필요하다고 판단되는 비용
6. 공사시행 중 구조적 안전성 확보 비용	① 계측장비의 설치 및 운영 비용 ② 폐쇄회로텔레비전의 설치 및 운영 비용 ③ 가설구조물 안전성 확보를 위해 관계 전문가에게 확인받는 데 필요한 비용

PART 07

시설물의 안전 및 유지관리에 관한 특별법

ACTUAL INTERVIEW

[1] 안전점검 · 진단

종류	점검시기	점검내용
정기점검	• A · B · C 등급 : 반기당 1회 • D · E등급 : 해빙기 · 우기 · 동절기 등 연간 3회	• 시설물의 기능적 상태 • 사용요건 만족도
정밀점검	① 건축물 • A : 4년에 1회 • B · C : 3년에 1회 • D · E : 2년에 1회 • 최초실시 : 준공일 또는 사용승인일 기준 3년 이내(건축물은 4년 이내) • 건축물에는 부대시설인 옹벽과 절토사면을 포함한다. ② 기타 시설물 • A : 3년에 1회 • B · C : 2년에 1회 • D · E : 1년마다 1회 • 항만시설물 중 썰물 시 바닷물에 항상 잠겨 있는 부분은 4년에 1회 이상 실시한다.	• 시설물 상태 • 안전성 평가
긴급점검	• 관리주체가 필요하다고 판단 시 • 관계 행정기관장이 필요하여 관리주체에게 긴급점검을 요청한 때	재해, 사고에 의한 구조적 손상 상태
정밀진단	최초 실시 : 준공일, 사용승인일로부터 10년 경과 시 1년 이내 • A 등급 : 6년에 1회 • B · C 등급 : 5년에 1회 • D · E 등급 : 4년에 1회	• 시설물의 물리적, 기능적 결함 발견 • 신속하고 적절한 조치를 취하기 위해 구조적 안전성과 결함 원인을 조사, 측정, 평가 • 보수, 보강 등의 방법 제시

[2] 점검 및 진단 실시자격등급

구분	등급 및 경력관리	
	자격등급	교육이수 및 경력사항
정기점검	안전 · 건축 · 토목 직무분야 초급기술자 이상	국토교통부장관이 인정하는 안전점검교육 이수
정밀점검 · 긴급점검	안전 · 건축 · 토목 직무분야 고급기술자 이상	국토교통부장관이 인정하는 안전점검교육 이수
	연면적 5천 제곱미터 이상 건축물의 설계 · 감리 실적이 있는 건축사	국토교통부장관이 인정하는 건축분야 안전점검교육 이수
정밀안전진단	건축 · 토목 직무분야 특급기술자 이상	국토교통부장관이 인정하는 해당 분야(교량 · 터널 · 수리 · 항만 · 건축) 정밀안전진단교육을 이수한 후 그 분야의 정밀점검 · 정밀안전진단업무 경력 2년 이상
	연면적 5천 제곱미터 이상 건축물의 설계 · 감리 실적이 있는 건축사	국토교통부장관이 인정하는 안전점검교육 이수

Occupational Safety Instructor

[3] 정밀안전진단 대상 시설물

(1) 교량

① 도로교량 중 상부구조형식이 현수교 · 사장교 · 아치교 · 트러스트교인 교량 및 최대 경간장 50미터 이상인 교량(한 경간 교량은 제외한다.)

② 철도교량 중 상부구조형식이 트러스트 · 아치교인 교량

③ 고속철도 교량

(2) 연장 1천 미터 이상인 터널

(3) 갑문시설

(4) 다목적댐, 발전용댐, 홍수전용댐 및 저수용량 2천만 톤 이상인 용수전용 댐

(5) 하구둑과 특별시에 있는 국가하천의 수문

(6) 광역상수도 및 그 부대시설과 공업용수도(공급능력 100만 톤 이상인 것만 해당한다.) 및 그 부대시설

(7) 말뚝구조의 계류시설(10만 톤급 이상의 시설만 해당한다.)

(8) 포용조수량 8천만 톤 이상의 방조제

(9) 다기능 보(높이 5미터 이상인 것만 해당한다.)

[4] 중대한 결함 대상

(1) 시설물 기초의 세굴
(2) 교량 · 교각의 부등침하
(3) 교량 교좌장치의 파손
(4) 터널지반의 부등침하
(5) 항만계류시설 중 강관 또는 철근콘크리트파일의 파손 · 부식
(6) 댐 본체의 균열 및 시공이음의 시공 불량 등에 의한 누수
(7) 건축물의 기둥보 또는 내력벽의 내력 손실
(8) 하구둑 및 제방의 본체, 수문, 교량의 파손 · 누수 또는 세굴
(9) 폐기물매립시설의 차수시설 파손에 의한 침출수의 유출
(10) 시설물 철근콘크리트의 염해 또는 탄산화에 따른 내력 손실
(11) 절토 · 성토사면의 균열이완 등에 따른 옹벽의 균열 또는 파손
(12) 기타 규칙에서 정하는 구조안전에 영향을 주는 결함

[5] FMS(Facility Management System)

1 FMS

① "시설물정보관리종합시스템"(이하 "FMS"이라 함)은 「시설물의 안전관리에 관한 특별법령」(이하 "시특법령"이라 함)에 따라 시설물의 안전 및 유지관리에 관련된 정보체계 구축을 목적으로 인터넷(http://www.fms.or.kr)을 이용하여 실시간으로 시설물의 정보, 안전진단전문기관 · 유지관리업자의 정보 등을 종합적으로 관리하는 시스템이다.

② FMS의 시설물 정보는 단순히 시설물 이력관리만을 위한 것이 아니라 국가 주요시설물인 1 · 2종 시설물을 대상으로 설계도서, 감리보고서, 안전점검종합보고서, 안전점검 및 정밀안전진단 실시결과, 보수 · 보강이력 등 당해 시설물이 존치하는 동안에 실시된 모든 이력정보를 등록하도록 하고 있으며, 이를 토대로 국가시설 안전정책 마련에 초석으로서의 큰 역할을 담당하고 있다.

2 대상시설물

교량, 터널, 항만, 댐, 건축물, 하천, 상하수도, 옹벽 및 절토사면 등 공중의 이용편의와 안전을 도모하기 위하여 특별히 관리할 필요가 있거나 구조상 유지관리에 고도의 기술이 필요한 시설물을 1종 및 2종 시설물로 구분하여 FMS로 관리하고 있다.

3 운영내용

① 시설물의 안전 및 유지관리계획

② 안전진단전문기관의 등록 및 등록사항 변경신고, 휴업재개업신고, 등록취소, 영업취소, 등록말소, 시정명령, 과태료 부과사항

③ 안전점검정밀안전진단 및 유지관리

④ 시설물의 사용제한 등에 관한 사항

⑤ 보수 · 보강 등 조치결과의 통보 내용

⑥ 시설물 준공 또는 사용승인 통보내용

⑦ 유지관리업자의 영업정지, 등록말소, 시정명령 또는 과태료 부과사항

⑧ 감리보고서, 시설물관리대장 및 설계도서 등의 관련서류

⑨ 기타 시설물 안전 및 유지관리와 관련되며, 시설물 정보로 관리할 필요가 있다고 정한 사항

4 운영현황

시설물의 안전 및 유지관리에 관련된 정보체계의 구축을 위하여 시설물의 기본정보, 준공도서류, 감리보고서, 안전점검종합보고서, 정밀점검 및 정밀안전진단보고서, 보수 · 보강 등 유지관리와 관련된 이력정보, 안전진단전문기관 · 유지관리업자의 정보 등을 관리하기 위하여 웹(인터넷)을 통하여 온라인으로 등록 관리하고 있다.

5 시설물정보관리종합시스템의 활용

① 시설물정보를 생산하는 자는 시설물정보관리종합시스템을 이용해 보고, 통보, 제출
② 국토교통부장관은 시설물 정보의 신뢰성과 객관성을 위해 시설물 정보에 관한 확인 및 점검 실시
③ 관리주체가 FMS를 통해 안전 및 유지관리계획을 제출한 경우 시장, 군수, 구청장이 시도지사에게 제출현황을 보고하고, 중앙행정기관의 장 또는 시도지사는 국토교통부장관에게 안전 및 유지관리계획 현황을 제출한 것으로 간주한다.
④ 기타 자료의 입력기준, 승인절차, 보관방법 및 정보공개 등 FMS의 관리운영에 관한 사항은 국토교통부장관이 고시한다.

PART 08

안전심리 · 안전관리

ACTUAL INTERVIEW

[1] 동기부여 이론

Maslow (욕구의 5단계)	Alderfer (ERG 이론)	McGregor (X, Y 이론)	Herzberg (위생-동기 이론)
• 1단계 : 생리적 욕구(Physical Needs), 일당 · 기본급 등의 기본욕구 • 2단계 : 안전욕구(Safety Needs), 생활 패턴의 안전과 정규직 등을 추구하는 욕구	생존(Existence) 욕구	X 이론	위생 요인
• 3단계 : 사회적 욕구(Relations Needs), 원만한 대인관계를 추구하는 욕구	관계(Relatedness) 욕구		
• 4단계 : 인정받으려는 욕구(Esteem Needs), 스스로 인정받으려 추구하는 욕구 • 5단계 : 자아실현의 욕구(Self Actuali-zation Needs), 자아실현 추구 단계 욕구	성장(Growth) 욕구	Y 이론	동기 요인

[2] RMR

1 RMR 산정식

$$\text{RMR} = \frac{\text{작업대사량}}{\text{기초대사량}} = \frac{\text{작업 시 산소소모량} - \text{안정 시 산소소모량}}{\text{기초대사량}}$$

2 RMR과 작업강도

RMR	작업강도	해당 작업
0~1	초경작업	서류 찾기, 느린 속도 보행
1~2	경작업	데이터 입력, 신호수의 신호작업
2~4	보통작업	장비운전, 콘크리트 다짐작업
4~7	중작업	철골 볼트 조임, 주름관 사용 콘크리트 타설작업
7 이상	초중작업	해머 사용 해체작업, 거푸집 인력 운반작업

3 점검 주체

① 관리 주체

② 안전진단전문기관

③ 유지관리업자(전문건설업자)

Occupational Safety Instructor

[3] 밀폐공간보건작업 프로그램

1 주요 내용

(1) 밀폐공간에 근로자를 종사시킬 경우 사업주는 밀폐공간보건작업 프로그램을 수립 · 시행하여야 함

※ 밀폐공간보건작업 프로그램에는 다음의 내용이 포함되어야 함

① 사업장 내 밀폐공간의 위치 확인

② 밀폐공간 내 질식 · 중독 등을 일으킬 수 있는 유해 · 위험요인의 확인

③ 근로자의 밀폐공간 작업에 대한 사업주의 사전 허가 절차

④ 산소 · 유해가스농도의 측정 · 평가 및 그 결과에 따른 환기 등 후속조치 방법

⑤ 송기마스크 또는 공기호흡기의 착용과 관리

⑥ 비상연락망, 사고 발생 시 응급조치 및 구조체계 구축

⑦ 안전보건교육 및 훈련

⑧ 그 밖에 밀폐공간 작업근로자의 건강장해 예방에 관한 사항

(2) 사전 허가절차를 수립하는 경우 포함사항

① 작업정보(작업일시 및 기간, 작업 장소, 작업 내용 등)

② 작업자 정보(관리감독자, 근로자, 감시인)

③ 산소농도 등의 측정결과 및 그 결과에 따른 환기 등 후속조치 사항

④ 작업 중 불활성가스 또는 유해가스의 누출 · 유입 · 발생 가능성 검토 및 조치사항

⑤ 작업 시 착용하여야 할 보호구

⑥ 비상연락체계

(3) 밀폐공간 작업허가 등

① 사업주는 근로자가 밀폐공간에서 작업을 하는 경우 사전에 허가절차를 수립하는 경우 포함사항을 확인하고, 근로자의 밀폐공간 작업에 대한 사업주의 사전허가 절차에 따라 작업하도록 하여야 한다.

② 사업주는 해당 작업이 종료될 때까지 ①에 따른 확인 내용을 작업장 출입구에 게시하여야 한다.

(4) 출입의 금지

사업주는 사업장 내 밀폐공간을 사전에 파악하고, 밀폐공간에는 관계 근로자가 아닌 사람의 출입을 금지하고, 출입금지 표지를 보기 쉬운 장소에 게시하여야 한다.

(5) 사고 시의 대피 등

사업주는 근로자가 밀폐공간에서 작업을 하는 때에 산소결핍이 우려되거나 유해가스 등의 농도가 높아서 질식 · 화재 · 폭발 등의 우려가 있는 경우에 즉시 작업을 중단시키고 해당 근로자를 대피하도록 하여야 한다.

(6) 대피용 기구의 비치

사업주는 근로자가 밀폐공간에서 작업을 하는 경우 비상시에 근로자를 피난시키거나 구출하기 위하여 공기호흡기 또는 송기마스크, 사다리 및 섬유로프 등 필요한 기구를 갖추어 두어야 한다.

(7) 구출 시 공기호흡기 또는 송기마스크 등의 사용

사업주는 밀폐공간에서 위급한 근로자를 구출하는 작업을 하는 경우에 그 구출작업에 종사하는 근로자에게 공기호흡기 또는 송기마스크를 지급하여 착용하도록 하여야 한다.

(8) 긴급상황에 대처할 수 있도록 종사근로자에 대하여 응급조치 등을 6월에 1회 이상 주기적으로 훈련시키고 그 결과를 기록·보존하여야 함

※ 긴급구조훈련 내용 : 비상연락체계 운영, 구조용 장비의 사용, 공기호흡기 또는 송기마스크의 착용, 응급처치 등

(9) 작업시작 전 근로자에게 안전한 작업방법 등을 알려야 함

※ 알려야 할 사항 : 산소 및 유해가스농도 측정에 관한 사항, 사고 시의 응급조치 요령, 환기설비 등 안전한 작업방법에 관한 사항, 보호구 착용 및 사용방법에 관한 사항, 구조용 장비사용 등 비상시 구출에 관한 사항

(10) 근로자가 밀폐공간에 종사하는 경우 사전에 관리감독자, 안전관리자 등 해당자로 하여금 산소농도 등을 측정하고 적정한 공기 기준과 적합 여부를 평가하도록 함

※ 산소농도 등을 측정할 수 있는 자 : 관리감독자, 안전 · 보건관리자, 안전관리대행기관, 지정측정기관

2 밀폐공간의 적정 공기수준

산소	CO_2	가연성 Gas(메탄 등)	H_2S(관리대상)	CO
18~23.5%	1.5% 미만	10% 미만	10ppm 미만	30ppm 미만

[4] 연쇄성 이론

1 하인리히(H. W. Heinrich)와 버드(F. E. Bird)의 Domino 이론 비교

단계	하인리히	버드
1	유전적 요인 및 사회적 환경	제어의 부족(안전관리 부족)
2	개인적 결함(인적 결함)	기본원인(인적 · 작업상 원인)
3	불안전 상태 및 불안전 행동	직접원인(불안전한 상태 · 행동)
4	사고	사고
5	재해	재해
재해예방	직접원인 제거 시 재해예방	기본원인 제거 시 재해예방

[하인리히와 버드의 이론 비교]

구분	하인리히	버드
재해발생비	1 : 29 : 300 [중상해 : 경상해 : 무상해 사고]	1 : 10 : 30 : 600 [중상 : 상해 : 물적만의 사고 : 무상해사고]
도미노 이론	재해발생 5단계 1. 선천적 결함 2. 개인적 결함 3. 직접원인(인적+물적 원인) 4. 사고 5. 상해	재해발생 5단계 1. 제어의 부족 2. 기본원인 3. 직접원인 4. 사고 5. 상해
직접원인 비율	불안전한 행동 : 불안전한 상태 =88% : 12%	
재해손실 비용	1 : 4(직접비 : 간접비)	1 : 5(직접비 : 간접비)
재해예방의 5단계	1. 조직 2. 사실의 발견 3. 분석평가 4. 대책의 선정 5. 대책의 적용	
재해예방의 4원칙	1. 손실우연의 원칙 2. 원인계기의 원칙 3. 예방가능의 원칙 4. 대책선정(강구)의 원칙	

2 하인리히와 버드의 재해발생비율 비교

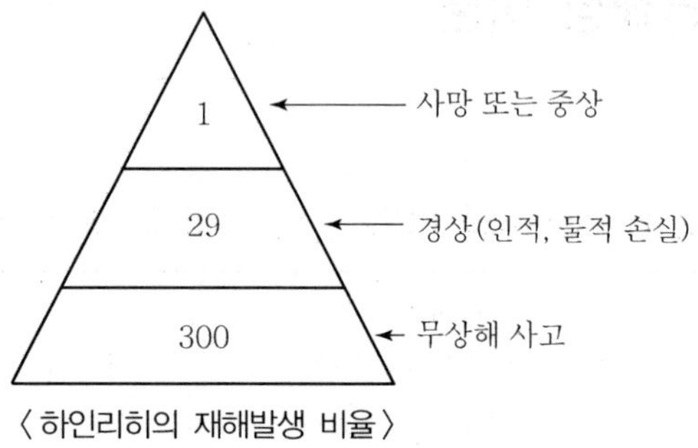

〈 하인리히의 재해발생 비율 〉

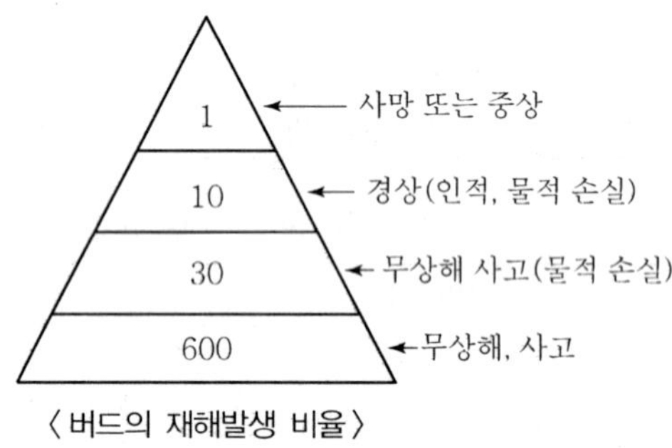

〈 버드의 재해발생 비율 〉

[5] 최하사점

1 최하사점의 공식

$$H > h = \text{로프길이}(l) + \text{로프의 신장 길이}(l \cdot \alpha) + \text{작업자 키의 } \frac{1}{2}(T/2)$$

여기서, h : 추락 시 로프지지 위치에서 신체 최하사점까지의 거리(최하사점)

H : 로프지지 위치에서 바닥면까지의 거리

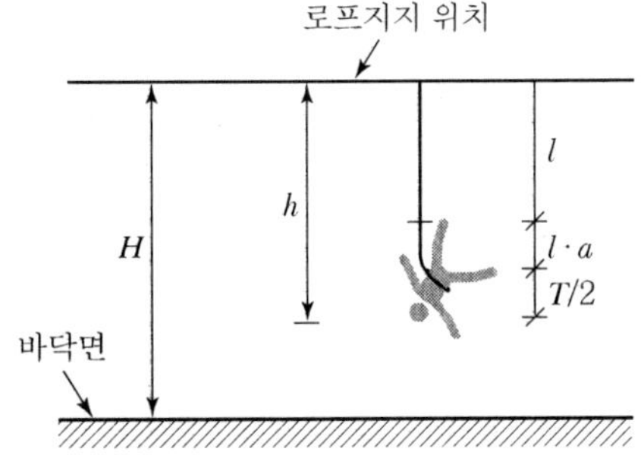

2 Rope 거리(길이)에 따른 결과

① $H > h$: 안전

② $H = h$: 위험

③ $H < h$: 중상 또는 사망

3 그네식 안전대 착용 시의 추락거리

$$RD = LL + DD + HH + C$$

여기서, LL : 죔줄의 길이

DD : 충격흡수장치의 감속거리(1m)

HH : D링에서 작업자 발까지의 거리(약 1.5m)

C : 추락 저지 시 바닥까지의 여유공간(75cm, 여유거리 45cm 와 부착된 부재의 늘어나는 길이 30cm 정도)

토공사 안전대책

ACTUAL
INTERVIEW

Occupational Safety Instructor

[1] 인력굴착 안전대책

1 준비

(1) 공사 전 준비로서 다음 사항을 준수하여야 한다.

① 작업계획, 작업내용을 충분히 검토하고 이해하여야 한다.

② 공사물량 및 공기에 따른 근로자의 소요인원을 계획하여야 한다.

③ 굴착예정지의 주변 상황을 조사하여 조사결과 작업에 지장을 주는 장애물이 있는 경우 이설, 제거, 거치보전 계획을 수립하여야 한다.

④ 시가지 등에서 공중재해에 대한 위험이 수반될 경우 예방대책을 수립하여야 하며, 가스관, 상하수도관, 지하케이블 등의 지하매설물에 대한 방호조치를 하여야 한다.

⑤ 작업에 필요한 기기, 공구 및 자재의 수량을 검토, 준비하고 반입방법에 대하여 계획하여야 한다.

⑥ 예정된 굴착방법에 적절한 토사 반출방법을 계획하여야 한다.

⑦ 관련 작업(굴착기계 · 운반기계 등의 운전자, 흙막이공, 혈틀공, 철근공, 배관공 등)의 책임자 상호간의 긴밀한 협조와 연락을 충분히 하여야 하며 수기 신호, 무선 통신, 유선통신 등의 신호체제를 확립한 후 작업을 진행시켜야 한다.

⑧ 지하수 유입에 대한 대책을 수립하여야 한다.

(2) 일일 준비로서 다음 사항을 준수하여야 한다.

① 작업 전에 반드시 작업장소의 불안전한 상태 유무를 점검하고 미비점이 있을 경우 즉시 조치하여야 한다.

② 근로자를 적절히 배치하여야 한다.

③ 사용하는 기기, 공구 등을 근로자에게 확인시켜야 한다.

④ 근로자의 안전모 착용 및 복장상태, 또 추락의 위험이 있는 고소작업자는 안전대를 착용하고 있는가 등을 확인하여야 한다.

⑤ 근로자에게 당일의 작업량, 작업방법을 설명하고, 작업의 단계별 순서와 안전상의 문제점에 대하여 교육하여야 한다.

⑥ 작업장소에 관계자 이외의 자가 출입하지 않도록 하고, 또 위험장소에는 근로자가 접근하지 않도록 출입금지 조치를 하여야 한다.

⑦ 굴착된 흙이 차량으로 운반될 경우 통로를 확보하고 굴착자와 차량 운전자가 상호 연락할 수 있도록 하되, 그 신호는 고용노동부장관이 고시한 크레인작업표준신호 지침에서 정하는 바에 의한다.

2 작업

굴착작업 시 다음 사항을 준수하여야 한다.

① 안전담당자의 지휘하에 작업하여야 한다.

② 지반의 종류에 따라서 정해진 굴착면의 높이와 기울기로 진행시켜야 한다.

③ 굴착면 및 흙막이지보공의 상태를 주의하여 작업을 진행시켜야 한다.

④ 굴착면 및 굴착심도 기준을 준수하여 작업 중 붕괴를 예방하여야 한다.

⑤ 굴착토사나 자재 등을 경사면 및 토류벽 천단부 주변에 쌓아 두어서는 안 된다.

⑥ 매설물, 장애물 등에 항상 주의하고 대책을 강구한 후에 작업을 하여야 한다.

⑦ 용수 등의 유입수가 있는 경우 반드시 배수시설을 한 뒤에 작업을 하여야 한다.

⑧ 수중펌프나 벨트콘베이어 등 전동기기를 사용할 경우는 누전차단기를 설치하고 작동 여부를 확인하여야 한다.

⑨ 산소 결핍의 우려가 있는 작업장은 안전보건규칙 제618조부터 645조까지의 규정을 준수하여야 한다.

⑩ 도시가스 누출, 메탄가스 등의 발생이 우려되는 경우에는 화기를 사용하여서는 안 된다. 또한 이들 유해 가스에 대해서는 제9항을 참고한다.

[2] 절토작업 안전대책

(1) 상부에서 붕락 위험이 있는 장소에서의 작업은 금하여야 한다.

(2) 상 · 하부 동시작업은 금지하여야 하나 부득이한 경우 다음 조치를 실시한 후 작업하여야 한다.

① 견고한 낙하물 방호시설 설치

② 부석 제거

③ 작업장소에 불필요한 기계 등의 방치 금지

④ 신호수 및 담당자 배치

(3) 굴착면이 높은 경우는 계단식으로 굴착하고 소단의 폭은 수평거리 2미터 정도로 하여야 한다.

(4) 사면경사 1 : 1 이하이며 굴착면이 2미터 이상일 경우는 안전대 등을 착용하고 작업해야 하며 부석이나 붕괴하기 쉬운 지반은 적절한 보강을 하여야 한다.

(5) 급경사에는 사다리 등을 설치하여 통로로 사용하여야 하며 도괴하지 않도록 상 · 하부를 지지물로 고정시키며 장기간 공사 시에는 비계 등을 설치하여야 한다.

(6) 용수가 발생하면 즉시 작업 책임자에게 보고하고 배수 및 작업방법에 대해서 지시를 받아야 한다.

(7) 우천 또는 해빙으로 토사붕괴가 우려되는 경우에는 작업전 점검을 실시하여야 하며, 특히 굴착면 천단부 주변에는 중량물의 방치를 금하며 대형 건설기계 통과 시에는 적절한 조치를 확인하여야 한다.

(8) 절토면을 장기간 방치할 경우는 경사면을 가마니 쌓기, 비닐덮기 등 적절한 보호조치를 하여야 한다.

(9) 발파암반을 장기간 방치할 경우는 낙석방지용 방호망을 부착, 몰타르를 주입, 그라우팅, 록볼트 설치 등의 방호시설을 하여야 한다.

(10) 암반이 아닌 경우는 경사면에 도수로, 산마루측구 등 배수시설을 설치하여야 하며, 제3자가 근처를 통행할 가능성이 있는 경우는 안전시설과 안전표지판을 설치하여야 한다.

(11) 벨트콘베이어를 사용할 경우는 경사를 완만하게 하여 안정된 상태를 유지하도록 하여야 하며, 콘베이어 양단면에 스크린 등의 설치로 토사의 전락을 방지하여야 한다.

Occupational Safety Instructor

[3] 트렌치굴착 안전대책

(1) 통행자가 많은 장소에서 굴착하는 경우 굴착장소에 방호울 등을 사용하여 접근을 금지시키고, 안전 표지판을 식별이 용이한 장소에 설치하여야 한다.

(2) 야간에는 작업장에 충분한 조명시설을 하여야 하며 가시설물은 형광벨트의 설치, 경광등 등을 설치하여야 한다.

(3) 굴착 시는 원칙적으로 흙막이 지보공을 설치하여야 한다.

(4) 흙막이 지보공을 설치하지 않는 경우 굴착깊이는 1.5미터 이하로 하여야 한다.

(5) 수분을 많이 포함한 지반의 경우나 뒤채움 지반인 경우 또는 차량이 통행하여 붕괴하기 쉬운 경우에는 반드시 흙막이 지보공을 설치하여야 한다.

(6) 굴착폭은 작업 및 대피가 용이하도록 충분한 넓이를 확보하여야 하며, 굴착깊이가 2미터 이상일 경우에는 1미터 이상의 폭으로 한다.

(7) 흙막이널판만을 사용할 경우는 널판길이의 1/3 이상의 근입장을 확보하여야 한다.

(8) 용수가 있는 경우는 펌프로 배수하여야 하며, 흙막이 지보공을 설치하여야 한다.

(9) 굴착면 천단부에는 굴착토사와 자재 등의 적재를 금하며 굴착깊이 이상 떨어진 장소에 적재토록 하고, 건설기계가 통행할 가능성이 있는 장소에는 별도의 장비 통로를 설치하여야 한다.

(10) 브레이커 등을 이용하여 파쇄하거나 견고한 지반을 분쇄할 경우에는 진동을 방지할 수 있는 장갑을 착용하도록 하여야 한다.

(11) 콤프레샤는 작업이나 통행에 지장이 없는 장소에 설치하여야 한다.

(12) 벨트콘베이어를 이용하여 굴착토를 반출할 경우는 다음 사항을 준수하여야 한다.

① 기울기가 완만하도록(표준 30도 이하)하고 안정성이 있으며 비탈면이 붕괴되지 않도록 설치하며 가대 등을 이용하여 가능한 한 굴착면에 가깝도록 설치하며 작업장소에 따라 조금씩 이동한다.

② 벨트콘베이어를 이동할 경우는 작업책임자를 선임하고 지시에 따라 이동해야 하며 전원스위치, 내연기관 등은 반드시 단락 조치 후 이동한다.

③ 회전부분에 말려들지 않도록 방호조치를 하여야 하며, 비상정지장치가 있어야 한다.

④ 큰 옥석 등의 석괴는 적재시키지 않아야 하며 부득이할 경우는 운반 중 낙석, 전락방지를 위한 콘베이어 양단부에 스크린 등의 방호조치를 하여야 한다.

⒀ 가스관, 상 · 하수도관, 케이블 등의 지하매설물이 반결되면 공사를 중지하고 작업책임자의 지시에 따라 방호조치 후 굴착을 실시하며, 매설물을 손상시켜서는 안 된다.
⒁ 바닥면의 굴착심도를 확인하면서 작업한다.
⒂ 굴착깊이가 1.5미터 이상인 경우는 사다리, 계단 등 승강설비를 설치하여야 한다.
⒃ 굴착된 도량 내에서 휴식을 취하여서는 안 된다.
⒄ 매설물을 설치하고 뒤채움을 할 경우에는 30센티미터 이내마다 충분히 다지고 필요시 물다짐 등 시방을 준수하여야 한다.
⒅ 작업도중 굴착된 상태로 작업을 종료할 경우는 방호울, 위험 표지판을 설치하여 제3자의 출입을 금지시켜야 한다.

Occupational Safety Instructor

[4] 기초굴착 안전대책

(1) 사면굴착 및 수직면 굴착 등 오픈컷트 공법에 있어 흙막이벽 또는 지보공 안전담당자를 필히 선임하여 구조, 특징 및 작업순서를 충분히 숙지한 후 순서에 의해 작업하여야 한다.

(2) 버팀재를 설치하는 구조의 흙막이지보공에서는 스트러트, 띠장, 사보강재 등을 설치하고 하부작업을 하여야 한다.

(3) 기계굴착과 병행하여 인력 굴착작업을 수행할 경우는 작업분담구역을 정하고 기계의 작업반경 내에 근로자가 들어가지 않도록 해야 하며, 담당자 또는 기계 신호수를 배치하여야 한다.

(4) 버팀재, 사보강재 위로 통행을 해서는 안 되며, 부득이 통행할 경우에는 폭 40센티미터 이상의 안전통로를 설치하고 통로에는 표준안전난간을 설치하고 안전대를 사용하여야 한다.

(5) 스트러트 위에는 중량물을 놓아서는 안 되며, 부득이한 경우는 지보공으로 충분히 보강하여야 한다.

(6) 배수펌프 등은 용수 시 항상 사용할 수 있도록 정비하여 두고 이상 용출수가 발생할 경우 작업을 중단하고 즉시 작업책임자의 지시를 받는다.

(7) 지표수 등이 유입하지 않도록 차수시설을 하고 경사면에 추락이나 낙하물에 대한 방호조치를 하여야 한다.

(8) 작업 중에는 흙막이지보공의 시방을 준수하고 스트러트 또는 흙막이벽의 이상 상태에 주의하며 이상토압이 발생하여 지보공 또는 벽에 변형이 발생되면 즉시 작업책임자에게 보고하고 지시를 받아야 한다.

(9) 점토질 및 사질토의 경우에는 히빙 및 보일링 현상에 대비하여 사전조치를 하여야 한다.

Occupational Safety Instructor

[5] 기계굴착 안전대책

1 준비

기계에 의한 굴착작업 시에는 다음 사항을 준수하여야 한다.

(1) 공사의 규모, 주변환경, 토질, 공사기간 등의 조건을 고려한 적절한 기계를 선정하여야 한다.

(2) 작업 전에 기계의 정비상태를 정비기록표 등에 의해 확인하고 다음 사항을 점검하여야 한다.

① 낙석, 낙하물 등의 위험이 예상되는 작업 시 견고한 헤드가아드 설치상태

② 브레이크 및 클러치의 작동상태

③ 타이어 및 궤도차륜 상태

④ 경보장치 작동상태

⑤ 부속장치의 상태

(3) 정비상태가 불량한 기계는 투입해서는 안 된다.

(4) 장비의 진입로와 작업장에서의 주행로를 확보하고, 다짐도, 노폭, 경사도 등의 상태를 점검하여야 한다.

(5) 굴착된 토사의 운반통로, 노면의 상태, 노폭, 기울기, 회전반경 및 교차점, 장비의 운행 시 근로자의 비상대피처 등에 대해서 조사하여 대책을 강구하여야 한다.

(6) 인력굴착과 기계굴착을 병행할 경우 각각의 작업 범위와 작업추진 방향을 명확히 하고 기계의 작업반경 내에 근로자가 출입하지 않도록 방호설비를 하거나 감시인을 배치한다.

(7) 발파, 붕괴 시 대피장소가 확보되어야 한다.

(8) 장비 연료 및 정비용 기구 공구 등의 보관장소가 적절한지를 확인하여야 한다.

(9) 운전자가 자격을 갖추었는지를 확인하여야 한다.

(10) 굴착된 토사를 덤프트럭 등을 이용하여 운반할 경우는 유도자와 교통정리원을 배치하여야 한다.

2 작업

기계굴착 작업 시에는 다음 사항을 준수하여야 한다.

(1) 운전자의 건강상태를 확인하고 과로시키지 않아야 한다.

(2) 운전자 및 근로자는 안전모를 착용시켜야 한다.
(3) 운전자외에는 승차를 금지시켜야 한다.
(4) 운전석 승강장치를 부착하여 사용하여야 한다.
(5) 운전을 시작하기 전에 제동장치 및 클러치 등의 작동유무를 반드시 확인하여야 한다.
(6) 통행인이나 근로자에게 위험이 미칠우려가 있는 경우는 유도자의 신호에 의해서 운전하여야 한다.
(7) 규정된 속도를 지켜 운전해야 한다.
(8) 정격용량을 초과하는 가동은 금지하여야 하며 연약지반의 노견, 경사면 등의 작업에서는 담당자를 배치하여야 한다.
(9) 기계의 주행로는 충분한 폭을 확보해야 하며 노면의 다짐도가 충분하게 하고 배수조치를 하며 기존도로를 이용할 경우 청소에 유의하고 필요한 장소에 담당자를 배치한다.
(10) 시가지 등 인구 밀집지역에서는 매설물 등을 확인하기 위하여 줄파기 등 인력굴착을 선행한 후 기계굴착을 실시하여야 한다. 또한 매설물이 손상을 입는 경우는 즉시 작업 책임자에게 보고하고 지시를 받아야 한다.
(11) 갱이나 지하실 등 환기가 잘 안 되는 장소에서는 환기가 충분히 되도록 조치하여야 한다.
(12) 전선이나 구조물 등에 인접하여 부움을 선회해야 될 작업에는 사전에 회전반경, 높이 제한 등 방호조치를 강구하고 유도자의 신호에 의하여 작업을 하여야 한다.
(13) 비탈면 천단부 주변에는 굴착된 흙이나 재료 등을 적재해서는 안 된다.
(14) 위험장소에는 장비 및 근로자, 통행인이 접근하지 못하도록 표지판을 설치하거나 감시인을 배치하여야 한다.
(15) 장비를 차량으로 운반해야 될 경우에는 전용 트레일러를 사용하여야 하며, 널빤지로 된 발판 등을 이용하여 적재할 경우에는 장비가 전도되지 않도록 안전한 기울기, 폭 및 두께를 확보해야 하며 발판 위에서 방향을 바꾸어서는 안 된다.
(16) 작업의 종료나 중단 시에는 장비를 평탄한 장소에 두고 바켓 등을 지면에 내려 놓아야 하며 부득이한 경우에는 바퀴에 고임목 등으로 받쳐 전락 및 구동을 방지하여야 한다.
(17) 장비는 당해 작업목적 이외에는 사용하여서는 안 된다.
(18) 장비에 이상이 발견되면 즉시 수리하고 부속장치를 교환하거나 수리할 때에는 안전담당자가 점검하여야 한다.
(19) 부착물을 들어 올리고 작업할 경우에는 안전지주, 안전블록 등을 사용하여야 한다.
(20) 작업종료 시에는 장비관리 책임자가 열쇠를 보관하여야 한다.

(21) 낙석 등의 위험이 있는 장소에서 작업할 경우는 장비에 헤드가아드 등 견고한 방호장치를 설치하여야 하며 전조등, 경보장치 등이 부착되지 않은 기계를 운전시켜서는 안 된다.

(22) 흙막이지보공을 설치할 경우는 지보공부재의 설치순서에 맞도록 굴착을 진행시켜야 한다.

(23) 조립된 부재에 장비의 버켓 등이 닿지 않도록 신호자의 신호에 의해 운전하여야 한다.

(24) 상 · 하 작업을 동시에 할 경우 다음에 유의하여야 한다.

① 상부로부터의 낙하물 방호설비를 한다.

② 굴착면 등에 있는 부석 등을 완전히 제거한 후 작업을 한다.

③ 사용하지 않는 기계, 재료, 공구 등을 작업장소에 방치하지 않는다.

④ 작업은 책임자의 감독하에 진행한다.

Occupational Safety Instructor

[6] 발파굴착 안전대책

1 준비 및 발파

발파작업 시에는 다음 사항을 준수하여야 한다.

(1) 발파작업에 대한 천공, 장전, 결선, 점화, 불발 잔약의 처리 등은 선임된 발파책임자가 하여야 한다.

(2) 발파 면허를 소지한 발파책임자의 작업지휘하에 발파작업을 하여야 한다.

(3) 발파 시에는 반드시 발파시방에 의한 장약량, 천공장, 천공구경, 천공각도, 화약 종류, 발파방식을 준수하여야 한다.

(4) 암질변화 구간의 발파는 반드시 시험발파를 선행하여 실시하고 암질에 따른 발파 시방을 작성하여야 하며 진동치, 속도, 폭력 등 발파 영향력을 검토하여야 한다.

(5) 암질변화 구간 및 이상암질의 출현 시 반드시 암질판별을 실시하여야 하며, 암질판별은 다음을 기준으로 하여야 한다.

① R.Q.D(%)

② 탄성파속도(m/sec)

③ R.M.R

④ 일축압축강도(kg/cm^2)

⑤ 진동치 속도(cm/sec=Kine)

(6) 발파시방을 변경하는 경우 반드시 시험발파를 실시하여야 하며 진동파속도, 폭력, 폭속 등의 조건에 의해 적정한 발파시방이어야 한다.

(7) 주변 구조물 및 인가 등 피해대상물이 인접한 위치의 발파는 진동치 속도가 0.5(cm/sec)을 초과하지 아니하여야 한다.

(8) 터널의 경우(NATM 기준) 계측관리 사항 기준은 다음 사항을 적용하며 지속적 관찰에 의한 보강대책을 강구하여야 한다. 또한 이상 변위가 나타나면 즉시 작업중단 및 장비, 인력대피 조치를 하여야 한다.

① 내공변위 측정

② 천단침하 측정

③ 지중, 지표침하 측정

④ 록볼트 축력 측정

⑤ 숏크리트 응력 측정

(9) 화약 양도양수 허가증을 정기적으로 확인하여 사용기간, 사용량 등을 확인하여야 한다.

(10) 작업책임자는 발파작업 지휘자와 발파시간, 대피장소, 경로, 방호의 방법에 대하여 충분히 협의하여 작업자의 안전을 도모하여야 한다.

(11) 낙반, 부석의 제거가 불가능할 경우 부분 재발파, 록볼트, 포아포올링 등의 붕괴방지를 실시하여야 한다.

(12) 발파작업을 할 경우는 적절한 경보 및 근로자와 제3자의 대피 등의 조치를 취한 후에 실시하여야 하며, 발파 후에는 불발잔약의 확인과 진동에 의한 2차 붕괴 여부를 확인하고 낙반, 부석처리를 완료한 후 작업을 재개하여야 한다.

2 화약류의 운반

화약류의 운반에는 다음 사항을 준수하여야 한다.

(1) 화약류는 반드시 화약류 취급책임자로부터 수령하여야 한다.

(2) 화약류의 운반은 반드시 운반대나 상자를 이용하며 소분하여 운반하여야 한다.

(3) 용기에 화약류와 뇌관을 함께 운반하지 않는다.

(4) 화약류, 뇌관 등은 충격을 주지 않도록 신중하게 취급하고 화기에 가까이 해서는 안 된다.

(5) 발파 후 굴착작업을 할 때는 불발잔약의 유무를 반드시 확인하고 작업한다.

(6) 전석의 유무를 조사하고 소정의 높이와 기울기를 유지하고 굴착작업을 한다.

Occupational Safety Instructor

[7] 옹벽시공 시 안전대책

옹벽을 축조 시에는 불안전한 급경사가 되게 하거나 좁은 장소에서 작업을 할 때에는 위험을 수반하게 되므로 다음 사항을 준수하여야 한다.

(1) 수평방향의 연속시공을 금하며, 브럭으로 나누어 단위시공 단면적을 최소화하여 분단시공을 한다.

(2) 하나의 구간을 굴착하면 방치하지 말고 즉시 버팀 콘크리트를 타설하고 기초 및 본체구조물 축조를 마무리한다.

(3) 절취경사면에 전석, 낙석의 우려가 있고 혹은 장기간 방치할 경우에는 숏크리트, 록볼트, 넷트, 캔버스 및 모르터 등으로 방호한다.

(4) 작업위치의 좌우에 만일의 경우에 대비한 대피통로를 확보하여 둔다.

Occupational Safety Instructor

[8] 깊은 굴착작업 안전대책

1 착공 전 조사

깊은 굴착작업 시에는 착공 전 다음에서 정하는 적합한 조사를 하여야 한다.

(1) 지질의 상태에 대해 충분히 검토하고 작업책임자와 굴착공법 및 안전조치에 대하여 정밀한 계획을 수립하여야 한다.

(2) 지질조사 자료는 정밀하게 분석되어야 하며, 지하수위, 토사 및 암반의 심도 및 층두께, 성질 등이 명확하게 표시되어야 한다.

(3) 착공지점의 매설물 여부를 확인하고 매설물이 있는 경우 이설 및 거치보전 등 계획 변경을 한다.

(4) 지하수위가 높은 경우 차수벽 설치계획을 수립하여야 하며, 차수벽 또는 지중 연속벽 등의 설치는 토압계산에 의하여 실시되어야 한다.

(5) 토사반출 목적으로 복공구조의 시설을 필요로 할 경우에는 반드시 적재하중 조건을 고려하여 구조계산에 의한 지보공 설치를 하여야 한다.

(6) 깊이 10.5m 이상의 굴착의 경우 다음 계측기기의 설치에 의하여 흙막이 구조의 안전을 예측하여야 하며, 설치가 불가능할 경우 트랜싯 및 레벨 측량기에 의해 수직 · 수평 변위 측정을 실시하여야 한다.

① 수위계

② 경사계

③ 하중 및 침하계

④ 응력계

(7) 계측기기 판독 및 측량 결과 수직, 수평 변위량이 허용범위를 초과할 경우, 즉시 작업을 중단하고, 장비 및 자재의 이동, 배면토압의 경감조치, 가설 지보공구조의 보완 등 긴급조치를 취하여야 한다.

(8) 히빙 및 보일링에 대한 긴급대책을 사전에 강구하여야 하며, 흙막이지보공 하단부 굴착시 이상 유무를 정밀하게 관측하여야 한다.

(9) 깊은 굴착의 경우 경질암반에 대한 발파는 반드시 시험발파에 의한 발파시방을 준수하여야 하며 엄지말뚝, 중간말뚝, 흙막이지보공 벽체의 진동영향력이 최소가 되게 하여야 한다. 경우에 따라 무진동 파쇄방식의 계획을 수립하여 진동을 억제하여야 한다.

(10) 배수계획을 수립하고 배수능력에 의한 배수장비와 배수경로를 설정하여야 한다.

2 지시확인 등

깊은 굴착작업 시에는 다음 사항을 준수하여야 한다.

(1) 신호수를 정하고 표준신호방법에 의해 신호하여야 한다.

(2) 작업조는 가능한 한 숙련자로 하고, 반드시 작업 책임자를 배치하여야 한다.

(3) 작업 전 점검은 책임자가 하고 확인한 결과를 기록하여야 한다.

(4) 산소결핍의 위험이 있는 경우는 안전담당자를 배치하고 산소농도 측정 및 기록을 하게 한다. 또 메탄가스가 발생할 우려가 있는 경우는 가스측정기에 의한 농도기록을 하여야 한다.

(5) 작업장소의 조명 및 위험개소의 유 · 무 등에 대하여 확인하여야 한다.

3 설비의 조립

토사반출용 고정식 크레인 및 호이스트 등을 조립하여 사용할 경우에는 다음 사항을 준수하여야 한다.

(1) 토사단위 운반용량에 기준한 버켓이어야 하며, 기계의 제원은 안전율을 고려한 것이어야 한다.

(2) 기초를 튼튼히 하고 각부는 파일에 고정하여야 한다.

(3) 윈치는 이동, 침하하지 않도록 설치하여야 하고 와이어로우프는 설비 등에 접촉하여 마모하지 않도록 주의하여야 한다.

(4) 잔토반출용 개구부에는 견고한 철책, 난간 등을 설치하고 안전표지판을 설치하여야 한다.

(5) 개구부는 버켓의 출입에 지장이 없는 가능한 한 작은 것으로 하고 또 버켓의 경로는 철근 등을 이용 가이드를 설치하여야 한다.

4 굴착작업

굴착작업 시에는 다음 사항을 준수하여야 한다.

(1) 굴착은 계획된 순서에 의해 작업을 실시하여야 한다.

(2) 작업 전에 산소농도를 측정하고 산소량은 18퍼센트 이상이어야 하며, 발파 후 반드시 환기설비를 작동시켜 가스배출을 한 후 작업을 하여야 한다.

(3) 연결고리구조의 쉬이트파일 또는 라이너플레이트를 설치한 경우 틈새가 생기지 않도록 정확히 하여야 한다.

(4) 쉬이트파일의 설치시 수직도는 1/100 이내이어야 한다.

(5) 쉬이트파일의 설치는 양단의 요철부분을 반드시 겹치고 소정의 핀으로 지반에 고정하여야 한다.

(6) 링은 쉬이트파일에 소정의 볼트를 긴결하여 확실하게 설치하여야 한다.

(7) 토압이 커서 링이 변형될 우려가 있는 경우 스트러트 등으로 보강하여야 한다.

(8) 라이너플레이트의 이음에는 상 · 하교합이 되도록 하여야 한다.

(9) 굴착 및 링의 설치와 동시에 철사다리를 설치 · 연장하여야 한다. 철사다리는 굴착 바닥면과 1미터 이내가 되게 하고 버켓의 경로, 전선, 닥트 등이 배치하지 않는 곳에 설치하여야 한다.

(10) 용수가 발생한 때에는 신속하게 배수하여야 한다.

(11) 수중펌프에는 감전방지용 누전차단기를 설치하여야 한다.

5 자재의 반입 및 굴착토사의 처리

자재의 반입 및 굴착토사의 처리 시에는 다음 사항을 준수하여야 한다.

(1) 버켓은 후크에 정확히 걸고 상 · 하작업 시 이탈되지 않도록 하여야 한다.

(2) 버켓에 부착된 토사는 반드시 제거하고 상 · 하작업을 하여야 한다.

(3) 자재, 기구의 반입, 반출에는 낙하하지 않도록 확실하게 매달고 후크에는 해지 장치 등을 이용하여 이탈을 방지하여야 한다.

(4) 아크용접을 할 경우 반드시 자동전격방지장치와 누전차단기를 설치하고 접지를 하여야 한다.

(5) 인양물의 하부에는 출입하지 않아야 한다.

(6) 개구부에서 인양물을 확인할 경우 근로자는 반드시 안전대 등을 이용하여야 한다.

PART 10

추락재해 방지대책

ACTUAL INTERVIEW

Occupational Safety Instructor

[1] 안전난간

1 설치기준

① 상부난간대, 중간난간대, 발끝막이판 및 난간기둥으로 구성할 것. 다만, 중간 난간대, 발끝막이판 및 난간기둥은 이와 비슷한 구조와 성능을 가진 것으로 대체할 수 있다.

② 상부난간대는 바닥면, 발판, 경사로의 표면으로 부터 90cm 이상 120cm 이하로 설치하며, 중간대는 바닥면과 상부난간대의 중간에 설치한다.

③ 상부난간대를 120cm 이상 설치 시 중간난간은 2단 이상 균등 설치하고, 상 · 하 간격은 60cm 이하가 되도록 한다.

④ 발끝막이판은 바닥면으로부터 10cm 이상의 높이를 유지한다(단, 수직보호망을 설치하는 경우는 제외).

⑤ 난간대는 지름 2.7cm 이상의 금속제 파이프나 그 이상의 강도를 가진 재료를 사용한다.

⑥ 안전난간은 100kgf 이상의 하중에 견딜 수 있는 튼튼한 구조로 한다.

Occupational Safety Instructor

[2] 작업발판 및 계단

1 설치기준

① 작업발판의 폭은 40cm 이상으로 한다.
② 발판 간의 틈은 3cm 이하, 비계파이프와 발판 간의 틈은 10cm 이하로 한다.
③ 작업발판은 뒤집히거나 떨어지지 않도록 2개소 이상 고정한다.
④ 경사도가 30도 이상, 60도 미만인 경우 가설계단을 설치한다.
⑤ 계단은 1단의 높이가 22cm 정도로 일정한 단 높이를 유지하고, 발디딤판의 폭은 25~30cm를 표준으로 하여 설치한다.
⑥ 가설계단의 폭은 1m 이상으로 한다.
⑦ 계단 및 계단참의 강도는 500kgf/m^2 이상(안전율 4 이상)으로 한다.
⑧ 높이가 3m를 초과하는 계단은 높이 3m 이내마다 너비 1.2m 이상의 계단참을 설치한다.
⑨ 경사로의 높이가 1m를 초과할 경우 추락방지용 안전난간을 설치한다.

Occupational Safety Instructor

[3] 가설경사로

1 설치기준

① 비탈면 경사각은 30도 이하로 하고, 15도 초과 시 등간격으로 미끄럼막이를 설치한다.

② 폭은 최소 90cm 이상, 높이 7m 이내마다 계단참을 설치한다.

③ 통로 양측에 90~120cm의 상부난간대 및 45~60cm의 중간난간대를 설치한다.

④ 발판은 폭 40cm 이상, 틈은 3cm 이하로 설치한다.

⑤ 지지기둥은 수평거리 3m 이내마다 설치한다.

⑥ 목재는 미송, 육송 또는 동등 이상의 재질을 확보해야 한다.

2 설치방법

(1) 미끄럼막이 설치간격

경사각	간격	경사각	간격
30도	30cm	22도	40cm
29도	33cm	19도 20분	43cm
27도	35cm	17도	45cm
24도 15분	37cm	14도	47cm

(2) 미끄럼막이 설치각도

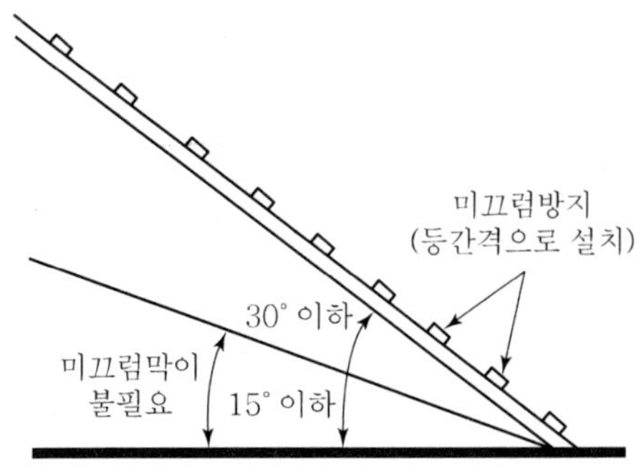

Occupational Safety Instructor

[4] 사다리

1 설치기준

① 사다리는 통로용으로만 사용한다.
② 사다리의 폭은 30cm 이상으로 하고, 상부에 100cm 이상의 여장 길이를 둔다.
③ 디딤판의 간격은 25~30cm 일정한 간격으로 설치한다.
④ 사다리를 설치할 바닥은 평평한 곳에 설치하며 바닥이 고르지 않을 경우 보조기구를 사용한다.
⑤ 이동식 사다리의 기울기는 75도 이하로 한다.
⑥ 이동식 사다리의 길이는 6m를 초과하지 않는다.
⑦ 고정식 사다리의 길이가 10m 이상인 때에는 5m 이내마다 계단참을 설치한다.
⑧ 고정식 사다리의 기울기는 90도 이하로 하고, 높이 7m 이상인 경우 바닥으로부터 높이가 2.5m 되는 지점부터 등받이를 설치한다. 단, 등받이를 설치가 불가능할 경우 추락방지대(완강기 또는 로립 등)를 설치할 수 있다.

Occupational Safety Instructor

[5] 말비계

1 설치기준

① 지주부재의 하단에서는 미끄럼방지장치를 하고, 근로자가 양측 끝부분에 올라서서 작업하지 않도록 한다.

② 지주 부재와 수평면의 기울기는 75도 이하로 하고, 지주부재와 지주부재 사이를 고정시키는 보조부재를 설치한다.

③ 높이가 2m를 초과하는 경우에는 작업발판의 폭을 40cm 이상으로 한다.

④ 재질은 알루미늄 또는 철재의 기성품(공장 제작품)을 사용하고, 현장 목재 제작품 발판 사용을 금지한다.

[6] 이동식 비계

1 설치기준

① 작업발판은 수평을 유지하고 작업발판 위에서 안전난간을 딛고 작업을 하거나 추가 작업대 사용을 금지한다.

② 작업발판의 최대적재하중은 250kg을 초과하지 않도록 한다.

③ 승강설비는 통로폭 30cm 이상, 발디딤판 간격 40cm 이상, 발판 틈새는 3cm 이하로 유지한다.

④ 안전난간은 상부난간대 90～120cm, 중간대 45～60cm로서 기성품만 사용한다.

⑤ 사용허가 표지판은 확인 후 부착한다(확인자 및 최대적재하중 표기).

⑥ 바퀴는 브레이크 · 쐐기 등로 고정시키고 아웃트리거를 설치한다.

⑦ 수직방망 또는 높이 10cm 이상의 발끝막이판을 설치한다.

⑧ 설치 높이는 밑변 최소폭의 4배 이내로 한다.

[7] 강관비계

1 설치기준

① 기둥 간격은 띠장방향 1.85m, 장선방향 1.5m 이하로 한다.
② 비계기둥의 제일 윗부분으로부터 31m 되는 지점 밑부분의 비계기둥은 2개의 강관으로 묶어 세워야 한다.
③ 띠장 간격은 2m 이하로 한다.
④ 비계 기둥 간 적재하중은 400kg 이하로 한다.
⑤ 작업발판은 밀실 설치, 고정 철저하고 발판단부 외측 · 내측 · 끝에는 추락방지와 낙하물 방지 조치를 한다.
⑥ 수직이동 통로는 수평방향 30m 이내마다 1개소를 설치한다.
⑦ 벽이음은 비계기둥 하부로부터 수직 · 수평방향 5m 이내마다 전용철물을 사용하여 설치한다.
⑧ 기둥간격 10m 이내마다 45도 각도로 교차하도록 가새를 설치한다.
⑨ 비계기둥에는 미끄러지거나 침하하는 것을 방지하기 위하여 밑받침철물 또는 깔판, 깔목을 설치하고 밑둥잡이를 설치한다.

Occupational Safety Instructor

[8] 간이 달비계

1 설치기준

① 관리감독자의 관리감독 아래 작업한다.

② 승강하는 경우 비계의 수평을 유지하고 허용하중 이상의 근로자 탑승을 금지한다.

③ 고정점은 22kN(5,000파운드)의 외력에 견딜 수 있는 앵커 또는 구조물에 달기로프와 수직구명줄을 설치한다(달기로프와 수직구명줄을 고정하기 위한 고정점은 별개의 것으로 함).

④ 달기로프는 바닥에 1~2m 정도 여유가 남을 정도의 길이를 사용한다.

⑤ 수직구명줄에 추락방지대(코브라)를 설치하여 안전대를 착용하고, 달기로프는 풀리지 않는 방법으로 결속한다.

⑥ 두 고정점은 가능한 한 작업선상의 2지점이어야 한다.

⑦ 구조물 모서리 등에 마찰 · 쓸림 저감용 완충재를 설치한다.

Occupational Safety Instructor

[9] 낙하물 방지망

1 설치기준

① 안전망 설치 간격은 높이 10m 이내마다 1단을 설치한다.

② 수직보호망을 완벽하게 설치하여 낙하물이 떨어질 우려가 없는 경우는 첫 단을 제외한 방지망의 설치 생략이 가능하다.

③ 방호선반은 바닥면에서 높이 8m 이내에 1단을 설치한다.

④ 망의 겹침 폭은 30cm 이상으로 하고 방망과 방망 사이에 빈틈이 없도록 한다.

⑤ 지지점의 강도는 100kgf 이상으로 한다.

⑥ 내민길이는 벽면 또는 비계 외측으로부터 2m 이상 되도록 설치한다.

⑦ 설치 각도는 20~30도로 한다.

Occupational Safety Instructor

[10] 거푸집동바리

1 설치기준

① 구조검토 실시 및 견고한 구조의 조립도를 작성 · 검토하고 조립에 따라 조립한다.
② 안전인증품 또는 재사용가설재 성능검정품에 스티커를 부착하여 사용한다.
③ 동바리의 높이가 3.5m 초과 시 높이 2m 이내마다 수평연결재를 양방향으로 직교되도록 하여 전용철물로 고정한다.
④ 높이 4.2m 이상 시 재사용 가설재 등 성능검정이 인정되지 않은 동바리의 사용을 금지하며, 시스템 동바리 등 안전성이 확보된 동바리를 사용한다.
⑤ 경사지 동바리 설치 시 높이와 관계없이 반드시 수평연결재를 설치한다.

PART 11

건설기계 안전대책

ACTUAL INTERVIEW

Occupational Safety Instructor

[1] 굴착기

1 설치기준

① 버켓에 이탈방지 안전핀을 설치하고 하부 출입을 금지한다.
② 훅 해지장치를 하고, 슬링 안전율을 5 이상 확보하며, 한줄걸이를 금지한다.
③ 경고등, 경고음 작동 및 후방감시 카메라 확인 후 이동한다.
④ 유도자를 배치하고 회전 반경 내에 근로자가 접근하거나 작업하지 않도록 관리한다.
⑤ 운전자가 운전석 이탈 시 시동키(key)를 분리하고 운전자 외 근로자 탑승을 금지한다.
⑥ 장비 주차 시 버켓은 지면에 내려놓는다.

Occupational Safety Instructor

[2] 이동식 크레인

1 설치기준

① 이동식 크레인은 중량물을 매달아 상하 및 좌우(수평선회를 말한다)로 운반하는 용도 이외의 사용을 금한다.
② 유도자(신호수)를 배치하고 신호에 따라 작업한다.
③ 승차석 이외의 위치에 근로자를 탑승시키지 않는다.
④ 운전원의 자격, 검사증, 보험가입을 확인하고 숙련 정도를 확인한다.
⑤ 작업구역 내에 출입금지 구역을 지정하여 작업 관계자 외 출입을 금지시킨다.
⑥ 운전원 · 작업 책임자 및 근로자를 대상으로 특별 안전교육을 실시한다.
⑦ 이동식 크레인 조립 및 해체 시에는 제작사의 매뉴얼 등의 작업방법과 기준을 준수한다.

2 작업방법

〈작업구획 및 신호수 배치〉

〈아웃트리거 확장 설치 및 지반침하 방지〉

〈샤클 고정 및 유도로프〉

〈낙하방지 줄걸이 철저〉

[3] 지게차

1 설치기준

① 백레스트를 설치하여 후방으로 적재물의 낙하를 방지한다.
② 헤드가드(강도는 지게차의 최대하중의 2배 이상)를 설치한다.
③ 작업등, 방향 지시등, 와이퍼 등은 정상작동 되며 브레이크 및 제동상태는 양호하도록 한다.
④ 운전원은 유자격자로서 좌석 안전벨트와 안전모를 착용한다.
⑤ FORK(지게발) 승강용 체인 및 포크 고정핀의 상태가 적합하도록 한다.
⑥ 포크 위에 사람을 태워서 올리거나 내리지 않는다.
⑦ 허용하중을 초과하여 화물을 적재하는 것을 금지한다.
⑧ 포크에 와이어 등을 걸어서 짐을 매달지 않는다.
⑨ 운전자가 지게차에서 이탈 시에는 포크를 가장 낮은 위치에 두고 시동을 끄고 시동열쇠를 분리한다.

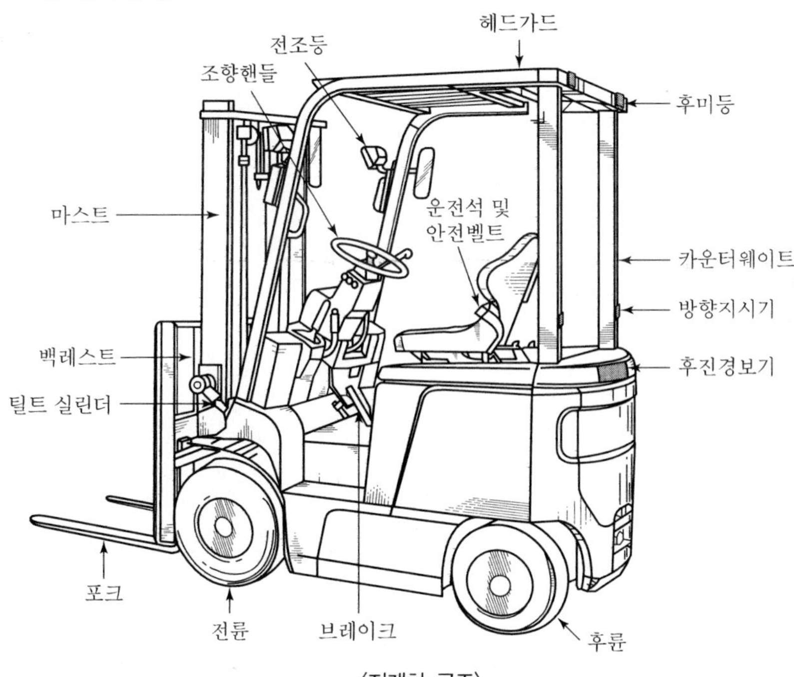

〈지게차 구조〉

〈후방카메라 모니터〉

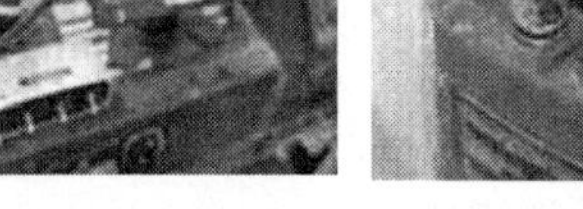

〈경광등〉

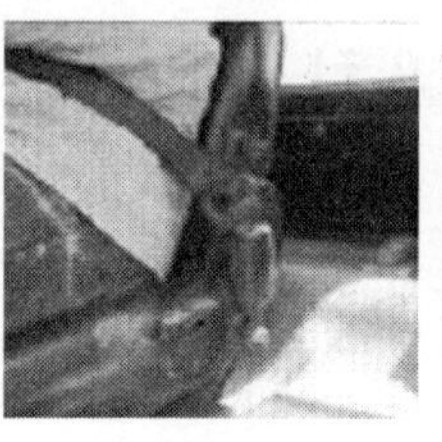

〈안전벨트〉

〈헤드가드〉

[4] 고소작업대

1 설치기준

① 작업대에 발끝막이판을 설치하고 작업구간 주변에 접근금지 조치를 한다.
② 장비 사용 전 안전장치를 확인하고 실명제 표지를 부착하며, 허가된 자만이 운행할 수 있도록 관리한다
③ 전도방지장치의 부착상태를 확인한다.
④ 작업대 상부 45cm 이상 높이에 2개 이상의 과상승방지장치를 설치한다.
⑤ 비상정지장치 부착 및 작동상태를 확인한다.
⑥ 상승된 상태에서 이동이 되지 않도록 리미트 스위치를 설치한다.
⑦ 화기 작업 시 작업대 외부에 불꽃비산방지시설 및 소화기를 비치한다.
⑧ 조작스위치는 풋 스위치와 손조작을 동시에 해야 작동되는 방식을 사용하며, 조작반의 각부 스위치는 육안으로 확인할 수 있도록 명칭 및 방향표식을 부착한다.
⑨ 바퀴(타이어)의 노후, 훼손 및 변형된 것은 사용을 금지한다.
⑩ '09.7.1 이후 출고된 장비에 한하여 안전인증에 합격된 장비만 사용한다.

2 설치방법

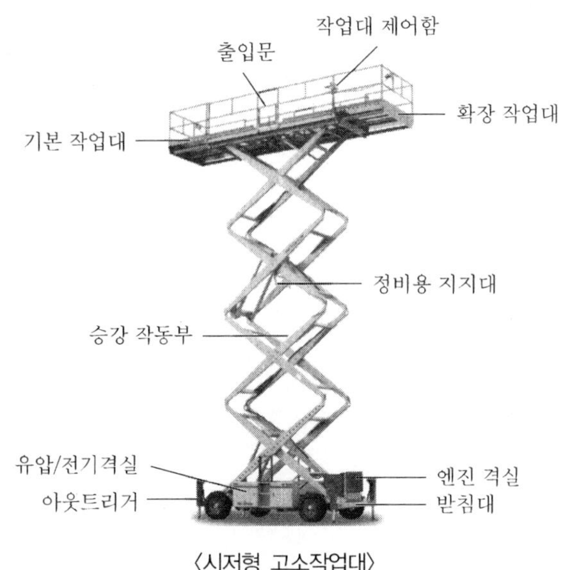

〈시저형 고소작업대〉

〈접은 후 이동〉

〈안전수칙 표지〉

〈비산정지장치〉

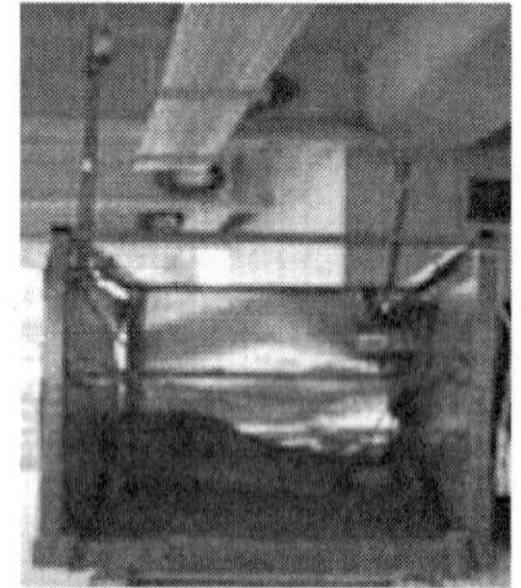

〈안전장치 부착〉

[5] 차량탑재형 고소작업대

1 설치기준

① 작업계획서를 작성하고 근로자에게 주지시킨다.

② 작업대는 추락에 대비하여 안전난간을 설치하고 탑승하는 인원과 자재는 정격하중을 초과하지 않도록 한다.

③ 별도의 안전대 부착설비를 설치하고 사용한다.

④ 확장형 작업발판 사용 시 고정상태를 확인한다.

⑤ 전로 접근 작업 시 감시자 배치 및 전선방호조치를 실시한다.

⑥ 아웃트리거는 최대한 인출하고, 연약지반 시 보강하거나 깔판을 사용하여 지반의 침하를 방지하고, 타이어가 지면에서 뜨도록 한다.

⑦ 작업구역 내 근로자 출입금지 조치를 한다.

⑧ '09.7.1 이후 출고된 장비에 한하여 안전인증에 합격된 장비만 사용한다.

2 설치방법

〈차량탑재형 고소작업대〉

〈안전인증합격필증〉

〈작업대안전난간대〉

〈적재하중 표시〉

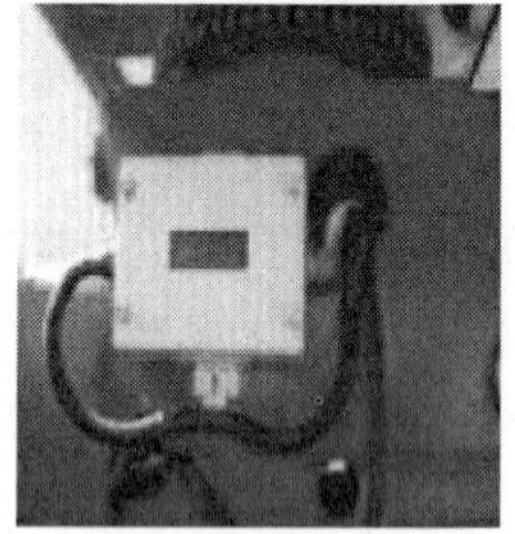

〈과부하방지장치〉

Occupational Safety Instructor

[6] 곤돌라

1 설치기준

① 조립 · 해체 시 작업지휘자를 배치하고 관리 · 감독한다.

② 강풍(10m/sec 이상) 등의 악천후 시에는 작업을 중지한다.

③ 작업구역 내에 관계자 외 출입을 금지한다.

④ 운반구 안에서 말비계, 사다리 등을 사용하지 않는다.

⑤ 공구 및 자재의 낙하방지 조치를 하고 높이 10cm 이상의 발끝막이판을 설치한다.

⑥ 와이어로프 및 강선의 안전계수는 10 이상으로 한다.

⑦ 안전대를 착용하고 별도의 수직구명줄을 설치한다.

⑧ 안전장치(권과방지장치 · 과부하방지장치 · 비상정지장치)를 부착한다.

⑨ 곤돌라 상승 시 상부 지지대에서 50cm 하부지점에 정지시킨다.

⑩ 적재하중 표지를 부착하고 허용하중을 초과하지 않는다.

PART 12

거푸집공사 안전대책

ACTUAL INTERVIEW

Occupational Safety Instructor

[1] 거푸집동바리 작용하중

거푸집 및 지보공(동바리)은 여러 가지 시공조건을 고려하고 다음 하중을 고려하여 설계하여야 한다.

① 연직방향 하중 : 거푸집, 지보공(동바리), 콘크리트, 철근, 작업원, 타설용 기계기구, 가설설비 등의 중량 및 충격하중

② 횡방향 하중 : 작업할 때의 진동, 충격, 시공오차 등에 기인되는 횡방향 하중 이외에 필요에 따라 풍압, 유수압, 지진 등

③ 콘크리트의 측압 : 굳지 않은 콘크리트의 측압

④ 특수하중 : 시공 중에 예상되는 특수한 하중

⑤ 상기의 하중에 안전율을 고려한 하중

[2] 거푸집동바리 재료

거푸집 및 지보공(동바리)에 사용할 재료는 강도, 강성, 내구성, 작업성, 타설콘크리트에 대한 영향력 및 경제성을 고려하여 선정하여야 하며, 다음 사항에 주의하여야 한다.

(1) 목재 거푸집의 사용은 다음 사항을 고려하여 선정하여야 한다.

① 흠집 및 옹이가 많은 거푸집과 합판의 접착부분이 떨어져 구조적으로 약한 것은 사용하여서는 아니 된다.

② 거푸집의 띠장은 부러지거나 균열이 있는 것을 사용하여서는 아니 된다.

(2) 강재 거푸집을 사용할 때에는 다음 사항을 고려하여 선정하여야 한다.

① 형상이 찌그러지거나, 비틀림 등 변형이 있는 것은 교정한 다음 사용하여야 한다.

② 강재 거푸집의 표면에 녹이 많이 나 있는 것은 쇠솔(Wire Brush) 또는 샌드 페이퍼(Sand Paper) 등으로 닦아내고 박리제(Form pil)를 엷게 칠해 두어야 한다.

(3) 지보공(동바리)재는 다음 사항을 고려하여 선정하여야 한다.

① 현저한 손상, 변형, 부식이 있는 것과 옹이가 깊숙이 박혀 있는 것은 사용하지 말아야 한다.

② 각재 또는 강관 지주는 그림과 같이 양끝을 일직선으로 그은 선 안에 있어야 하고, 일직선 밖으로 굽어져 있는 것은 사용을 금하여야 한다.

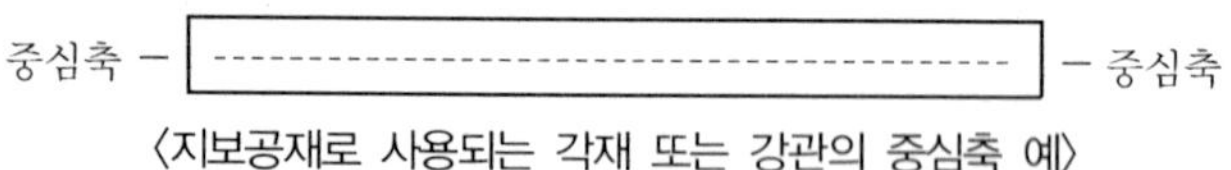

〈지보공재로 사용되는 각재 또는 강관의 중심축 예〉

③ 강관지주(동바리), 보 등을 조합한 구조는 최대 허용하중을 초과하지 않는 범위에서 사용하여야 한다.

(4) 연결재는 다음 사항을 선정하여야 한다.

① 정확하고 충분한 강도가 있는 것이어야 한다.

② 회수, 해체하기가 쉬운 것이어야 한다.

③ 조합 부품 수가 적은 것이어야 한다.

Occupational Safety Instructor

[3] 거푸집 조립

사업주는 거푸집 등을 조립할 때 다음 사항을 준수하여야 한다.

(1) **조립 등의 작업을 할 때에는 다음 사항을 준수하여야 한다.**

① 거푸집지보공을 조립할 때에는 안전담당자를 배치하여야 한다.

② 거푸집의 운반, 설치 작업에 필요한 작업장 내의 통로 및 비계가 충분한가를 확인하여야 한다.

③ 재료, 기구, 공구를 올리거나 내릴 때에는 달줄, 달포대 등을 사용하여야 한다.

④ 강풍, 폭우, 폭설 등의 악천후에는 작업을 중지시켜야 한다.

⑤ 작업장 주위에는 작업원 이외의 통행을 제한하고 슬라브 거푸집을 조립할 때에는 많은 인원이 한곳에 집중되지 않도록 하여야 한다.

⑥ 사다리 또는 이동식 틀비계를 사용하여 작업할 때에는 항상 보조원을 대기시켜야 한다.

⑦ 거푸집을 현장에서 제작할 때는 별도의 작업장에서 제작하여야 한다.

(2) **강관지주(동바리) 조립 등의 작업을 할 때에는 다음 사항을 준수하여야 한다.**

① 거푸집이 곡면일 경우에는 버팀대의 부착 등 당해 거푸집의 변형을 방지하기 위한 조치를 하여야 한다.

② 지주의 침하를 방지하고 각부가 활동하지 아니하도록 견고하게 하여야 한다.

③ 강재와 강재와의 접속부 및 교차부는 볼트, 클립프 등의 철물로 정확하게 연결하여야 한다.

④ 강관 지주는 3본 이상 이어서 사용하지 아니하여야 하며, 또 높이가 3.6미터 이상의 경우에는 높이 1.8미터 이내마다 수평 연결재를 2개 방향으로 설치하고 수평연결재의 변위가 일어나지 아니하도록 이음 부분은 견고하게 연결하여 좌굴을 방지하여야 한다.

⑤ 지보공 하부의 받침판 또는 받침목은 2단 이상 삽입하지 아니하도록 하고 작업인원의 보행에 지장이 없어야 하며, 이탈되지 않도록 고정시켜야 한다.

(3) **강관틀비계를 지보공(동바리)으로 사용할 때에는 교차가새를 설치하고 다음 사항을 준수하여야 한다.**

① 강관틀비계를 지보공(동바리)으로 사용할 때에는 교차가새를 설치하고, 최상층

및 5층 이내마다 거푸집 지보공의 측면과 틀면방향 및 교차가새의 방향에서 5개틀 이내마다 수평연결재를 설치하고, 수평연결재의 변위를 방지하여야 한다.

② 강관틀비계를 지주(동바리)로 사용할 때에는 상단의 강재에 단판을 부착시켜 이것을 보 또는 작은 보에 고정시켜야 한다.

③ 높이가 4미터를 초과할 때에는 4미터 이내마다 수평연결재를 2개 방향으로 설치하고 수평방향의 변위를 방지하여야 한다.

(4) 목재를 지주(동바리)로 사용할 때에는 다음 사항을 준수하여야 한다.

① 높이 2미터 이내마다 수평연결재를 설치하고, 수평연결재의 변위를 방지하여야 한다.

② 목재를 이어서 사용할 때에는 2본 이상의 덧댐목을 사용하여 당해 상단을 보 또는 멍에에 고정시켜야 한다.

③ 철선 사용을 가급적 피하여야 한다.

[4] 거푸집동바리 안전점검

사업주는 거푸집 공사에 있어서 다음 사항을 반드시 점검하여야 한다.

(1) 거푸집을 점검할 때에는 다음 사항을 반드시 점검하여야 한다.

① 직접 거푸집을 제작, 조립한 책임자가 검사

② 기초 거푸집을 검사할 때에는 터파기 폭

③ 거푸집의 형상 및 위치 등 정확한 조립상태

④ 거푸집에 못이 돌출되어 있거나 날카로운 것이 돌출되어 있을 시에는 제거

(2) 지주(동바리)를 점검할 때에는 다음 사항을 반드시 점검하여야 한다.

① 지주를 지반에 설치할 때에는 받침철물 또는 받침목등을 설치하여 부동침하 방지 조치

② 강관지주(동바리) 사용 시 접속부 나사 등의 손상상태

③ 이동식 틀비계를 지보공(동바리) 대용으로 사용할 때에는 바퀴의 제동장치

(3) 콘크리트를 타설할 때에는 다음 사항을 반드시 점검하여야 한다.

① 콘크리트를 타설할 때 거푸집의 부상 및 이동방지 조치

② 건물의 보, 요철부분, 내민부분의 조립상태 및 콘크리트 타설 시 이탈방지장치

③ 청소구의 유무 확인 및 콘크리트 타설 시 청소구 폐쇄 조치

④ 거푸집의 흔들림을 방지하기 위한 턴 버클, 가새 등의 필요한 조치

Occupational Safety Instructor

[5] 거푸집동바리 해체 시 준수사항

사업주는 거푸집의 해체작업을 하여야 할 때에는 다음 사항을 준수하여야 한다.

(1) 거푸집 및 지보공(동바리)의 해체는 순서에 의하여 실시하여야 하며 안전담당자를 배치하여야 한다.

(2) 거푸집 및 지보공(동바리)은 콘크리트 자중 및 시공 중에 가해지는 기타 하중에 충분히 견딜 만한 강도를 가질 때까지는 해체하지 아니하여야 한다.

(3) 거푸집을 해체할 때에는 다음 사항을 유념하여 작업하여야 한다.

① 해체작업을 할 때에는 안전모 등 안전 보호장구를 착용토록 하여야 한다.

② 거푸집 해체작업장 주위에는 관계자를 제외하고는 출입을 금지시켜야 한다.

③ 상하 동시 작업은 원칙적으로 금지하여 부득이한 경우에는 긴밀히 연락을 위하며 작업을 하여야 한다.

④ 거푸집 해체 때 구조체에 무리한 충격이나 큰 힘에 의한 지렛대 사용은 금지하여야 한다.

⑤ 보 또는 스라브 거푸집을 제거할 때에는 거푸집의 낙하 충격으로 인한 작업원의 돌발적 재해를 방지하여야 한다.

⑥ 해체된 거푸집이나 각목 등에 박혀 있는 못 또는 날카로운 돌출물은 즉시 제거하여야 한다.

⑦ 해체된 거푸집이나 각목은 재사용 가능한 것과 보수하여야 할 것을 선별, 분리하여 적치하고 정리정돈을 하여야 한다.

(4) 기타 제3자의 보호조치에 대하여도 완전한 조치를 강구하여야 한다.

PART

13 철근공사 안전대책

ACTUAL INTERVIEW

[1] 가공작업

(1) 철근가공 작업장 주위는 작업책임자가 상주하여야 하고 정리정돈 되어 있어야 하며, 작업원 이외는 출입을 금지하여야 한다.

(2) 가공 작업자는 안전모 및 안전보호장구를 착용하여야 한다.

(3) 햄머 절단을 할 때에는 다음 사항에 유념하여 작업하여야 한다.

① 햄머자루는 금이 가거나 쪼개진 부분은 없는가 확인하고 사용 중 햄머가 빠지지 아니하도록 튼튼하게 조립되어야 한다.

② 햄머부분이 마모되어 있거나, 훼손되어 있는 것을 사용하여서는 아니 된다.

③ 무리한 자세로 절단을 하여서는 아니 된다.

④ 절단기의 절단 날은 마모되어 미끄러질 우려가 있는 것을 사용하여서는 아니 된다.

(4) 가스절단을 할 때에는 다음 사항에 유념하여 작업하여야 한다.

① 가스절단 및 용접자는 해당 자격 소지자라야 하며, 작업 중에는 보호구를 착용하여야 한다.

② 가스절단 작업 시 호스는 겹치거나 구부러지거나 또는 밟히지 않도록 하고 전선의 경우에는 피복이 손상되어 있는지를 확인하여야 한다.

③ 호스, 전선 등은 다른 작업장을 거치지 않는 직선상의 배선이어야 하며, 길이가 짧아야 한다.

④ 작업장에서 가연성 물질에 인접하여 용접작업할 때에는 소화기를 비치하여야 한다.

(5) 철근을 가공할 때에는 가공작업 고정틀에 정확한 접합을 확인하여야 하며 탄성에 의한 스프링 작용으로 발생되는 재해를 막아야 한다.

(6) 아아크(Arc) 용접 이음의 경우 배전판 또는 스위치는 용이하게 조작할 수 있는 곳에 설치하여야 하며, 접지상태를 항상 확인하여야 한다.

[2] 운반작업

(1) 인력으로 철근을 운반할 때에는 다음 준수하여야 한다.
  ① 1인당 무게는 25킬로그램 정도가 적절하며, 무리한 운반을 삼가하여야 한다.
  ② 2인 이상이 1조가 되어 어깨메기로 하여 운반하는 등 안전을 도모하여야 한다.
  ③ 긴 철근을 부득이 한 사람이 운반할 때에는 한쪽을 어깨에 메고 한쪽 끝을 끌면서 운반하여야 한다.
  ④ 운반할 때에는 양끝을 묶어 운반하여야 한다.
  ⑤ 내려 놓을 때는 천천히 내려놓고 던지지 않아야 한다.
  ⑥ 공동 작업을 할 때에는 신호에 따라 작업을 하여야 한다.

(2) 기계를 이용하여 철근을 운반할 때 다음 사항을 준수하여야 한다.
  ① 운반작업 시에는 작업 책임자를 배치하여 수신호 또는 표준신호 방법에 의하여 시행한다.
  ② 달아 올릴 때에는 로우프와 기구의 허용하중을 검토하여 과다하게 달아 올리지 않아야 한다.
  ③ 비계나 거푸집 등에 대량의 철근을 걸쳐 놓거나 얹어 놓아서는 안 된다.
  ④ 달아 올리는 부근에는 관계근로자 이외 사람의 출입을 금지시켜야 한다.
  ⑤ 권양기의 운전자는 현장책임자가 지정하는 자가 하여야 한다.

(3) 철근을 운반할 때 감전사고 등을 예방하기 위하여 다음 사항을 준수하여야 한다.
  ① 철근 운반작업을 하는 바닥 부근에는 전선이 배치되어 있지 않아야 한다.
  ② 철근 운반작업을 하는 주변의 전선은 사용철근의 최대길이 이상의 높이에 배선되어야 하며 이격거리는 최소한 2미터 이상이어야 한다.
  ③ 운반장비는 반드시 전선의 배선상태를 확인한 후 운행하여야 한다.

Occupational Safety Instructor

PART 14

콘크리트공사 안전대책

ACTUAL INTERVIEW

Occupational Safety Instructor

[1] 타설작업

(1) 타설순서는 계획에 의하여 실시하여야 한다.

(2) 콘크리트를 치는 도중에는 거푸집, 지보공 등의 이상 유무를 확인하여야 하고, 담당자를 배치하여 이상이 발생한 때에는 신속한 처리를 하여야 한다.

(3) 타설속도는 건설부 제정 콘크리트 표준시방서에 의한다.

(4) 손수레를 이용하여 콘크리트를 운반할 때에는 다음 사항을 준수하여야 한다.

① 손수레를 타설하는 위치까지 천천히 운반하여 거푸집에 충격을 주지 아니하도록 타설하여야 한다.

② 손수레에 의하여 운반할 때에는 적당한 간격을 유지하여야 하고 뛰어서는 안 되며, 통로구분을 명확히 하여야 한다.

③ 운반 통로에 방해가 되는 것은 즉시 제거하여야 한다.

(5) 기자재 설치, 사용을 할 때에는 다음 사항을 준수하여야 한다.

① 콘크리트의 운반, 타설기계를 설치하여 작업할 때에는 성능을 확인하여야 한다.

② 콘크리트의 운반, 타설기계는 사용 전, 사용 중, 사용 후 반드시 점검하여야 한다.

(6) 콘크리트를 한 곳에만 치우쳐서 타설할 경우 거푸집의 변형 및 탈락에 의한 붕괴사고가 발생되므로 타설순서를 준수하여야 한다.

(7) 전동기는 적절히 사용되어야 하며, 지나친 진동은 거푸집 도괴의 원인이 될 수 있으므로 각별히 주의하여야 한다.

Occupational Safety Instructor

[2] 펌프카

(1) 레디믹스트 콘크리트(이하 "레미콘"이라 함) 트럭과 펌프카를 적절히 유도하기 위하여 차량안내자를 배치하여야 한다.

(2) 펌프배관용 비계를 사전점검하고 이상이 있을 때에는 보강 후 작업하여야 한다.

(3) 펌프카의 배관상태를 확인하여야 하며, 레미콘트럭과 펌프카와 호스선단의 연결작업을 확인하여야 하며 장비사양의 적정호스 길이를 초과하여서는 아니 된다.

(4) 호스선단이 요동하지 아니하도록 확실히 붙잡고 타설하여야 한다.

(5) 공기압송 방법의 펌프카를 사용할 때에는 콘크리트가 비산하는 경우가 있으므로 주의하여 타설하여야 한다.

(6) 펌프카의 붐대를 조정할 때에는 주변 전선 등 지장물을 확인하고 이격 거리를 준수하여야 한다.

(7) 아웃트리거를 사용할 때 지반의 부동침하로 펌프카가 전도되지 아니하도록 하여야 한다.

(8) 펌프카의 전후에는 식별이 용이한 안전표지판을 설치하여야 한다.

Occupational Safety Instructor

[3] 해체작업 신고 및 허가대상

1 신고대상

(1) 일부해체 : 주요 구조부를 해체하지 않는 건축물의 해체

(2) 전면해체

① 전 면적 500m² 미만

② 건축물 높이 12m 미만

③ 지상층과 지하층을 포함하여 3개층 이하인 건축물

(3) 그 밖의 해체

① 바닥면적 합계 85m² 이내의 증축 · 개축 · 재축(3층 이상 건축물의 경우 바닥면적의 합계가 연면적의 1/10 이내)

② 연면적 200m² 미만 + 3층 미만 건축물의 대수선 + 관리지역 등에 있는 높이 12m 미만의 건축물

2 허가대상

신고대상 외 건축물

(단, 신고대상이더라도 해당 건축물 주변에 버스 정류장, 도시철도 역사 출입구, 횡단보도 등 해당 지방자치단체의 조례로 정하는 시설이 있는 경우 해체 허가를 받아야 함)

3 해체공사 중 변경신고, 변경허가를 받아야 하는 경우

변경신고	• 착공예정일(30일 이상 변경하는 경우로 한정) • 해체작업자, 하수급인 및 현장관리인과 현장배치 건설기술자 변경
변경허가	• 해체공법 • 해체작업의 순서 • 해체장비의 종류 • 해체하는 부분 및 면적 • 해체공사 현장의 안전관리대책 • 해체 대상 건축물의 석면 함유 여부

4 해체공사 신고절차

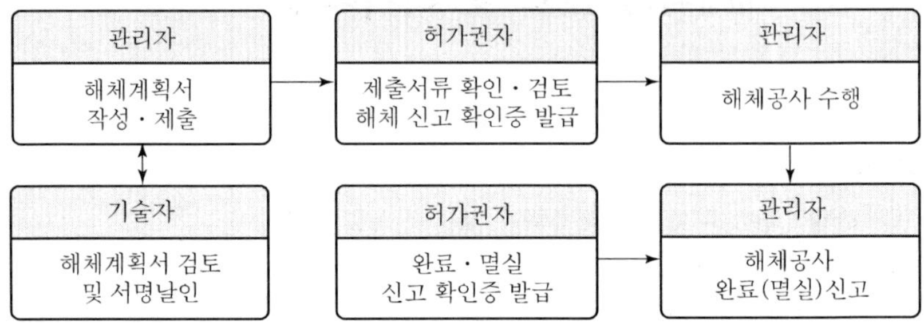

5 해체공사 허가절차

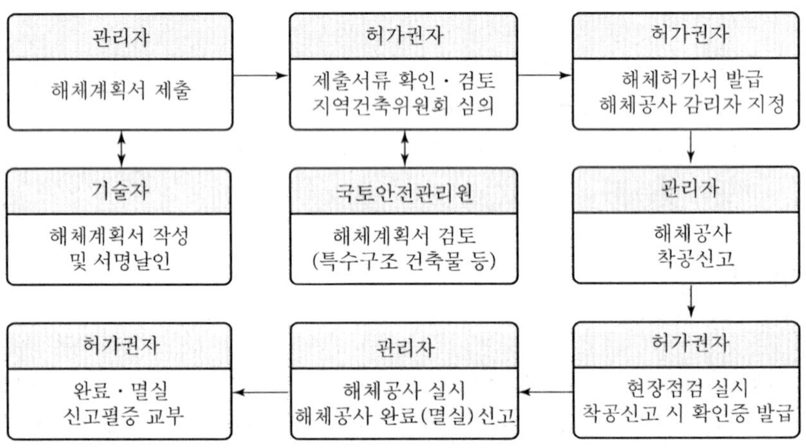

Occupational Safety Instructor

[4] 알칼리골재반응(AAR)

알칼리골재반응(ARR)은 골재 중의 실리카(Silica) · 탄산염과 실리케이트 성분과 시멘트 중의 고알칼리 성분의 결합 반응에 의하여 콘크리트 내에 Gel이 생성되어 콘크리트에 균열을 발생시키는 현상이다.

1 문제점

① 강도 저하
② 철근 부식 및 균열 발생
③ 누수 발생
④ 내구성 저하

2 종류

① 알칼리실리카반응
② 알칼리탄산염반응
③ 알칼리실리케이트반응

3 원인

① 반응성 광물을 함유한 골재 사용
② 단위시멘트양의 과다
③ 해사에 부착된 염분
④ 비나 수분 영향을 받는 제치장 콘크리트

4 대책

① 플라이애시 · 고로슬래그 미분말, 실리카퓸 사용
② 저알칼리형 포틀랜드 시멘트 사용
③ 반응성 광물이 없는 골재 사용
④ 콘크리트에 염분침투방지
⑤ 콘크리트에 수분이나 습기 억제
⑥ 콘크리트 배합 시 단위시멘트양을 낮출 것

Occupational Safety Instructor

[5] 팝 아웃(Pop Out) 현상

팝 아웃(Pop Out)은 흡수율이 큰 골재를 사용할 경우 콘크리트 표층부에 함수율이 높은 골재가 동결하여 팽창함으로써, 그 팽창압에 의해 골재 주위의 바깥 부분 모르타르가 탈락되어 표면이 파이는 현상이다.

1 팝 아웃 발생원인

① 콘크리트가 수분을 흡수함
② 흡수율이 큰 골재가 수분을 흡수하여 포수상태가 됨
③ 수분동결 시 체적팽창에 의한 압력 발생
④ 표면부가 탈락하여 분화구 모양의 손상

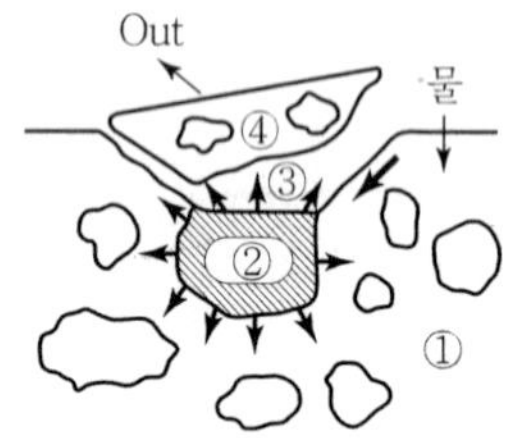

2 대책

① 물시멘트비 60% 이하
② 단위수량 저감
③ 골재의 흡수율 관리
④ 콘크리트 표면에 과도한 다짐 금지
⑤ 콘크리트 타설 후 콘크리트 단열 및 가열양생

Occupational Safety Instructor

[6] 콘크리트의 폭열

폭열은 화재 시 콘크리트의 급격한 온도 상승으로 내부 수분이 팽창하면서 콘크리트가 폭발적으로 탈락 및 발락되는 현상이다.

1 온도상승에 따른 변화

(1) 105℃
모세관 공극에 들어 있는 자유수 상실

(2) 250~350℃
규산칼슘수화물 결합수의 약 20% 탈수

(3) 500~580℃
수산화칼슘 분해
($Ca(OH)_2 \rightarrow CaO + H_2O$)

(4) 750~825℃
탄산칼슘 분해
($CaCO_3 \rightarrow CaO + CO_2$)

2 폭열에 따른 열화현상

① 약 500℃에서 중성화 시작
② 콘크리트 탈수, 균열, 피복 콘크리트 들뜸, 탈락 발생
③ 콘크리트 탄성계수 감소로 슬래브, 보 처짐 증대
④ 재료의 열팽창계수 차이에 의한 2차 응력으로 균열 발생
⑤ 철근과 콘크리트 사이 부착강도 저하

3 대책

① 콘크리트 내부에 수증기압 발생방지
② 흡수율, 내화성이 높은 골재 사용
③ 콘크리트의 함수율 저하
④ 강재의 피복두께 증대
⑤ 콘크리트 표면의 보호

Occupational Safety Instructor

[7] 수팽창 지수재

수팽창 지수재는 물과 접촉할 경우 급속히 부풀어오르는 특수 고무 및 벤토나이트 제품을 사용하여 콘크리트의 콜드 조인트 및 누수를 방지하는 데 사용되는 재료이다.

1 특성

① 시공이 간편하다.
② 부피 팽창으로 불투수 미로를 형성한다.(400%)
③ 부재 자체의 복원력이 있어 구조물 변위에도 안전하다.
④ 철근 외부에 시공 시 철근의 부식 방지가 가능하다.

2 적용 위치

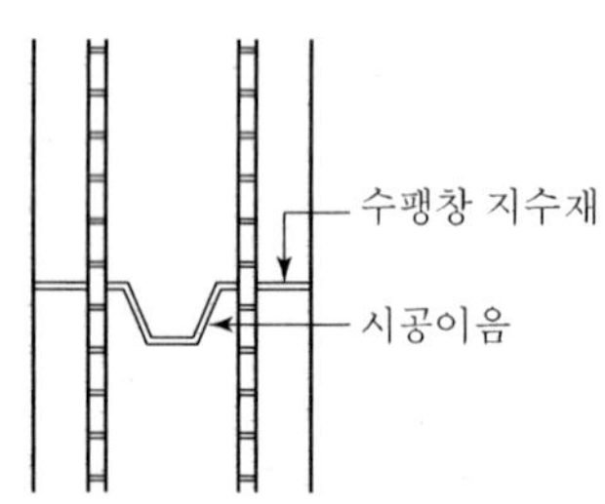

① 각종 지하 구조물의 시공 조인트
② 지하 부분의 조립식 및 패널 구조물
③ 콘크리트 양생 전에 기존의 지수판 설치가 어려운 부분
④ 구조체 관통 부분의 슬리브 처리

3 시공방법

① 예상 설치 부위는 콘크리트 타설 시 훼손으로 매끈하게 다듬는다.
② 수팽창 지수재를 설치하며 이음부는 맞대어 시공한다.
③ 시공 후 피복 확보는 최소 5cm 이상이며, 철근 외측에 시공하면 부식이 방지된다.
④ 끊어짐이 없도록 완전히 연결하여 시공한다.

Occupational Safety Instructor

[8] 피로한도, 피로강도, 피로파괴

콘크리트 구조물에 하중이 계속적으로 반복하여 작용하게 되면 콘크리트가 피로하게 되어 피로한도에 도달하며, 이 한도를 초과할 시 구조물이 파괴된다.

1 피로한도(疲勞限度)

(1) 정의

반복되는 하중의 응력이 일정한 수준 이하일 때 구조물은 파괴되지 않으므로 이때의 하중을 피로한도라고 한다.

(2) 특징

① 피로한도보다 낮은 반복 하중은 10% 내외의 정적 강도를 증가시킨다.
② 피로한도보다 낮은 반복 하중은 피로강도를 개선시킨다.
③ 일반적으로 콘크리트 구조물에는 피로한도가 없다.
④ 피로한도 이상의 하중을 되풀이하면 구조물이 붕괴된다.

2 피로강도(疲勞强度)

(1) 정의

구조물이 무한 반복 하중에 대해 파괴되지 않는 강도의 최대치를 피로강도라고 한다.

(2) 특징

① 일반 콘크리트에서 10,000회의 반복하중에 견디는 한계이다.
② 피로강도는 하중의 반복 횟수, 응력 변동 범위에 의해 결정된다.
③ 반복 하중의 응력 진폭이 일정한 경우와 변화하는 경우에 따라 피로강도는 변한다.
④ 콘크리트는 건조 상태가 양호할수록 피로강도가 크다.

3 피로파괴(疲勞破壞)

(1) 정의

구조물에 하중이 반복적으로 작용하여 구조물에 피로가 적재되어 적정 파괴하중보다 작은 하중에도 구조물이 파괴될 때를 피로파괴라고 한다.

(2) 특징

① 콘크리트의 비탄성 변형률이 클수록 피로파괴에 유리하다.
② 횡방향의 압력이 작을수록 피로파괴에 유리하다.
③ 낮은 반복 하중은 콘크리트의 강도를 증가시킨다.
④ 피로파괴는 콘크리트의 재령 및 강도와는 관계가 없다.

4 피로 발생 요인

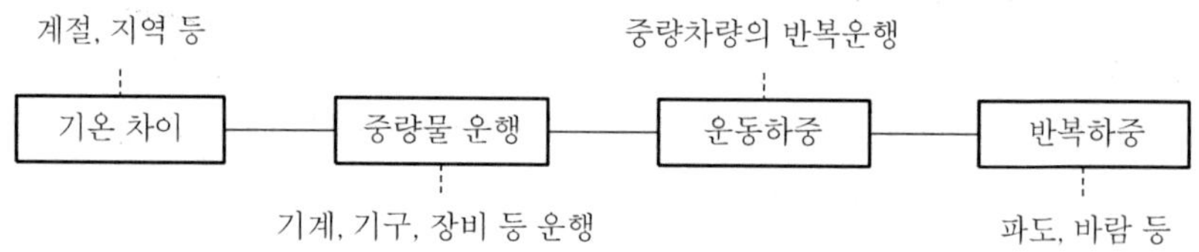

5 피로에 영향을 받는 구조물

① 공장의 크레인 거더
② 기계 기초
③ 해양 건축물
④ 도로 · 교량 · 송신탑
⑤ 고속철도 건축물

6 특성

① 비탄성변형률이 클수록 피로수명이 길어짐(반복하중의 지속 증가)
② 반복횟수가 증가하면 탄성변형률도 증가함(탄성계수 감소)
③ 피로한도보다 낮은 반복하중은 오히려 피로강도를 개선시킴
④ 피로한도보다 낮은 반복하중은 정적 강도도 5~15% 정도 증가시킴
⑤ 낮은 반복하중은 Con′c를 치밀하게 하고, 강도도 증가시킴
⑥ 횡방향 압력이 매우 크지만 않다면 오히려 피로수명이 증가함
⑦ Con′c의 건조상태가 좋을수록 피로강도가 우수함
⑧ 굵은골재 최대치수를 낮추면 Con′c의 균질성이 우수, 피로강도가 증가함

Occupational Safety Instructor

[9] 기둥부등축소

고층건물 시공 시 하중을 부담하는 기둥의 축방향 하중이 크고, 내외부 기둥의 하중차와 시공 시 발생되는 오차 등으로 인해 신축량의 차이가 발생함에 따라 마감재의 손상을 비롯해 설비배관재 손상, 구조물 내구성에 영향을 받으므로 설계 및 시공 시 철저한 관리가 요구된다.

1 기둥부등축소의 문제점

① 구조물의 이상변위(균열, Slab 경사)
② 마감재 손상(커튼월 접합부의 변형, 누수)
③ 설비배관, 덕트의 기능 이상

2 기둥부등축소의 대책

(1) 철골조
① 변위량의 사전예측에 의한 설계반영
② 시공 시 계측관리를 통한 변형량 추정
③ 소구간으로 나누어 변위량 등분조정
④ 철골공장과 연계관리로 수정 및 적용

(2) RC조
① 콘크리트의 밀실한 타설 및 처짐량 관리
② 계측기기 설치 및 측정
③ 수 개 층의 그룹화로 거푸집 높이 조정

(3) 기타 마감재
① 커튼월의 취부방식에 의한 Clearance 확보
② 설비배관, 덕트의 Swivel Joint 설치

Occupational Safety Instructor

[10] 스크린 현상

스크린 현상이란 철근과 거푸집의 간격에 재료유입이 되지 않아 발생되는 공동현상으로 철근노출 등이 발생되는 콘크리트 결함의 일종이다.

1 스크린 현상의 문제점

① 철근의 노출
② 단면노출
③ 지내력 저하
④ 내구성 저하

2 스크린 현상의 발생원인과 대책

발생원인	대책
• 피복두께	• 간격재의 적절한 사용
• 굵은골재 최대치수	• 굵은골재 최대치수 3/4 이상 관리
• 기온상승	• 서중콘크리트 타설 시 거푸집 냉각
• 다짐부족	• 다짐기준 준수
• 철근형상	• 굽은철근의 사용 금지
• 피복두께	• 피복두께기준 준수

3 스크린 현상 보수방법

① 불량부위 제거 및 보수
② Mortar 등의 채움

Occupational Safety Instructor

[11] 하중에 의한 균열의 종류

균열은 크게 구조적 · 비구조적 균열로 구분되며, 장기하중, 반복하중, 시공하중, 지진하중 등으로 발생된다.

1 하중에 의한 균열의 종류

① 구조적 균열 : 사용하중 작용으로 발생되는 균열

② 비구조적 균열 : 안전상에는 이상 없으나 내구성 및 사용성이 저하되는 균열

2 장기하중 균열

① 내적 원인 : 내진설계 부족

② 외적 원인 : 장기하중의 발생

3 반복하중 균열

반복되는 피로에 의한 균열

4 시공 중 하중균열

펌프카, 차량 등의 이동에 따른 균열

5 하중에 의한 균열 발생 원인

① 재료 : 콘크리트 건조수축

② 시공 : 타설순서, 타설장비

③ 구조 : 내부철근의 부식

6 하중에 의한 균열에 대한 안전대책

① 품질시험 철저 : 강도 · 배근 · 중성화

② 안전점검 : 육안조사 및 비파괴검사 등

③ 안전대책 순서

안전점검결과의 분석 → 상태 평가 → 보고서 작성 → 보수 · 보강 실시

Occupational Safety Instructor

[12] 한중콘크리트

한중콘크리트는 일평균기온 4℃ 이하 시 타설되는 콘크리트를 말하며, 수화열 저감에 따른 콘크리트의 동상발생에 주의해야 한다.

1 한중콘크리트의 요구성능

① 강도
② 내구성
③ 시공성

2 시공관리 방안(요구성능 확보방안)

① 동결융해 방지
② W/C 60% 이하 배합
③ 흡수율 작은 골재 사용
④ 양생방법 주의

–3℃ 이하	–3℃ 이상
가열양생	보온양생

⑤ 적산온도 관리
⑥ 보온재 사용
⑦ 레미콘 운반시간 준수

25℃ 이상	25℃ 미만
1.5시간 이내	2시간 이내

3 한중콘크리트의 양생방법

① 버블시트 양생
② 가열양생
③ 공간양생(비닐천막에 의한 공간층 생성방법)

PART 15 철골/창호공사

ACTUAL
INTERVIEW

Occupational Safety Instructor

[1] 철골의 자립도를 위한 대상 건물

철골공사는 전체가 조립되고 모든 접합부에 시공이 완료된 후 구조체가 완성되는 것으로, 건립 중에 강풍이나 무게중심의 이탈 등으로 도괴될 뿐만 아니라 건립 완료 후에도 완전히 구조체가 완성되기 전에는 강풍에 의해 도괴될 위험이 있으므로 철골의 자립도에 대한 안전성 확인이 필요하다.

1 철골의 공사 전 검토사항

(1) 설계도 및 공작도의 확인 및 검토사항

① 확인사항

㉠ 접합부의 위치

㉡ 브래킷(Bracket)의 내민치수

㉢ 건물의 높이 등

② 검토사항

㉠ 철골의 건립 형식

㉡ 건립상의 문제점

㉢ 관련 가설설비 등

③ 기타

㉠ 현장용접의 유무(有無), 이음부의 시공난이도를 확인하여 작업방법 결정

㉡ SRC조의 경우 건립순서 등을 검토하여 철골계단을 안전작업에 이용

2 철골의 자립도를 위한 대상 건물

① 높이 20m 이상의 구조물

② 구조물의 폭과 높이의 비가 1 : 4 이상인 구조물

③ 단면구조에 현저한 차이가 있는 구조물

④ 연면적당 철골량이 50kg/m^2 이하인 구조물

⑤ 기둥이 타이플레이트(Tie Plate)형인 구조물

⑥ 이음부가 현장용접인 구조물

Occupational Safety Instructor

[2] 철골의 공작도에 포함해야 할 사항

철골의 공작도(Shop Drawing)란 설계도서와 시방서를 근거로 해서 철골 부재의 가공 · 제작을 위해 그려지는 도면으로 가공도 또는 제작도로서 철골의 건립 후에 가설부재나 부품을 부착하는 것은 고소작업 등의 위험한 작업이 많으므로, 사전에 계획하여 위험한 작업을 공작도에 포함해야 한다.

1 철골공작도의 필요성

① 정밀시공 확보
② 재시공 방지
③ 도면의 이해 부족으로 인한 문제점 발생 예방
④ 안전사고 예방

2 철골공작도에 포함해야 할 사항

① 외부비계받이 및 화물 승강용 브래킷
② 기둥 승강용 트랩(Trap)
③ 구명줄 설치용 고리
④ 건립에 필요한 와이어(Wire) 걸이용 고리
⑤ 난간 설치용 부재
⑥ 기둥 및 보 중앙의 안전대 설치용 고리
⑦ 방망 설치용 부재
⑧ 비계 연결용 부재
⑨ 방호선반 설치용 부재
⑩ 양중기 설치용 보강재

Occupational Safety Instructor

[3] 철골의 세우기 순서

철골공사의 안정성은 계획 · 준비에 있으므로 사전에 충분한 검토가 필요하며, 고소작업에 따른 소음 · 진동에 대한 대책도 요구된다.

1 철골 세우기 순서

(1) 철골부재 반입

① 운반 중의 구부러짐, 비틀림 등을 수정하여 건립순서에 따라 정리

② 건립순서를 고려하여 시공순서가 빠른 부재는 상단부에 위치토록 함

(2) 기초 앵커 볼트(Anchor Bolt) 매립

① 기둥의 먹줄을 따라 주각부와 기둥 밑판의 연결을 위해 기초 앵커 볼트 매립

② 기초 앵커 볼트 매입공법의 종류

㉠ 고정매입공법

㉡ 가동매입공법

㉢ 나중매입공법

(3) 기초 상부 마무리

① 기둥 밑판(Base Plate)을 수평으로 밀착시키기 위하여 실시

② 기초상부 마무리공법의 종류

㉠ 고름 모르타르 공법

㉡ 부분 그라우팅 공법

㉢ 전면 그라우팅 공법

(4) 철골 세우기

① 기둥 세우기 → 철골보 조립 → 가새설치 순으로 조립

② 변형 바로잡기

트랜싯 · 다림추 등을 이용하여 수직 · 수평이 맞지 않거나 변형이 생긴 부분을 바로잡으며, 와이어 로프(Wire Rope) · 턴버클 · 윈치 등을 바로잡기 작업에 사용

③ 가조립

바로잡기 작업이 끝나면 가체결 볼트, 드리프트 핀(Drift Pin) 등으로 가조립하며, 본체결 볼트 수의 1/2~1/3 또는 2개 이상

(5) 철골 접합

① 가조립된 부재를 리벳(Rivet), 볼트, 고력 볼트, 용접 등으로 접합

② 철골부재의 접합 시 고력 볼트(High Tension Bolt), 용접을 많이 사용

(6) 검사

① 리벳, 볼트, 고력 볼트, 용접 등의 접합상태 검사

② 육안검사, 토크 관리법(Torque Control), 비파괴검사 등의 방법으로 검사

(7) 녹막이 칠

① 철골 세우기 작업 시 손상된 곳, 남겨진 부분에 방청도장

② 공장제작 시 녹막이 칠과 동일한 방법으로 실시

(8) 철골내화피복

① 철골을 화재열로부터 보호하고 일정시간 강재의 온도 상승을 막을 목적으로 실시

② 타설공법, 뿜칠공법, 성형판붙임공법, 멤브레인공법 등이 있음

Occupational Safety Instructor

[4] 철골 건립용 기계의 종류

철골공사에서 건립용 기계는 매우 다양하게 사용되고 있으나 철골부재의 형상 · 부재당 중량 · 작업반경 등에 따라 적절한 기계를 선정하여 작업능률 및 안전성을 확보하여야 한다.

1 건립용 기계의 종류

(1) 고정식 크레인

① 고정식(정치식) 타워크레인(Stationary Type Tower Crane)

㉠ 고정기초를 설치하고 그 위에 마스터와 크레인 본체를 설치하는 방식

㉡ 설치가 용이하고 작업범위가 넓으며 철골구조물 공사에 적합

② 이동식 타워크레인(Travelling Type Tower Crane)

㉠ 레일을 설치하여 타워크레인이 이동하면서 작업이 가능한 방식

㉡ 이동하면서 작업을 할 수 있으므로 작업반경을 최소화할 수 있음

(2) 이동식 크레인

① 트럭 크레인(Truck Crane)

㉠ 타이어 트럭 위에 크레인 본체를 설치한 크레인

㉡ 기동성이 우수하고, 안정을 확보하기 위한 아웃트리거 장치 설치

② 크롤러 크레인(Crawler Crane)

㉠ 무한궤도 위에 크레인 본체를 설치한 크레인

㉡ 안전성이 우수하고 연약지반에서의 주행성능이 좋으나 기동성 저조

③ 유압 크레인(Hydraulic Crane)

㉠ 유압식 조작방식으로 작업 안전성 우수

㉡ 이동속도가 빠르고, 안정을 확보하기 위한 아웃트리거 장치 설치

(3) 데릭(Derrick)

① 가이데릭(Guy Derrick)

㉠ 주기둥과 붐(Boom)으로 구성되어 지선으로 주기둥이 지탱되며 360° 회전 가능

㉡ 인양하중 능력이 크나, 타워크레인에 비하여 선회성 · 안전성이 떨어짐

② 삼각데릭(Stiff Leg Derrick)

㉠ 가이데릭과 비슷하나 주기둥을 지탱하는 지선 대신에 2본의 다리에 의해 고정

㉡ 회전반경은 270°로 가이데릭과 성능이 비슷하며 높이가 낮은 건물에 유리

㉢ 가이데릭은 수평방향이동이 곤란하나 삼각데릭은 롤러가 있어 수평이동이 용이

③ 진폴(Gin Pole)

㉠ 철파이프, 철골 등으로 기둥을 세우고 윈치를 이용하여 철골부재를 권상

㉡ 경미한 철골건물에 사용

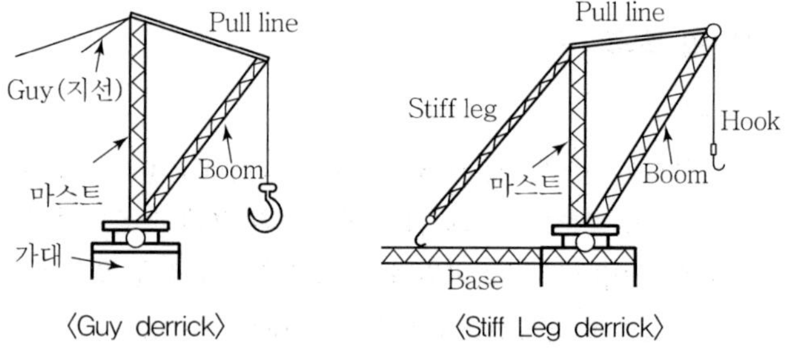

〈Guy derrick〉 〈Stiff Leg derrick〉

Occupational Safety Instructor

[5] 철골접합방법의 종류

철골부재의 접합이란 철골의 부재들을 연결하여 하중을 지지할 수 있는 구조체를 조립하는 작업을 말하며, 철골부재의 접합방법에는 리벳 접합 · 볼트 접합 · 고력 볼트 접합 · 용접접합이 있으며, 고력 볼트 접합이나 용접접합의 사용이 점차 증대되고 있다.

1 접합방법의 종류

(1) 리벳(Rivet) 접합

① 접합 현장에서 리벳을 900~1,000℃ 정도로 가열하여 조 리베터(Jaw Riveter) 뉴매틱 리베터(Pneumatic Riveter) 등의 기계로 타격하여 접합시키는 방법

② 타격 시 소음, 화재의 위험, 시공효율 등이 다른 접합방법보다 낮아 거의 사용되지 않음

(2) 볼트(Bolt) 접합

① 전단 · 지압접합 등의 방식으로 접합하며 경미한 구조재나 가설건물에 사용

② 주요 구조재의 접합에는 사용되지 않음

(3) 고력 볼트(High Tension Bolt) 접합

① 탄소합금강 또는 특수강을 소재로 성형한 볼트에 열처리하여 만든 고력 볼트를 토크렌치(Torque Wrench)로 조여서 부재 간의 마찰력에 의하여 접합하는 방식

② 접합방식

㉠ 마찰접합 : 볼트의 조임력에 의해 생기는 부재면 마찰력으로 응력을 전달

㉡ 인장접합 : 볼트의 인장내력으로 응력을 전달

㉢ 지압접합 : 볼트의 전단력과 볼트구멍 지압내력에 의해 응력을 전달

(4) 용접(Welding) 접합

① 철골부재의 접합부를 열로 녹여 일체가 되도록 결합시키는 방법

② 강재의 절약, 건물경량화, 소음회피 등의 목적으로 철골공사에서 많이 사용

③ 용접의 이음형식

㉠ 맞댄용접(Butt Welding) : 모재의 마구리와 마구리를 맞대어 행하는 용접

㉡ 모살용접(Fillet Welding) : 목두께의 방향이 모재의 면과 45° 또는 거의 45° 각을 이루는 용접

[6] 엔드 탭(End Tab)

엔드 탭(End Tab)이란 블로 홀(Blow hole) · 크레이터(Crater) 등의 용접결함이 생기기 쉬운 용접 비드(Bead)의 시작과 끝 지점에 용접을 하기 위해 용접 접합하는 모재의 양단에 부착하는 보조강판을 말하며, 엔드 탭을 사용하면 용접 유효길이를 전부 인정받을 수 있으며, 용접이 완료되면 엔드 탭을 떼어낸다.

1 시공 상세도

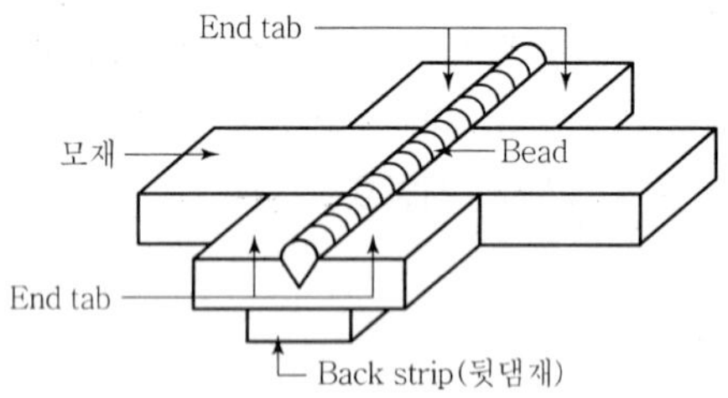

2 엔드 탭의 기준

① 엔드 탭의 재질은 모재와 동일 종류의 철판을 사용한다.

② 엔드 탭에 사용되는 자재의 두께는 본 용접자재의 두께와 동일해야 한다.

③ 엔드 탭의 길이

용접방법	엔드 탭 길이
Arc 손용접	35mm 이상
반자동용접	40mm 이상
자동용접	70mm 이상

[7] 고력 볼트 조임검사방법

고력 볼트는 탄소합금강이나 특수강을 열처리해 제조한 볼트로 접합면에 생기는 마찰력에 의해 접합하는 방식으로 강성이 높고 작업이 용이한 장점이 있어 관리에 소홀할 수 있으므로 철저한 검사가 필요하다.

1 조임검사방법

(1) 외관검사

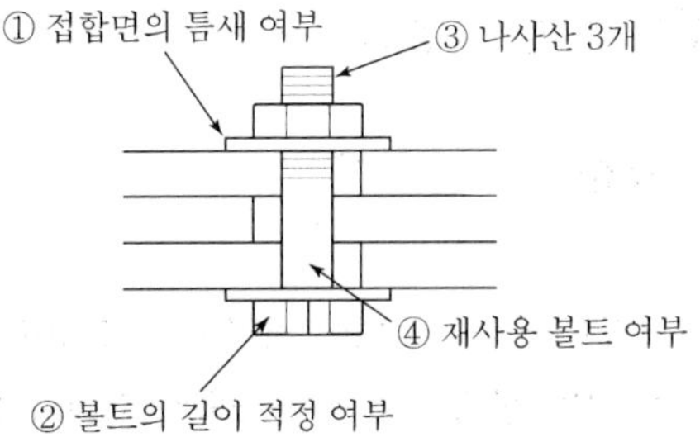

(2) 틈새처리

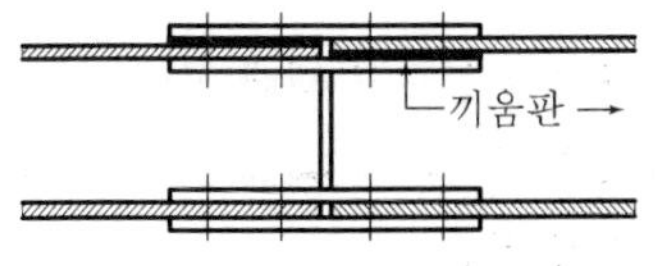

풍속(m/sec)	종 별
1mm 이하	처리 불필요
1mm 이상	끼움판 삽입

(3) 축력계, 토크렌치 등 기기의 정밀도 확인

(4) 마찰면의 처리상태 및 접합부 건조상태

(5) 접합면끼리 구멍의 오차 확인

(6) 접합면 녹 제거 및 표면 거칠기 확보

(7) 조임순서 준수

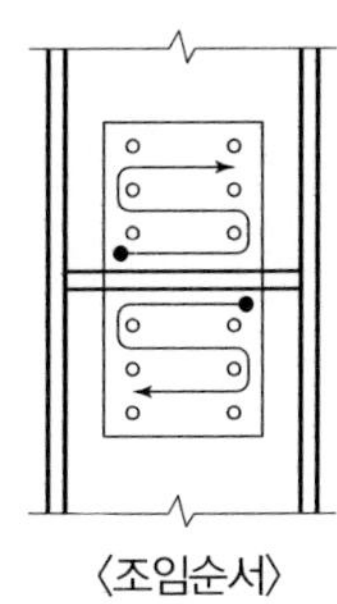

〈조임순서〉

Occupational Safety Instructor

[8] 리프트업(Lift Up) 공법의 특징

리프트업(Lift Up) 공법이란 구조체를 지상에서 조립하여 이동식 크레인 · 유압잭 등으로 들어올려서 건립하는 공법으로 지상에서 철골부재가 조립되므로 고소작업이 적어져 안전작업이 용이하나 리프트업하는 철골부재에 어느 정도의 강성이 없으면 채택하기가 곤란한 특징이 있다.

1 리프트업 공법의 용도

① 체육관, 홀(Hall)

② 공장, 전시실

③ 정비고, 전파송수신용 탑, 교량 등

2 리프트업 공법의 특징

(1) 장점

① 지상에서 조립하므로 고소작업이 적어 안전작업이 용이

② 작업능률이 좋으며, 전체 조립의 시공오차 수정이 용이

③ 가설비계 및 중장비의 절감으로 공사비 절감

④ 시공성 향상으로 동일한 조건하에서 공기단축이 가능

(2) 단점

① 리프트업하는 철골부재에 어느 정도의 강성이 없으면 채택 곤란

② 리프트업 종료까지 하부작업을 거의 하지 못함

③ 구조체를 리프트업할 때 집중적으로 인력이 필요

④ 리프트업에 사전준비와 숙련을 요함

Occupational Safety Instructor

[9] 앵커 볼트(Anchor Bolt) 매립 시 준수사항

앵커 볼트(Anchor Bolt)는 철골의 정밀도를 좌우하는 요소로 견고하게 고정시켜 이동 · 변형이 발생하지 않아야 하며, 주각부와 밑판(Base Plate)을 연결하는 부재로 인장력을 지지할 수 있어야 한다.

1 앵커 볼트 매립 시 준수사항

(1) 앵커 볼트는 매립 후에 수정하지 않도록 설치

(2) 앵커 볼트는 견고하게 고정시키고 이동 · 변형이 발생하지 않도록 주의하면서 콘크리트를 타설

(3) 앵커 볼트의 매립 정밀도 범위

① 기둥 중심은 기준선 및 인접기둥의 중심에서 5mm 이상 벗어나지 않을 것

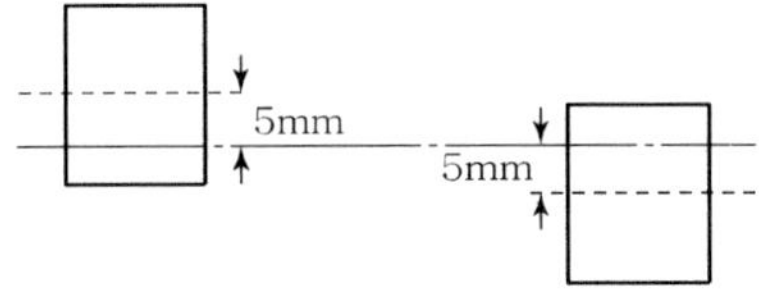

② 인접기둥 간 중심거리 오차는 3mm 이하일 것

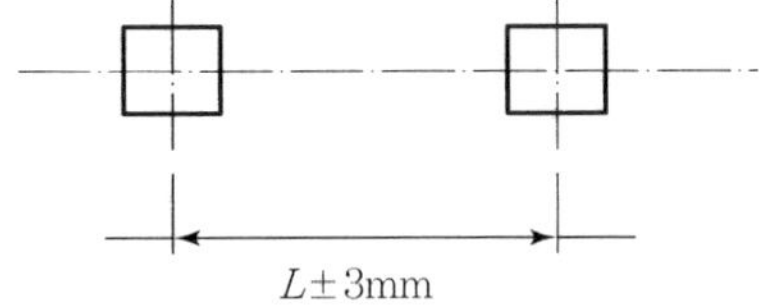

③ 앵커 볼트는 기둥 중심에서 2mm 이상 벗어나지 않을 것

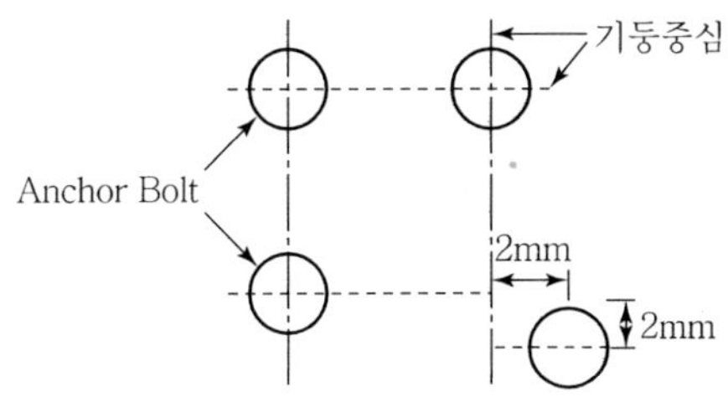

④ 밑판(Base Plate)의 하단은 기준높이 및 인접기둥의 높이에서 3mm 이상 벗어나지 않을 것

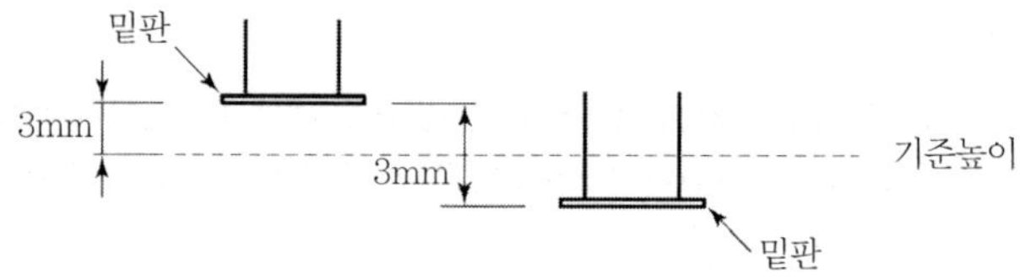

Occupational Safety Instructor

[10] 고력 볼트 조임기준

고력 볼트 접합은 조임으로 생기는 인장력에 의한 마찰력으로 접합하며 1차 조임 시 목표의 70%, 2차 조임 시 목표값 조임의 방법으로 한다.

1 고력 볼트의 특징

① 접합부 강성이 크다.
② 소음이 작다.
③ 피로강도가 높다.
④ 방법이 간단하며, 공기가 단축된다.

2 고력 볼트의 조임순서

① 1차 조임 : 목표의 70%
② 2차 조임 : 목표값 조임
③ 조임순서 : 중앙에서 단부 쪽으로

3 조임방법

(1) 1차 조임 : 너트를 회전시켜 목표의 70%로 조임

볼트호칭	M12	M16	M20	M24	M27	M30
1차 조임 토크값	500	1,000	1,500	2,000	3,000	4,000

(2) 금 매김

(3) 본 조임

① 토크관리법 : 표준볼트 장력을 얻을 수 있도록 조임기 사용
② 너트회전법 : 1차 조임 완료 후 120±30

4 조임 후 검사법

구 분	토크관리법	너트회전법
육안검사	동시회전, 너트회전량, 여장	동시회전, 노트전장
합격판정	• 조인 너트 : 60도 • 재조임 시 토크값 : ±10%	1차 조임 후 너트회전량 : 120±30
볼트여장	돌출나사산 : 1~6개	돌출나사산 : 1~6개
추가 조임	토크값 초과 볼트	회전부족 · 과다 볼트 교체

[11] 연돌효과(Stack Effect)

연돌효과(Stack Effect)란 고층건물의 경우 맨 아래층에서 최상층으로 향하는 강한 기류의 형성을 말하는 것으로, 고층건물의 계단실이나 EV와 같은 수직공간 내의 온도와 건물 밖 온도의 압력차에 의해 공기가 상승하는 현상이다.

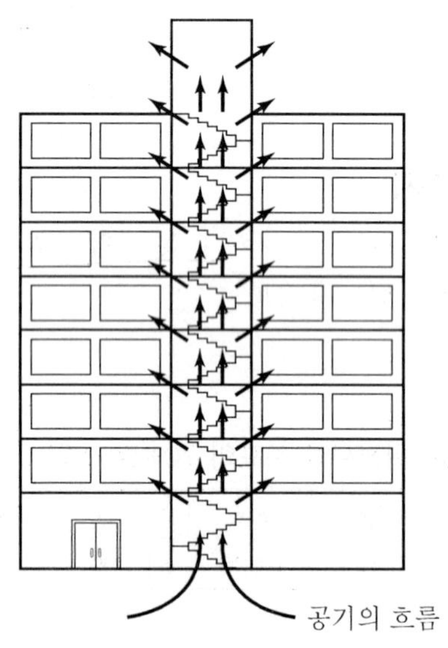

❶ 문제점

① 공기 유출입에 따른 건물 내 에너지 손실
② EV 문의 오작동 발생
③ 화재 시 1층에서 최상층으로 강한 통기력 발생

❷ 대책

① 공기통로의 미로화
② 수직통로에 공기 유출구 설치
③ 저층부에 방풍문 설치

[12] 전단연결재(Shear Connector)

전단연결재(Shear Connector)란 부재에 작용하는 전단응력에 대해 저항토록 하기 위해 설치한 연결 철물로 이질구조체 일체화, 접합부 강성확보, 전단응력 지지목적으로 활용된다.

1 Shear Connector 시공

(1) Con'c 구조

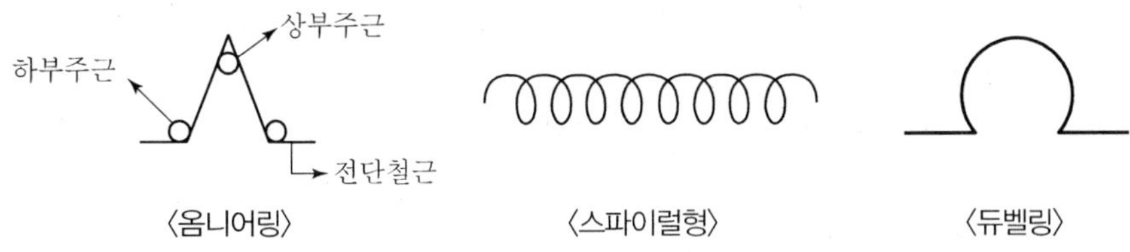

〈옴니어링〉 〈스파이럴형〉 〈듀벨링〉

(2) 철골구조

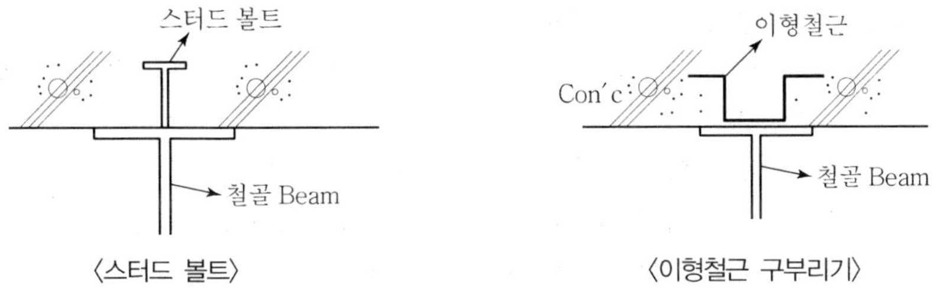

〈스터드 볼트〉 〈이형철근 구부리기〉

(3) PC

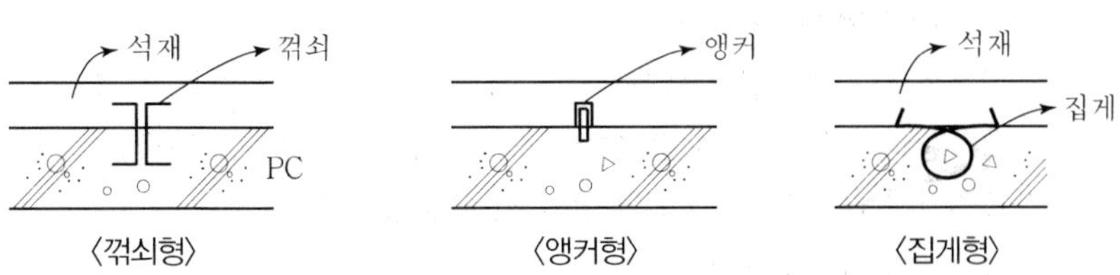

〈꺾쇠형〉 〈앵커형〉 〈집게형〉

2 전단연결재 필요성

① 부재 간 일체화
② 접합부 강성 확보 및 향상
③ 전단 저항
④ 이질재 연결

Occupational Safety Instructor

[13] 강재의 비파괴검사 종류

비파괴검사(Nondistortion Test)는 강재 용접부의 분자구조에 대한 결합상태를 조사하는 것으로 방사선투과법 · 초음파탐상법 · 자기분말탐상법 등이 활용된다.

1 비파괴검사(Nondistortion Test)

(1) 방사선투과검사(Radiographic Test)

① x선, γ선을 용접부에 투과하고 그 실태를 Film에 감광시켜 내부 결함을 조사하는 방법

② 판두께 100mm 이상도 가능하며 기록 보존이 가능함

③ Film을 부재 후면에 부착함으로 인하여 장소에 제한을 받음

④ 촬영 및 분석 시에 고도의 경험을 요함

⑤ 속도가 늦고 복잡한 부위의 검사가 어려움

(2) 초음파탐상법(Urtrasonic Test)

① 0.4~10MHz의 주파수를 가진 초음파를 용접부에 투입하고 반사파형으로 결함 여부 판별

② 필름이 필요 없고 검사 속도가 빠르며 경제적임

③ T형 접합 등 방사선투과검사 불가능 부위도 검사가 가능함

④ 검사원의 기량차에 따라 판단 결과가 상이함

⑤ 판 두께 6mm 미만에는 적용 곤란, 주로 9mm 이상의 경우에 적용

(3) 자기분말탐상법(Magenetic Flux Test)

① 강자성체의 자력선을 투과시켜 용접부의 결함을 조사하는 방법

② 자력선의 통로(분말의 정렬상태)에서 불량 부위 여부를 판별함

③ 표면에서 5~15mm 정도의 결함 검사에 용이함

(4) 침투탐상법(Penetrant Test)

① 용접 결함 예상부위에 침투액을 침투시켜 검사하는 방법

② 주로 Spray Type의 염료침투방법(Color Check)을 사용함

③ 검사가 간단하며 특별한 장치가 필요 없음

④ 표면에 보이는 결함 외에는 발견하기 곤란함

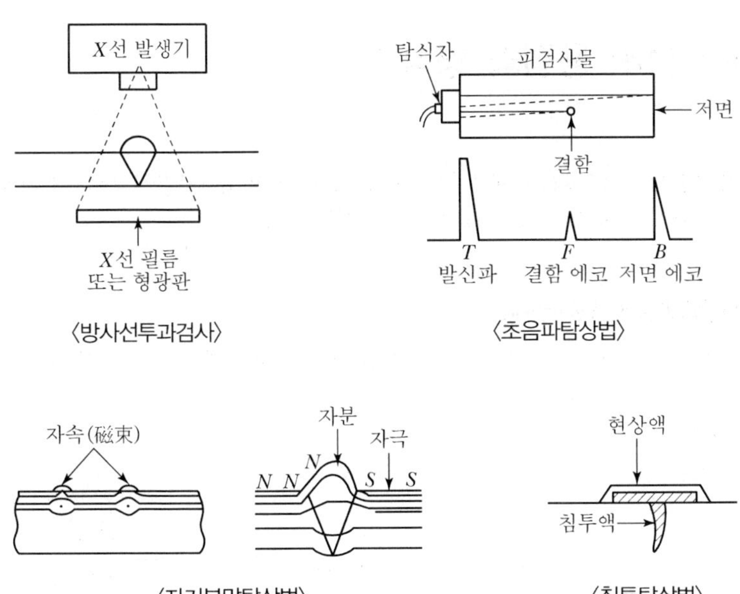

〈방사선투과검사〉 〈초음파탐상법〉

〈자기분말탐상법〉 〈침투탐상법〉

Occupational Safety Instructor

[14] 용접의 형식

아크, 가스염, 전기 저항열 등의 에너지를 이용하여 2개 이상의 물체를 원자의 결합에 의해 접합하는 방법으로 강재 구조물 등의 연결공법에 넓게 활용되고 있다.

1 맞댐용접(Butt Welding)

① 용입이 잘되게 하기 위하여 용접할 모재의 맞대는 면 사이의 가동된 홈(Gloove)을 사용하여 용접하는 형식

② 허용내력

$$R = alf$$

여기서, a : 유효 목두께 $= t$(판 두께)

l : 맞댐용접의 유효길이

($l = L - 2t$: 엔드 탭 없음),

($l = L$: 엔드 탭 있음)

f : 허용응력도

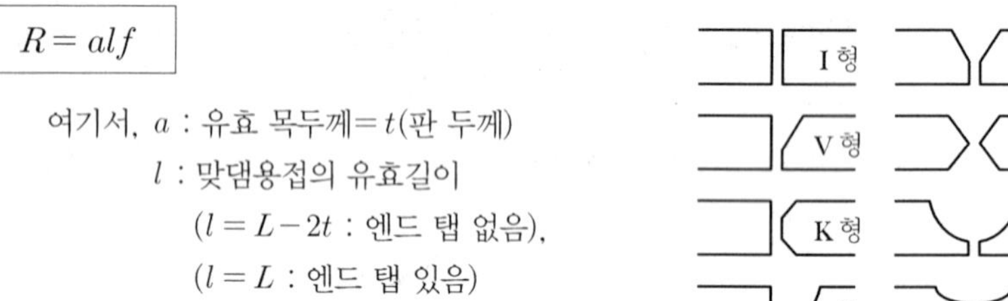

〈개선부(Groove)의 형상〉

③ 접합 부위의 개선부의 형상에 따라 I형(6mm 이하인 경우 주로 사용), K, J, U, V형 등이 있음

2 모살용접(Fillet Welding)

① 목두께의 방향이 두께의 어떠한 모재 표면에 대해서도 직각이 아닌 어떠한 각도를 가지는 용접 형식

② 허용내력

$$R = alf$$

여기서, a : 유효 목두께 $= 0.7S$(사이즈)

l : 모살용접의 유효길이($l = L = 2S$)

f : 허용응력도

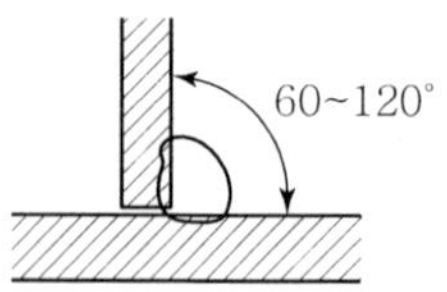

③ 규격 및 품질 확보 : 목두께 및 사이즈 등에 대하여 설계 및 품질기준에 의한 규격 및 품질검사 실시

Occupational Safety Instructor

[15] 고장력 볼트 접합

고장력 볼트는 항복강도 7tf/cm² 이상으로 만든 볼트이며, 힘의 전달방식에 따라 마찰접합, 지압접합, 인장접합 등이 있다.

1 마찰접합(전단형)

① 판을 겹쳐 놓고 볼트를 강하게 조이면, 판의 접촉면에서 큰 마찰력이 생겨 Bolt 구멍이 밀착되지 않더라도 힘의 전달이 가능함

② 보통 고력 Bolt 접합이라 하면 이 방식을 의미함

③ 허용내력(Bolt 1개당 허용전단력 : R_s)

$$R_s = \frac{1}{v} n \mu N$$

여기서, v : 안전율(장기 1.5, 단기 1.0)

n : 마찰면의 수(1 또는 2)

μ : 미끄럼계수(표준 마찰면 0.45)

N : 볼트 장력(ton)

④ 큰 내력을 얻기 위해서 μ와 N이 클수록 유리, 즉 마찰면의 미끄럼계수와 Bolt 연결 시의 축력을 확보함

2 인장접합(인장형)

(1) 이음 · 접합부분에 대한 하중이 Bolt 축방향으로 전달됨

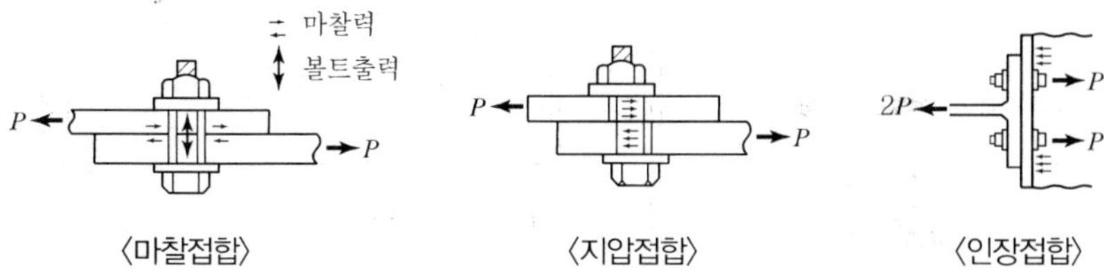

〈마찰접합〉 〈지압접합〉 〈인장접합〉

(2) 지압접합

전단형 접합에서 고력 Bolt 축과 Bolt 구멍 사이의 오차를 0에 가깝게 만들어 리벳접합과 같이 이용한 접합

Occupational Safety Instructor

[16] Scallop

강재부 용접 시 접합 부위의 용접선이 서로 교차되어 재용접이 되면 용접 부위는 열의 영향으로 취약해지므로 이를 방지하기 위하여 용접선의 교차가 예상되는 부위에 부채꼴 모양의 모따기를 하는 것을 Scallop이라 한다.

1 목적

① 용접선이 끊어지지 않도록 함

② 완전돌림용접이 가능하게 함

③ 열 영향으로 인한 용접 균열 등 결함 방지

2 설치기준

① Scallop의 반지름 : 30mm

② 조립 H형강의 반지름 : 35mm

3 시공 시 유의사항

① Scallop 부분은 완전돌림용접 실시

② 개선부의 정밀도 확인

③ Tack(가용접) 후 용접 변형상태 확인하고 본용접

④ 과대한 덧쌓기 금지

⑤ Arc Strike 발생 금지

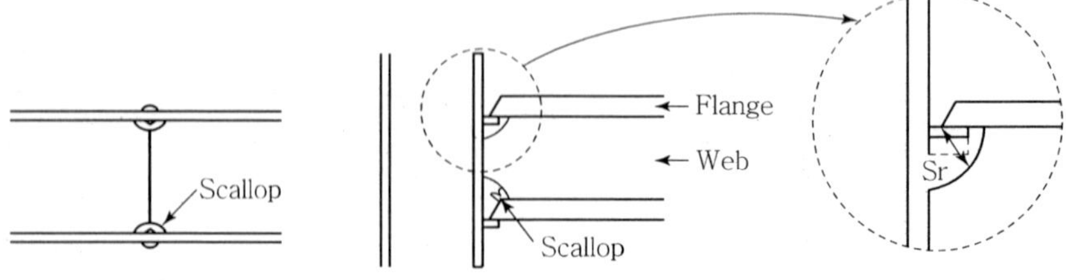

Occupational Safety Instructor

[17] 창호의 성능평가방법

창호는 성능에 따라 보통창 · 방음창 · 단열창으로 구분되며, 성능평가 항목은 내풍압성 · 기밀성 · 수밀성 · 방음성 · 단열성 · 개폐력 등이다.

1 창호 성능 기준

성능에 의한 구분	성능항목
보통창	내풍압성 · 기밀성 · 수밀성 · 개폐력 · 문 · 모서리 · 강도
방음창	내풍압성 · 기밀성 · 수밀성 · 방음성 · 개폐력 · 문 · 모서리 · 강도
단열창	내풍압성 · 기밀성 · 수밀성 · 단열성 · 개폐력 · 문 · 모서리 · 강도

2 창호의 성능평가방법

(1) 내풍압성

① 가압 중 파괴되지 않을 것

② 압력 제거 후 창틀재 장식물 이외에 기능상 지장이 있는 잔류 변형이 없을 것

③ 가압 중 창호 중앙의 최대 처짐이 스팬이 1/70 이하로 될 것

(2) 기밀성

① 창호 내 외부의 압력차에 의한 통기량 정도 측정

② 기밀성 시험방법에 규정된 기밀 등급선을 초과하지 않을 것

(3) 수밀성

① 가압 중(KSF 2293 시험규정)에 창틀 밖으로의 유출 · 물보라 · 내뿜음 · 물넘침이 일어나지 않을 것

② 실내 측면으로의 현저한 유출 발생이 없을 것

③ 등급은 압력차에 따라 10~50kg/m^2의 5단계

(4) 방음성

① 실 간 평균 음벽 레벨차 등 측정

② 투과율$(\tau) = \dfrac{T}{I}$

여기서, T : 투과음 에너지

I : 입사음 에너지

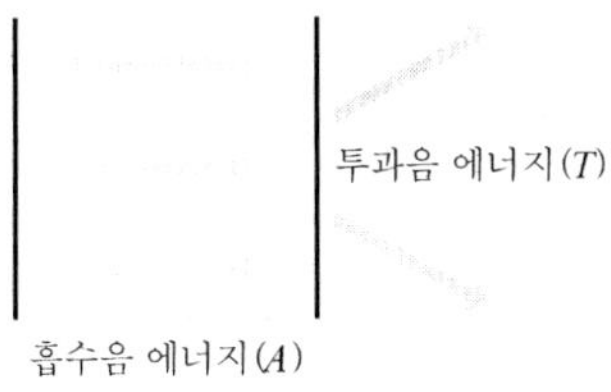

(5) 단열성

① 시험체에 열을 가해 규정된 열관류 저항치에 대한 적합성 측정

② 열관류 저항(m · h · C · kcal) 측정은 0.25~0.4 이상 4단계

③ 결로 및 열손실 방지

(6) 개폐력

① 개폐하중 5kg에 대하여 원활하게 작동될 것

② 창 및 문의 개폐력 및 반복횟수에 의한 상태 측정

(7) 문틀 끝 강도

① 재하 하중 5kg에 대해 문틀 휨의 적합성 측정

② 문틀의 휨

면 안쪽 방향의 휨	1mm 이하
면 바깥쪽 방향의 휨	3mm 이하

(8) 기타 성능평가

① Mock-up Test

- 풍동시험을 근거로 설계한 실물모형을 만들어 건축예정지에서 최악의 조건으로 시험하는 것
- 시험종목은 예비시험, 기밀시험, 정압수밀시험, 동압수밀시험, 구조시험, 층간변위 등

② 내충격성

가해지는 외력에 대한 성능 평가

③ 방화성

화재 시 일정한 시간 동안 화재의 확대 방지 성능 평가

Occupational Safety Instructor

[18] 유리의 열파손

대형 유리의 경우 유리 중앙부는 강한 태양열로 인한 고온 발생으로 팽창하며 유리 주변부는 저온상태가 유지되어 수축함으로써 열팽창의 차이가 발생하는데 유리는 열전도율이 적어 갑작스런 가열이나 냉각 등 급격한 온도변화 시 열파손이 발생된다.

1 개념도

열에 의해 발생되는 인장 및 압축응력에 대한 유리의 내력 부족 시 균열 발생

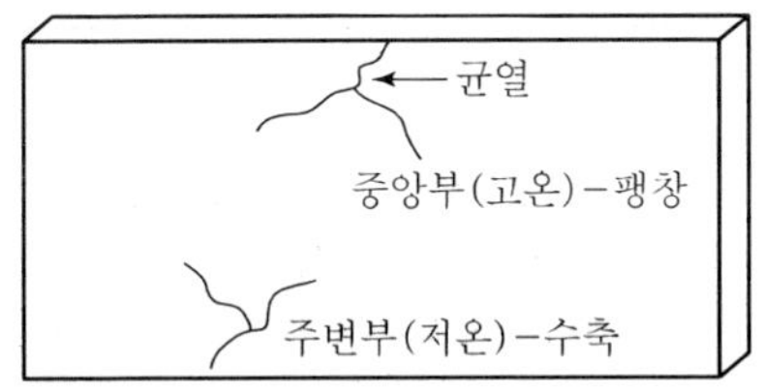

2 원인

① 태양의 복사열로 인한 유리 중앙부와 주변부의 온도차
② 유리가 두꺼울수록 열축적이 크므로 파손 우려 증대
③ 유리의 국부적 결함
④ 유리 배면의 공기순환 부족
⑤ 유리 자체의 내력 부족

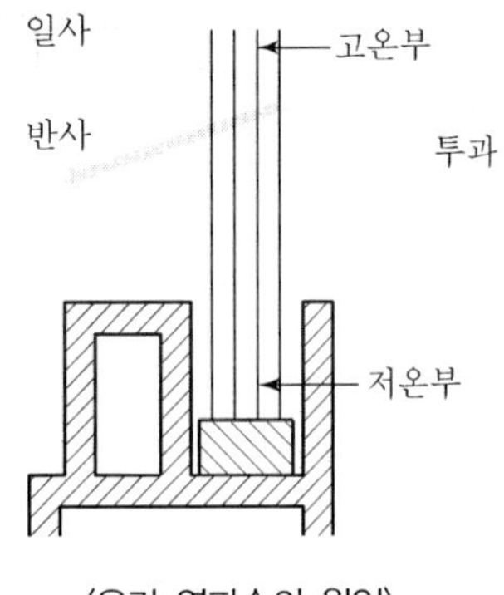

〈유리 열파손의 원인〉

3 방지대책

① 유리의 절단면을 매끄럽게 연마
② 유리와 유리 배면 차양막 사이의 간격 유지로 유리의 중앙부와 주변부 온도차 감소
③ 유리 Bar에 공기순환통기구 설치
④ 유리에 Film, Paint 등 부착금지
⑤ 유리 자체의 내력 강화

⑥ 유리 두께 1/2 이상의 Clearance 유지

⑦ 열깨짐 방지를 위한 유리 단부의 파괴에 대한 허용응력

종류	두께(mm)	허용응력(kgf/cm)
플로트 판유리	2~3	180
열선흡수 판유리	15, 19	150
열선반사 판유리		
배강도 유리	6, 8, 10	360
강화유리	4~5	500
망입 · 선입 판유리	6, 8, 10	100
접합유리, 복층유리	24 외	구성단판 강도 중 가장 낮은 값

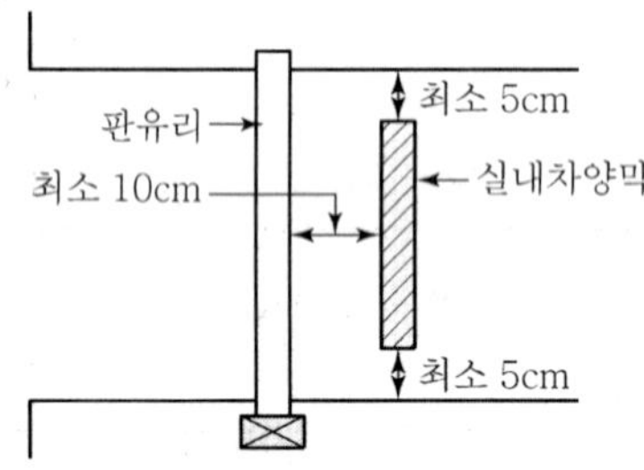

PART

16 교량

ACTUAL

INTERVIEW

Occupational Safety Instructor

[1] 사장교와 현수교의 차이점

사장교는 케이블과 거더의 접속점에서 처짐변형이 발생하고 이 처짐에 비례한 반력을 케이블과 거더가 받는 구조이므로 다경간의 연속보로 치환할 수 있고 고차의 부정정 구조가 된다.
현수교의 행거는 보강거더의 하중을 케이블에 전달하는 역할을 하고, 보강거더는 활하중을 케이블로 전달하는 역할을 담당하며 지점으로 전달하는 활하중 성분은 거의 없다.

구분	사장교	현수교
개념	주탑에 정착된 경사케이블에 의해 보강형을 지지하는 형식	앵커리지와 주탑으로 케이블을 지지하고 케이블에 행어를 매달아 보강형을 지지하는 형식
지지형식	주탑 : 하프형, 방사형, 팬형, 스타형	주탑 : 앵커리지, 자정식, 타정식
하중 전달경로	하중 케이블 주탑	하중 → 행거 → 현수재 → 주탑, 앵커리지
구조의 특성	고차 부정정 구조 • 연속거더교와 현수교의 중간적 특징	저차 부정정 구조 • 활하중이 지점부로 거의 전달되지 않음
장단점	• 현수교에 비해 강성이 커 비틀림 저항이 크다. • 케이블 응력 조절이 용이하여 단면을 줄일 수 있다. • 장대화될수록 보강형 압축력 과다 및 주탑높이가 증가된다.	• 장경간에 경제적이다. • 풍하중에 대한 보강이 필요하다. • 하부구조 설치가 곤란한 지형에 유리하다.
대표교량	서해대교, 올림픽대교, 돌산대교, 진도대교, 인천대교	영종대교, 남해대교, 광안대교, 광양대교

Occupational Safety Instructor

[2] 세굴 방지공법의 종류

교대나 말뚝의 안정성 위험요소인 세굴의 방지공법으로는 말뚝에 의한 방법이나 세굴방지공 등의 공법을 적용할 수 있다.

공법	개요	보수단면
말뚝공법	시트 파일이나 PIPE 등을 기초 외면에 시공하고 그라우팅하여 채움으로써 세굴이나 기초 지지력에 대해 보강하는 공법으로, 시공 시 말뚝 길이에 제한이 따르는 경우가 있다.	그라우팅 말뚝
세굴방지공 공법	세굴방지공을 이용하여 기초를 보호하고 세굴방지를 도모하는 공법으로 시공이 비교적 용이하나 영구적인 공법으로 미흡하다.	세굴방지공
기초의 확대 공법	지반의 위치에 기초를 설치하여 주로 수평력에 저항케 하여 보강하는 공법으로 세굴 및 지지력의 향상을 도모한다. 신구 부재의 연결에 유의하여야 한다.	지수판
말뚝 증설 공법	신설 말뚝을 기존 주변에 설치하고 기초를 확대하는 방법으로 지지력에 대해 보강하는 것이다. 비교적 효과가 확실하며, 교량 아래에서의 시공 시에는 말뚝 길이는 제한이 따른다.	
지중연속벽 공법	지중연속벽을 기존 기초 주위에 설치하고 기존 구체와 일체화시키는 공법으로 지지력 및 세굴에 대해 보강시키는 공법이다. 보강효과가 확실하며, 토질조건에 따라 시공법을 선정해야 한다.	기존 기초
기초 연결 공법	인접한 기초 간을 철근 콘크리트 슬래브로 연결하여 기초의 안정을 도모하는 공법으로 작은 지간의 교량에 적용할 수 있다. 지지력과 기초의 변위에 효과가 있으며, 시공 중 가시설이나 유수의 우회조치 등이 필요할 때가 있다.	철근콘크리트 슬래브
지반 개량 공법	그라우팅이나 생석회 말뚝, 소일 시멘트, 약액주입 등을 기초 주변에 시공하여 연약 지반의 지지력을 증대시키는 공법으로 지지력이나 포화된 사질 지반의 개량 등에 효과가 있다. 지반의 개량 범위에 유의하여야 한다.	그라우팅 주입

[3] FCM 처짐관리(Camber Control)

FCM 공법에 의한 Segment 타설 시 시공기간, 시공하중 등에 따라 시공단계마다 Segment의 처짐이 발생하게 되는데 설계단계에서 처짐 계산에 의한 처짐곡선을 작성하고 시공단계에서 단계별 실측과 검토를 통하여 처짐량을 관리하는 것을 처짐관리라 한다.

1 처짐관리의 목적

① 매 세그먼트 타설 시 처짐량을 설계값과 일치시킴
② Key Segment 시공 시 종 · 횡 선형을 일치시킴
③ 교량 완공 후 변형 발생 시에 원하는 최종 선형에 도달시킴

2 처짐관리의 흐름도

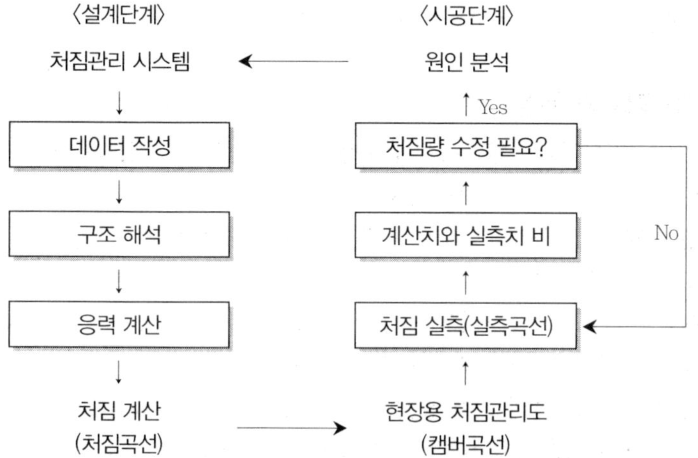

Occupational Safety Instructor

[4] TMCP 강재

TMCP(Thermo Mechanical Controlled Process) 강재란 압연가공 과정에서 열처리 공정을 동시에 실행하여 제조된 강재이다.

1 압연과 분괴압연

(1) 압연

① 반대방향으로 회전하는 Roller에 가열상태의 강을 끼워 성형해가는 방법

② 강괴를 1,100~1,250℃에서 열간압연하고, 소요단면으로 강조립하는 공정을 분괴압연이라 한다.

(2) 압연과 TMCP 강재

분괴압연 또는 연속주조에 의해 만든 강편을 열간 또는 냉간에서 압연하여 판재, 형강, 봉강 등의 압연강재로 마감한다.

2 TMCP 강재의 특성

① 용접부 취성 증대 : 철강 재료에서 탄소 등의 합금원소가 첨가되면 강도 상승 효과가 있지만 용접부 취성이 증대된다.

② 냉각조건에 의한 압연 : 압연 시 냉각조건에 의한 제어를 통하여 미세 결정체에 의해 고강도를 얻는다.

③ 용접 열 영향 감소 : 냉각압연 시 합금원소의 첨가량이 적게 소요되고 따라서 탄소량을 낮출 수 있기 때문에 용접 열 영향을 최소화할 수 있다.

④ 예열 불필요 : 예열 없이 상온에서 용접할 수 있고 결함 발생이 적다.

⑤ 강재 사용량 절감 : 두께 40mm 이상 후물재는 항복강도가 높아 강재 사용량을 절감할 수 있다.

⑥ 고층 건축물 적용 : 강도가 높아 고층 건축물 적용에도 매우 유리하다.

Occupational Safety Instructor

[5] LB(Lattice Bar) Deck

동바리 거푸집 설치를 생략하기 위한 공법으로 교량 바닥판 시공에서 고강도의 콘크리트로 제작한 얇은 콘크리트 패널과 Lattice－girder를 합성한 프리캐스트 패널(LB－Deck)을 전용 작업대차로 거더와 거더 사이에 거치하고, 그 위에서 바닥판의 철근 배근과 콘크리트 타설작업을 할 수 있도록 한다.

1 제작방법

① LB－Deck는 바닥판 시공에 사용되는 고강도 거푸집 겸용 프리캐스트 콘크리트 패널을 말한다.

② Lattice－girder와 고강도 프리캐스트 콘크리트 패널을 합성하여 제작한다.

③ 현장 타설 콘크리트와 합성 후에는 교량 바닥판의 구조체로서 역할을 수행한다.

2 구성

① 콘크리트 패널 : 거푸집 역할

② 인장철근 : 가시설 작업하중에 저항하기 위한 철근

③ Lattice－girder

Occupational Safety Instructor

[6] 차량재하를 위한 교량의 영향선

교량의 영향선은 단위하중이 구조물 위를 지나갈 때에 특정 기능(반력, 전단력, 휨모멘트, 처짐, 트러스 부재력 등)의 값을 단위하중의 작용위치마다 표기한 선도를 의미한다.

1 영향선의 용도

① 특정 기능(전단력, 모멘트 등)에 대한 영향선을 그렸을 때 그 기능의 최댓값을 주는 활하중의 위치를 결정하여 준다.

② 위치가 결정된 활하중으로 인한 특정된 기능의 최댓값을 산정할 수 있다.

2 영향선의 작도방법

① 구조물의 어느 한 응력요소(반력, 전단력, 휨모멘트, 처짐 등)에 대한 영향선의 종거는, 구조물에서 그 응력요소에 대응하는 구속을 제거하고 그 점에 응력요소에 대응하는 단위 변위를 일으켰을 때의 처짐곡선의 종거와 같다. 이를 Müller－Breslau의 원리라고 한다.

② 이러한 Müller－Breslau의 원리는 영향선의 작도에 아주 편리한 지름길을 마련해주며, 특히 부정정구조물의 정성적 영향선을 작성하는 데 불가결의 원리이다.

3 작도된 영향선의 적용 예(최대 부모멘트 적용 시)

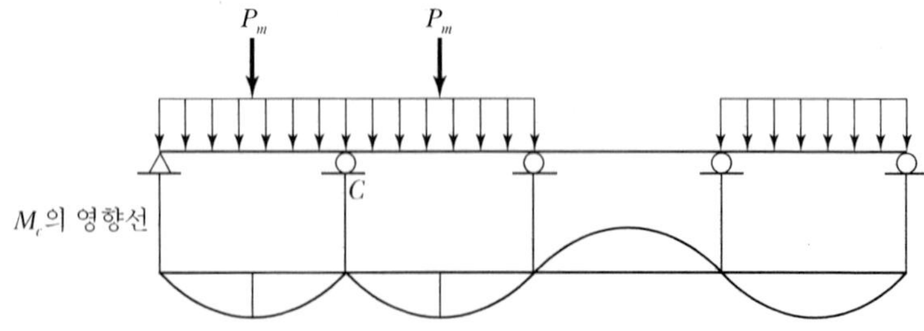

Occupational Safety Instructor

[7] 라멜라티어(Lamellar Tear)

강재를 T자 형태로 용접할 때 강재 표면과 평행으로 발생되는 층상 균열을 말한다.

1 형태

(1) **전파균열**

Root부 또는 지단부의 저온 균열을 기점으로 하여 비금속 개제물을 따라 전파되는 균열

라멜라티어

(2) **개구균열**

맞댐 접합부에서의 비금속 개제물에 의한 개구 균열

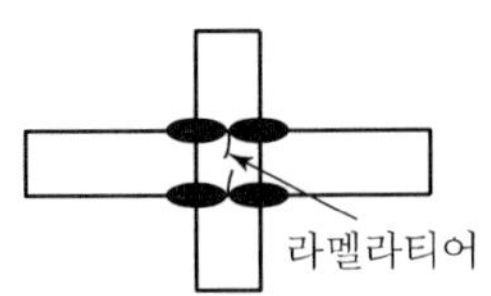

2 원인

① 단면 수축률이 낮을 때
② 금속 성분 중의 S(유황)과 비금속 개제물(MnS)의 영향
③ 강재의 두께가 두꺼울 때
④ 1회의 용접량이 클 때

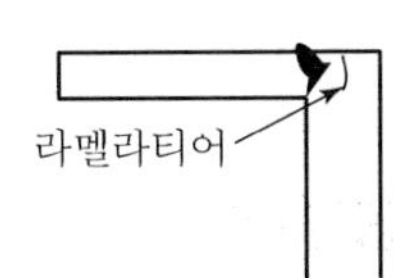

3 대책

① 개구균열에 대한 대책은 저수소계 용접재료 사용
② 일반강 대비 S(유황) 성분을 낮게 관리
③ 비금속 개제물의 구상화 처리 공정
④ 두께 방향의 연성이 우수한 내Lamellar Steel 사용

Occupational Safety Instructor

[8] 진응력과 공칭응력

부재 단면의 축하중에 의해서 발생되는 응력은 적용되는 단면적에 따라 진응력과 공칭응력으로 구분한다.

1 진응력

단면에 작용하는 하중을, 하중으로 인하여 축소된 단면적으로 나누어 구한 값을 진응력이라 한다.

$$진응력 = \frac{하중(P)}{축소된\ 단면적(A')}$$

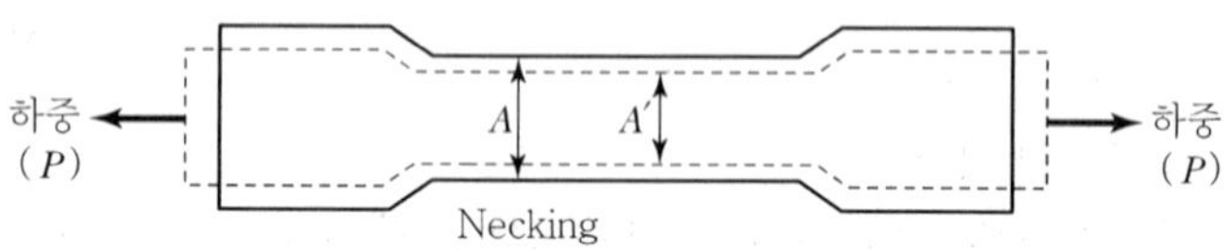

2 공칭응력

단면에 작용하는 하중을 축소된 단면적을 무시하고 최초의 단면적으로 나누어 구한 값을 공칭응력이라 한다.

$$공칭응력 = \frac{하중(P)}{최초의\ 단면적(A')}$$

Occupational Safety Instructor

[9] 설퍼밴드(Sulfur Band) 균열

강은 제조작업의 마지막 과정에서 탈산작업과 응고작업을 거치는데, 이때 탈산이 제대로 되지 않은 림드강의 내부에 불순물(유황의 편석)이 층상으로 압연된 것을 설퍼밴드라 한다.

1 균열발생 원인

① 용접 중 용접열에 의한 응력 집중
② 강의 용접성 저하
③ 강재 내부에 불순물(유황 등) 압연
④ 강의 연성 저하
⑤ 서브머지드아크 용접

2 대책

① 비금속물 개체물의 구상화 처리 공정 추가
② 유황(S) 성분이 낮은 강 사용
③ 예열 실시
④ 내Lamellar Steel 사용
⑤ 후열 처리 : 300~650℃ 정도
⑥ 응력 제거

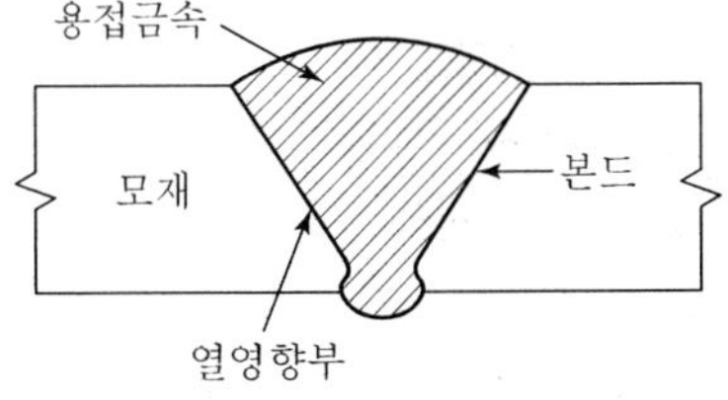

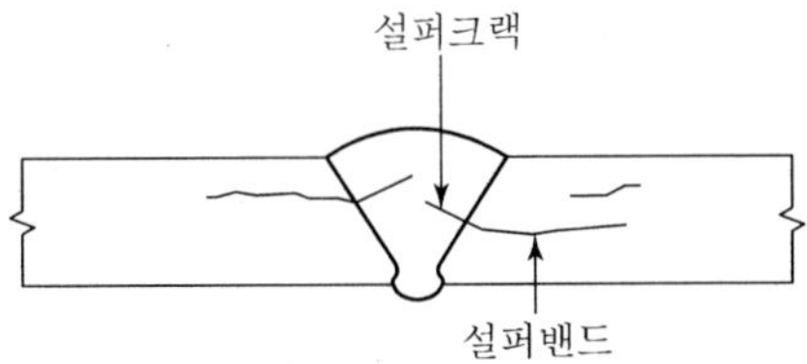

[10] Preflex Beam

Preflex Beam은 Camber가 주어진 상태로 제작된 Steel Beam에 미리 설계 하중을 부하시킨 후 하부 Flange 둘레에 콘크리트를 타설하여 제작한 합성 Beam으로, Steel Beam 제작 후 미리 설계하중을 부하시킴으로써 Steel Beam 안전도 검사를 미리 할 수 있는 장점이 있다.

1 제작순서

① H-Beam 또는 I-Beam 강재를 Camber가 주어진 상태로 제작

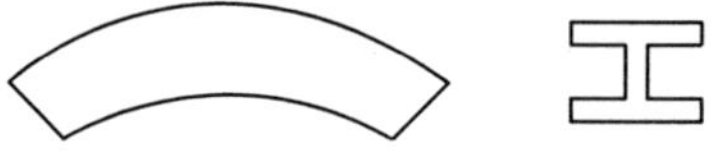

② Preflexion 상태에서 설계하중을 가함

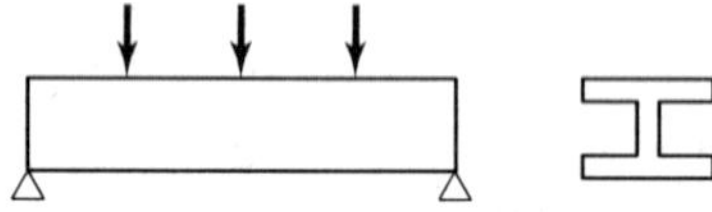

③ 하중을 가한 상태에서 하부 Flange 둘레에 콘크리트를 타설 후 양생

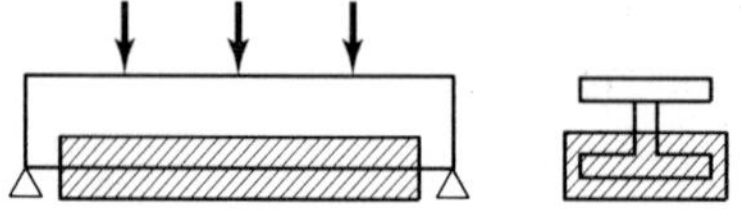

④ 설계 하중을 제거하면 하부 콘크리트에는 Pre-Compression이 도입됨

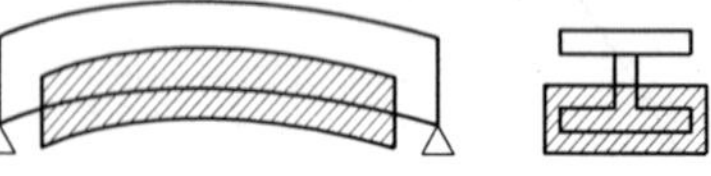

⑤ PC 부재가 완성되면 현장에서 거치한 후 Slab 콘크리트를 타설하고 마감

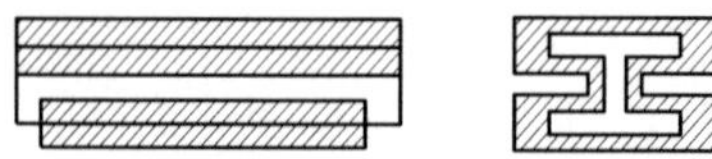

Occupational Safety Instructor

PART 17

터널

ACTUAL INTERVIEW

Occupational Safety Instructor

[1] 불연속면(Discontinuity)

암반 내에 존재하는 불연속면의 종류에는 절리, 층리(퇴적암), 편리(변성암), 단층 및 파쇄대가 있다.

1 불연속면의 종류

(1) 절리

구분	내용
종류	• 판상절리(화성암 냉각) • 전단절리(전단응력 집중) • 주상절리(화성암의 분출 시 용암 냉각) • 인장절리(인장력이 우세, 전단절리에 부수적 발생)
특징	• 절리면을 따라 풍화가 시작됨 • 화성암, 퇴적암 : 비교적 규칙적, 변성암 : 불규칙적 • 절리면을 따라 현저하게 움직이지는 않음 • 연장성 : 수 cm~수 m 정도

(2) 편리(Schistosity)

구분	내용
종류	• 편마구조 : 변성암의 입자가 크면 암석이 평행구조(편마암) • 편리 : 세립질이지만 육안으로 구분 가능(편암)
특징	• 편리면을 따라 잘 쪼개짐 • 단층과 파쇄대가 많음 • 광물의 재분포로 띠 또는 집중을 나타냄

(3) 층리(Bedding)

구분	내용
특징	• 색이나 입도가 달라짐 • 괴상 : 층리가 나타나지 않은 것(사암, 역암) • 층상의 면은 퇴적물이 굳어진 후에도 쪼개짐

(4) 단층과 파쇄대

구분	내용
종류	• 정단층 • 역단층 • 수평단층
특징	• 투수층 형성 가능성이 큼 • 단층을 따라서 충화, 파쇄가 심함 • 절리면에 비해 연장성이 큼 • 화성암, 퇴적암에 있으나 특히 변성암에 많음 • 지진 발생이 많은 곳에 분포가 많음 • 단층면을 따라 활동면, 단층점토, 단층각력암, 단층대 등이 나타남

Occupational Safety Instructor

[2] Face Mapping

터널굴착 시 굴착면 상태를 육안으로 확인하고 RMR 평점기준으로 판단하는 자료를 말한다.

1 작도목적

① 지반조사의 보완자료
② 굴착 안전성, 경제성 확보
③ 굴착 패턴의 결정
④ 암반의 분류

2 조사절차

발파 → 부석 정리 → Mapping 판정 → 차기 span 시공

3 조사항목

① 지질
② 암반상태
③ 불연속면
④ 조사대상 결정

4 조사대상

① 천단부
② 측벽
③ 막장면
④ 바닥면

5 활용

① 막장부 안전성 평가
② 굴착공법의 결정
③ 계측기 위치 및 계측횟수 관리
④ 지보공의 간격, 길이, 위치 산정

Occupational Safety Instructor

[3] 여굴의 원인과 대책

굴착에 있어서 라이닝의 설계 두께선보다 외측으로 생기게 되는 여굴이 많으면 버력 반출 및 라이닝의 여분의 비용이 들 뿐만 아니라 토압면에서도 불리하게 되므로 여굴은 가능한 한 적게 해야 한다.

1 여굴의 원인

구분	원인
설계 불량	• 조사 불량(단층, 파쇄대 등 연약지반 확인 불량) • 발파 패턴 불량(천공간격, 길이, 공당 장약량 등) • 지보재 강성 및 설치 시기 불량 • 보조공법 설계 미반영 및 보조공법 선정 불량
시공 불량	• 천공 불량(천공 길이, 천공 각도) • 장약 및 발파 불량(과다 장약량 사용) • 보조 지보재 설치시기 미준수 및 설계보다 작게 시공 • 제어 발파 미시행
계측 관리	• 계측 관리 미흡 • 계측 결과 반영 미흡 • 암판정 불량
기타	• 천공장비의 구조적 문제 • 기능공의 숙련도 등

2 대책

① 발파 굴착에서 천공의 위치, 각도를 정확히 할 것 : 장약길이 조정, 폭발직경 조절

② 제어발파 실시

㉠ Smooth Blasting 공법 채택 ㉡ 프리스프리팅 실시

③ 기계굴착 방법 선택

④ 발파 후 조속히 초기보강 실시 : Shotcrete

⑤ 적정 장비의 선정

⑥ 정밀 폭약, 적정 폭약 사용

⑦ 숙련된 작업원 활용 및 기능 교육

⑧ 선진 그라우팅 실시 : 연약지반

⑨ 연약지반 처리 : 고결 · 동결공법

⑩ 지발뇌관 사용 : 과도한 발파 에너지 감소

Occupational Safety Instructor

[4] 심빼기 발파

심발은 자유면 확보를 위한 공법으로 경사공, 평행공, 혼합공 등이 있다.

구분	경사공(V-Cut)	평행공(Cylinder-Cut)	혼합공(Supex-Cut)
대표적 천공방법			
특징	• 채석 용적이 큼 • 약실의 투사면적이 큼 • 대괴가 나오기 쉬움 • 심빼기를 여러 형태로 응용 가능	• 자유면에 대하여 직각으로 서로 평행하게 천공 • 무장약공의 위치는 발파 시 균열권 안에 위치 • 비중이 적고, 순폭도가 큰 폭약 사용 • 정확한 지발 뇌관을 사용 •1발파당 채석용적이 적음	• 심발부 최소저항선 다단계로 형성 분할 발파 • 터널축에 평행공과 각도공 병행천공(천공길이 다양) • 약실의 투사면적과 채석 용적이 최대가 되도록 경사공 및 평행공을 병행천공하고 여러 단계로 분할하여 발파하는 방법 • 시간차를 두고 발파하되, 공저에서 최종단계를 다단분착 발파하면 입방체의 심발을 형성함
장단점	• 버럭의 비산거리가 짧음 • 단공발파나 연암발파에 효율적 • 천공이 쉽고, 천공이 짧음 • 사압의 발생 우려 없음	• V-Cut 공법에 비해 발파 진동이 적음 • 터널 단면 크기에 제약을 받지 않음 • 사압이 없고 진동 제어에 용이 • 버럭이 작아 Mucking 효율 높음	• 대구경 천공을 하지 않아 Bit 및 Rod 교체 불필요
문제점	• 굴진장에 제한을 받음 • 여굴량이 증가 • 실 천공장이 짧아지고, 발파 효율이 낮음 • 파쇄암석이 비교적 크게 발생 • 집중장약에 의한 발파진동이 큼	• 소결현상에 의한 발파 실패 우려 큼 • 잔류공이 남는 문제점 발생 • 천공오차에 의해 발파효율 저하 • V-Cut에 비하여 천공수 증가에 의한 천공이 길어짐	• V-Cut이 혼용되기 때문에 터널 단면적에 제약을 받을 수 있음 • 심발공 천공에 고도의 기술 필요 • 단공 발파 시 천공비 과다 • 심발부 단위 천공 수 증가 • 순폭, 사압의 영향 상존

[5] 숏크리트 리바운드(Rebound)

리바운드란 숏크리트 타설 시 뿜어 붙인 숏크리트 콘크리트가 벽면에 부착되지 않고 떨어져 나오는 현상을 말하며 숏크리트 타설방법에 따라 리바운드양이 달라질 수 있다.

1 리바운드에 영향을 미치는 요소

(1) 숏크리트 공법
건식 공법이 습식 공법에 비해 약간 증가함(리바운드율 30~35%)

(2) 뿜어 붙이기 압력
암반에 충돌하는 속도가 적당할 때 감소함(노즐 끝 1~2kgf/cm^2)

(3) 분사 각도
분사 각도는 직각을 유지할 때 감소하며, 측벽보다 아치부가 20% 정도 증가함

(4) 분사 거리
분사 거리가 1m일 때 가장 작음(0.75~1.25m가 적당)

(5) 뿜어 붙이기 두께
1회 두께가 너무 두꺼우면 박리하므로 1회 두께는 10cm 이하로 함

2 리바운드율과 노즐거리의 관계

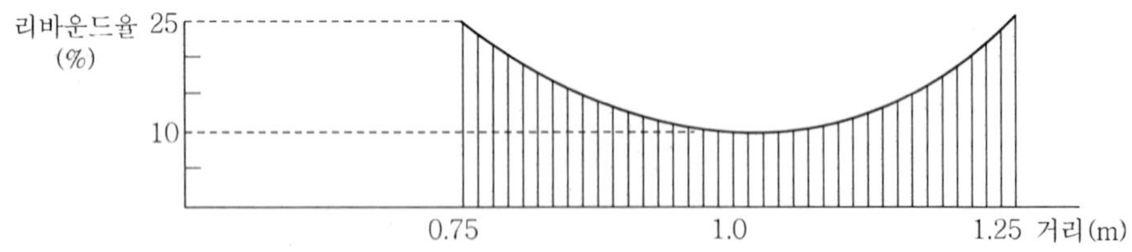

Occupational Safety Instructor

[6] Bench Cut 발파

Bench Cut 발파는 자유면을 증대시켜 폭파효율을 좋게 하고 천공 장약 및 버력 처리를 용이하게 하기 위한 공법으로 암반굴착 시 굴착 면을 여러 단의 Bench로 만들어 순차적으로 발파하는 굴착을 말한다.

1 Bench Cut의 특징

① 계획적 발파로 다량 채석에 적당하고 계획적인 생산량을 확보할 수 있음
② 암버력 처리의 기계화 작업이 가능함
③ 비교적 폭석 발생이 작아 안전성에 유리함
④ 발파 효율이 좋아 경제적임
⑤ 평탄한 Bench 조성을 위해 벌채, 절토, 진입로 등의 사전 준비기간이 길어짐
⑥ Bench의 폭은 높이의 2배 정도로 함

2 천공방법

(1) Sub-Drilling 공법

① u=0.3~0.35W
② 바닥면보다 약간 깊게 천공하여 발파 후 바닥에 미발파 여분이 남지 않게 함

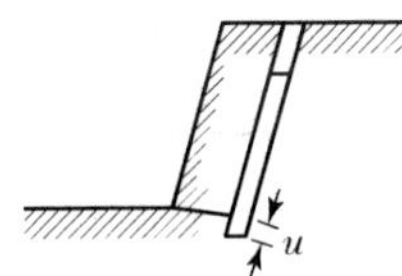

(2) Toe Hole 공법

Toe Hole 시공 기계의 시공성을 위해 막장을 향해 수평 또는 약간의 하향(5~10°)으로 천공함

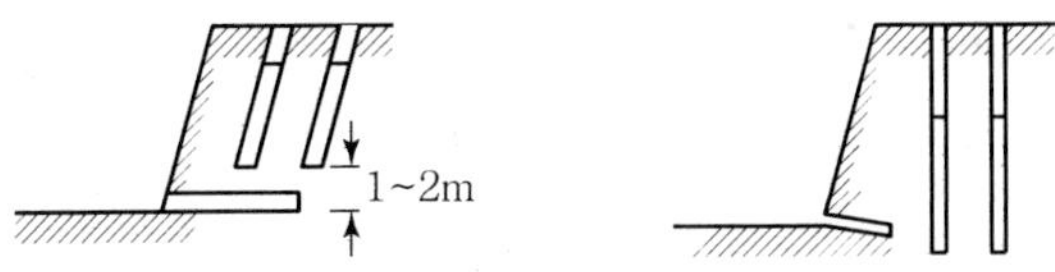

Occupational Safety Instructor

[7] 편압

편압은 터널의 토피가 얇은 경우, 특수한 원지반, 불균일한 지질 등에서 주로 발생하며 편압이 발생하면 이상지압에 의해 동바리공이나 콘크리트 복공이 변형되고 경우에 따라 붕괴되기도 한다.

1 편압의 원인

① 터널 측면의 굴착
② 불균일한 지질
③ 지형이 급경사인 경우
④ 기존 터널에 근접 시공
⑤ 터널의 토피가 얇은 경우

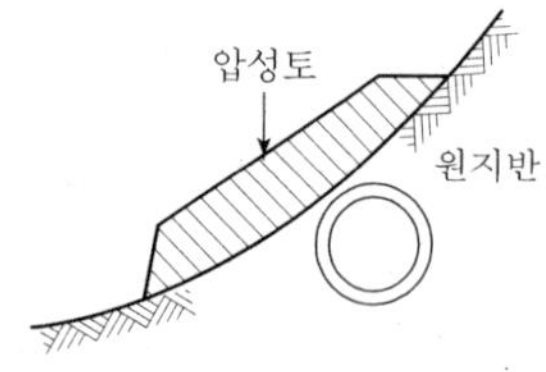

〈압성토공법〉

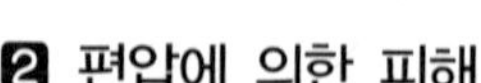

2 편압에 의한 피해

① 콘크리트 복공의 균열
② 동바리공의 변형
③ 갱구 변형 및 전도
④ 콘크리트 복공의 변형

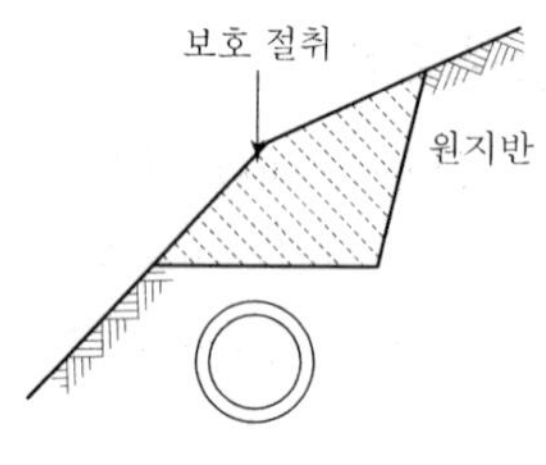

〈보호 절취〉

3 대책

(1) 압성토공법
편압이 작용하는 반대편에 편압에 대응하는 압성토 실시

(2) 보호 절취
편압이 작용하는 터널 상부 부분의 토사를 절취하여 편토압을 저감시킴

(3) 보강 콘크리트
편압이 작용하는 반대편의 터널 외부에 보강 콘크리트를 타설하고 상부에 성토하여 지지력 및 반력을 증대시킴

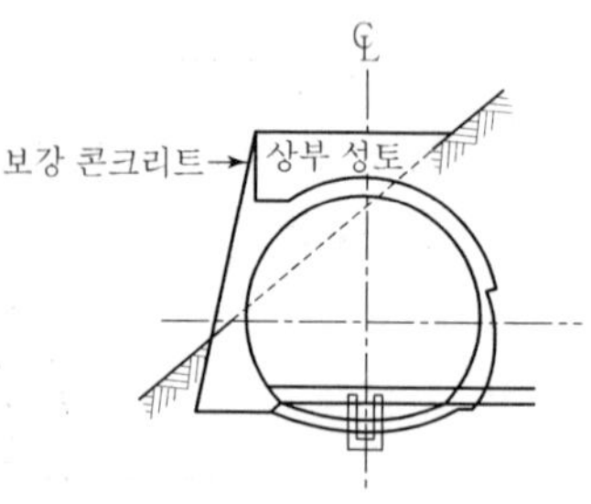

〈보강 콘크리트〉

[8] Line Drilling

Line Drilling 발파는 굴착 예정 암반에 보호선을 굴착 예정선으로 정하고 굴착 예정선에 공경을 조밀하게 배치한 후 인접공의 발파 시 굴착 예정선을 따라 파괴되도록 하는 발파법이다.

1 특징

① 절리간격이 작은 암반 굴착 시 효과가 우수함
② 고도의 천공기술을 요함
③ 조밀한 천공으로 비경제적임
④ 오차를 최소화하는 것이 Point임

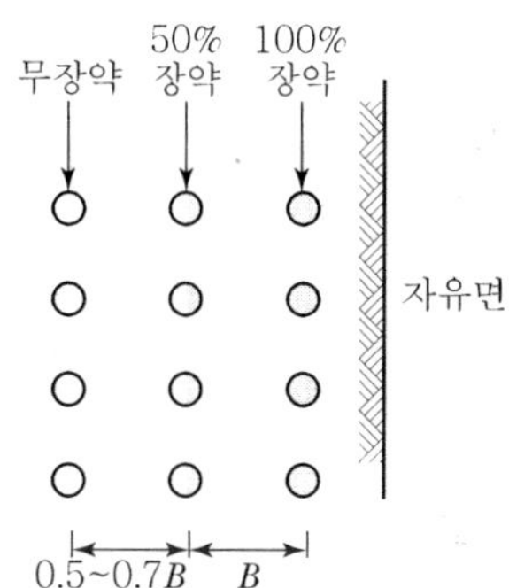

2 시공법

① 굴착 예정 암반에 목적하는 보호선을 굴착 예정선으로 함
② 굴착 예정선에 ϕ50~70mm의 무장약 빈공을 공경의 2~4배 간격으로 설치
③ 공경 7.5cm, 공 간격 20~30cm로 제2열 천공하고 주 발파공 장약의 50% 설치
④ 자유면 측(주 발파공)은 100% 장약

3 시공 시 유의사항

① 천공 길이, 천공 간격 및 각도를 정확히 관리
② 최소저항선 간격은 일정하게
③ 암질에 따른 발파계수를 적용하여 장약량을 합리적으로 산정
④ 시험발파 후 최적의 방법을 선정

Occupational Safety Instructor

[9] Decoupling 계수

Decoupling 장약은 천공경보다 직경이 작은 약포의 폭약을 장약하여 약포와 공벽 사이에 공간을 유지시킴으로써 폭약의 폭발로 발생하는 폭력을 발파 목적에 적합하도록 제어하는 것이며, 공경과 약경의 비를 Decoupling 계수라 한다.

1 Decoupling 계수(D_c)

$$D_c = \frac{R_c(\text{천공지름})}{R_b(\text{폭약지름})}$$

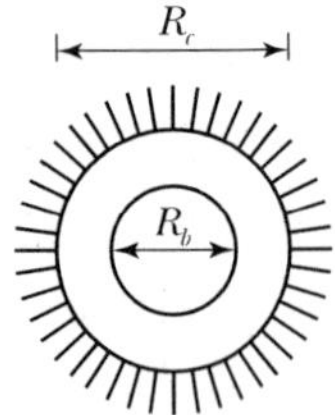

2 Decoupling 효과

① 폭약의 충격 영향 감소

② 장약공 부근의 파괴 범위 축소

③ 암반 이완 방지

3 적용

(1) Smooth Blasting 발파

D_c=1.5~2.0

(2) Pre-Splitting 발파

D_c=2.0~3.5

(3) 암의 종류에 따른 계수

① 경암 : 2.0~2.5

② 중경암 : 2.5~3.0

③ 연암 : 3.0~3.5

[10] Smooth Blasting

Smooth Blasting은 굴착예정선을 따라 다수의 천공을 등간격으로 평행하게 배치하고 정밀화약을 장약하여 실시하는 공법이다.

1 특징

① 원암반의 균열을 최소화하여 암반 자체 강도를 최대한 유지할 수 있음

② 발파면의 요철과 여굴을 최소화하여 지보량을 줄일 수 있음

③ Cushion Blasting과 비슷한 공법

④ 소음, 진동 저감으로 비교적 안전함

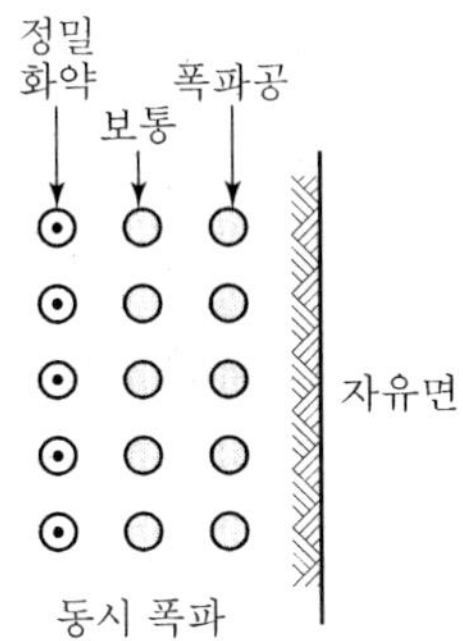

2 시공법

① 자유면 쪽 2열에는 보통 폭파공 2열을 설치

② 공경은 32~36mm, 천공간격은 60~90cm, 천공장은 2m 이상으로 함

③ 굴착예정선을 따라 설치한 공에 정밀화약(Finex) 18~21mm를 장전

④ 굴착예정선 공과 보통 폭파공을 동시에 발파시킴

3 시공 시 유의사항

① 암질에 따른 발파계수를 적용하여 장약량을 합리적으로 산정

② 천공 길이, 천공 간격 및 각도를 정확히 관리

③ 시험발파 후 최적의 방법을 선정

④ 최소저항선 간격을 일정하게

[11] Cushion Blasting

Cushion Blasting은 천공 간격을 넓히고 발파공에 공경보다 작은 폭약을 장전한 Cushion Blasting 공을 배치하여 발파함으로써 굴착예정선의 절단면을 보호하는 공법이다.

1 특징

① Line Drilling 공법보다 공 간격이 넓으므로 천공비가 절감됨

② 불균질암에 적용 시 효과적

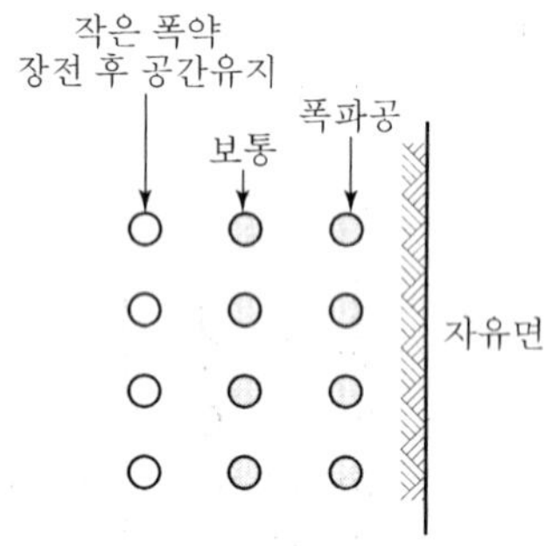

2 시공법

① 굴착예정선의 공간격은 최소저항선의 80% 이내, 공직경은 50~180mm로 함

② 자유면 쪽은 보통 폭파공 2열 설치

③ 굴착예정선을 따라 1열에는 천공경보다 약간 작은 약포의 폭약을 장전하고 그 사이는 공간을 유지

3 시공 시 유의사항

① 천공 길이, 천공 간격 및 각도를 정확히 관리

② 최소저항선 간격은 일정하게

③ 암질에 따른 발파계수를 적용하여 장약량을 합리적으로 산정

④ 시험발파 후 최적의 방법을 선정

Occupational Safety Instructor

[12] Pre-Splitting

Pre-Splitting 발파는 다수의 공을 천공한 다음 굴착예정선의 장약을 먼저 발파시켜 파단면을 형성한 후 나머지 부분을 발파하는 공법이다.

1 특징

① Line Drilling 공법에 비해 천공비가 절약됨

② 양질의 균질암에 효과적임

③ 선행 발파 후 암반 상태 미확인 상태에서 주 발파 시행

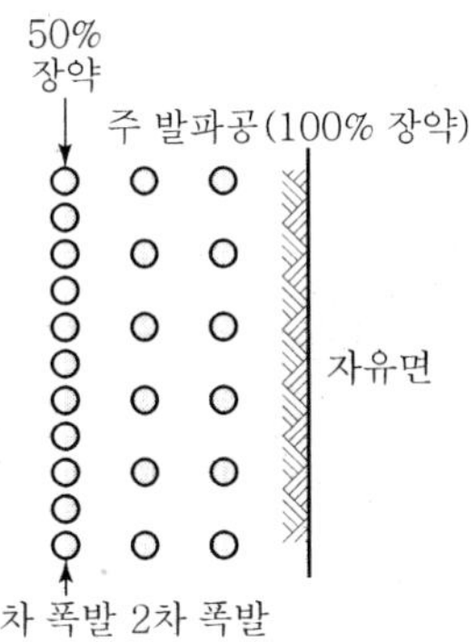

2 시공법

① 공 직경은 5~10cm, 약포 지름은 25~35cm, 공 간격은 30~50cm로 함

② 자유면 쪽의 2열(주 발파공)은 보통 발파공을 설치

③ 굴착예정선상의 공에는 50% 이하로 장약

④ 굴착예정선상의 폭약을 1차 폭파시켜 균열을 선행 발생시킴

⑤ 1차 발파 후 주 발파 시행

3 시공 시 유의사항

① 천공 길이, 천공 간격 및 각도를 정확히 관리

② 최소저항선 간격은 일정하게

③ 암질에 따른 발파계수를 적용하여 장약량을 합리적으로 산정

④ 시험발파 후 최적의 방법을 선정

[13] 터널의 붕괴원인 및 대책

터널은 지반적 · 환경적 · 시공적 요인에 의해 붕괴될 수 있으므로, 각 요인들에 대한 조사와 분석이 철저히 이루어져야 하며, 굴착 전 적절한 대책을 수립하는 것이 중요하다.

1 터널 붕괴의 원인

① 터널 상부구조물(건물, 교량, 암거, 말뚝 등) 하중
② 편토압 작용
③ 연약지반 굴착
④ 터널 상부지반 굴착
⑤ 터널 상부지반 성토
⑥ 기존 터널 근접 시공
⑦ 산사태 발생
⑧ 지하수, 용수 다량 용출

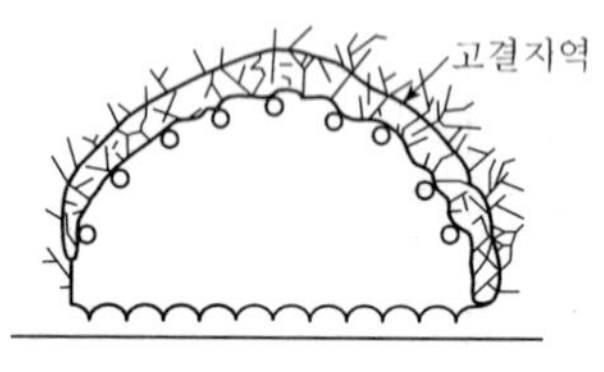

〈천장부 지반 보강〉

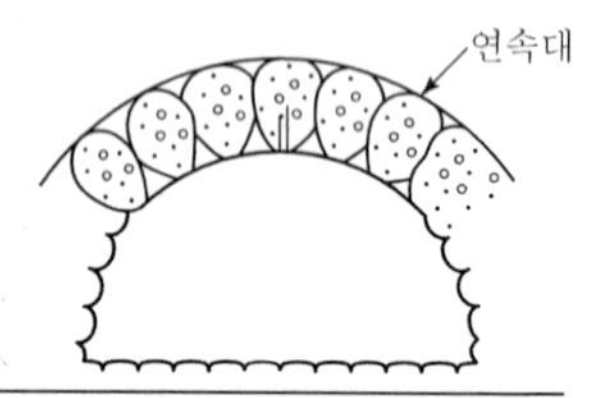

〈천장부 박락 방지〉

2 대책

① 적절한 종류 및 규격의 지보재 설치
② 적절한 시기의 지보재 설치
③ 배수 처리
④ 지반보강공법 채택
⑤ 계측관리
⑥ 라이닝 시공 두께 및 강도 확보
⑦ 인버트 콘크리트 시공

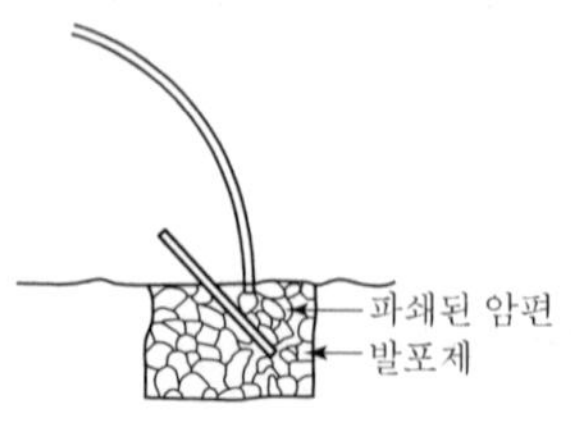

〈인버트 하부지반 보강〉

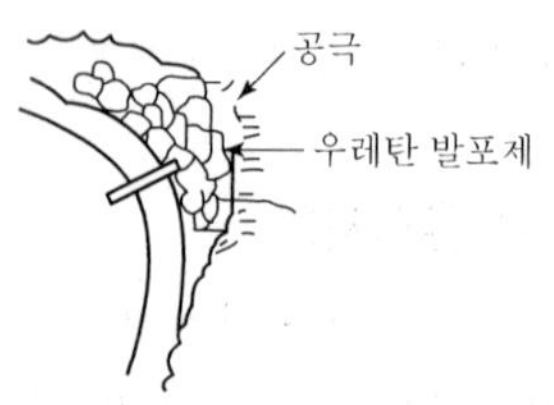

〈봉합 및 공동충진〉

Occupational Safety Instructor

[14] NATM 터널의 유지관리 계측

NATM 터널의 유지관리를 위해서는 일반적인 갱내 관찰이나 라이닝 변형 측정 등이 대표적이며 단면계측으로는 토압, 간극수압, 철근의 응력 등을 통한 계측이 중요하다.

1 일반관리 계측

① 갱내 관찰 · 조사 : 조명, 환기상태, 온도, 습도, 콘크리트의 균열, 누수, 배수로 상태 조사

② 라이닝 변형 측정 : 콘크리트 라이닝의 안정성 확인, 지보재 및 주변 지반의 안정성 간접확인, 균열 발생 시 원인조사

③ 용수량 측정 : 콘크리트 라이닝 수압작용 여부

2 대표 단면 계측

① 토압 측정

② 간극수압 측정

③ 콘크리트 라이닝의 응력 측정

④ 철근 응력 측정

⑤ 지하수위 측정

3 유지관리 계측 항목

계측항목	내용
토압	• 터널라이닝 설계의 적정성 평가 • 지반의 이완영역 확대 여부 및 지반응력의 변화 조사
간극수압	• 배수터널의 배수기능 저하에 따른 잔류수압 상승 여부 측정 • 비배수터널의 라이닝 작용 시 수압 측정 • 수압에 따른 라이닝의 안정성 확인
지하수위	• 간극수압 측정 시의 신뢰성 평가 • 터널 내 용수량과의 상관성 평가
콘크리트 응력	• 외부 하중으로 인한 콘크리트 라이닝의 응력 측정 • 콘크리트 라이닝이 구조체로 설계된 경우 라이닝 내부 응력 측정

철근응력	• 외부 하중으로 인한 콘크리트 라이닝 내의 철근응력 측정 • 콘크리트 라이닝 응력 측정 결과의 신뢰성 검증
내공변위	외부 하중으로 인한 콘크리트 라이닝의 변위량을 측정하여 터널 구조물의 안정성 판단
균열	콘크리트 라이닝에 발생한 균열의 진행 상태를 측정하여 터널의 안전성 판단
건물경사	터널 구조물의 거동으로 인한 지상 건물의 기울기를 측정하여 건물의 안전성 판단
진동	지진 발생 시 터널 구조물의 안전성 판단 및 열차 운행 등에 의한 주변 구조물의 진동 영향 판단
온도	콘크리트 라이닝의 온도 영향 판단

Occupational Safety Instructor

[15] 터널 용수대책

터널 굴착 도중 용수가 발생하면 지보공 기초 지지력 저하의 원인이 되며 이로 인해 지보공의 침하에 의한 붕괴사고의 위험성이 발생되므로 지수대책이 필요하다.

1 공법의 종류

구분	공법
차수공법	• 약액주입공법 • 압기공법 • Grouting : Pregrouting, Aftergrouting
배수공법	• 물빼기 갱도 • 물빼기 Boring • Deep Well, Well Point

2 고려사항

① 용수상황
② 붕괴 정도
③ 입지환경조건
④ 경제성

3 용수대책

(1) 배수 Pipe 설치

① 염화비닐 Pipe 설치
② Shotcrete 타설

(2) 철망 설치 → Hose

① 용수지역
② 1차 호수로 물을 빼고
③ 철망 또는 Sheet를 붙임

(3) Channel

① 절리 등에서 용수될 경우
② 배수 Channel 설치
③ 자유로운 방향으로 유도

(4) 물빼기 구멍

① 용수가 많은 경우
② 수발공 설치

Occupational Safety Instructor

[16] 스프링라인

터널의 스프링라인이란 발생터널직경의 최대폭이 이루어지는 점의 종방향 연결선으로 하중분산을 통한 안정성 도모와 아칭효과의 극대화를 위해 관리한다.

1 스프링라인의 변화요소

① 여굴량
② 굴착량
③ 지반조건

2 스프링라인의 활용

① 상하반 굴착 분할선
② 아칭효과 극대화
③ 심빼기 발파의 위치 선정
④ 보조공법의 범위 선정

3 영향요소

직접 요소	간접 요소
• 건축한계선 • 측방 유동폭 • 터널폭	• 배수공 • 공동구 • 환기시설

4 아칭효과 : 수직전단력, 수평자중 및 휨모멘트의 저감

① 상부 : 인장력
② 하부 : 압축력
③ 측면 : 수평반력

Occupational Safety Instructor

PART

18 도로

ACTUAL

INTERVIEW

[1] 아스팔트 포장과 콘크리트 포장의 비교

포장형식은 아스팔트 포장과 콘크리트 포장으로 대별되며, 교통특성, 토질 및 기후, 시공성, 재료특성 및 공사비 등 제반요인을 비교 · 검토하여 선정되어야 하나 모든 요소를 정량적으로 평가하기가 어려우므로 몇몇 주요 인자를 비교 · 분석하여 포장형식을 선정한다.

1 구조적 차이

구분	아스팔트 포장	콘크리트 포장
포장 형식	연성 포장	강성 포장
응력 전담층	노상	표층
각 층의 구성	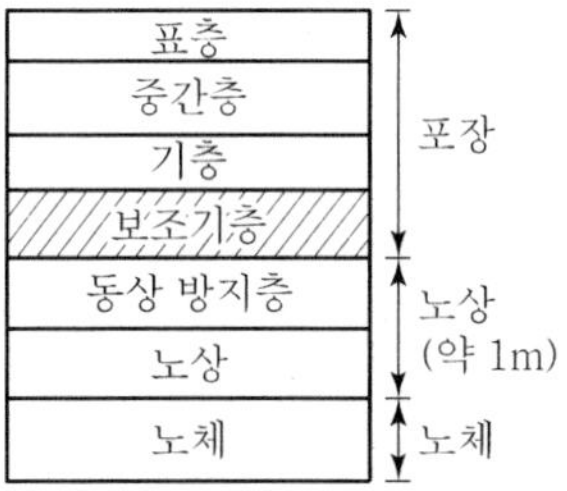 표층 / 중간층 / 기층 / 보조기층 (포장) 동상 방지층 / 노상 (노상(약 1m)) 노체 (노체)	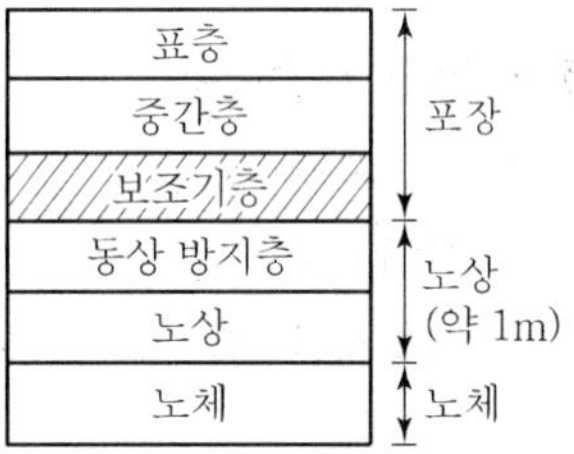 표층 / 중간층 / 보조기층 (포장) 동상 방지층 / 노상 (노상(약 1m)) 노체 (노체)
하중의 분포	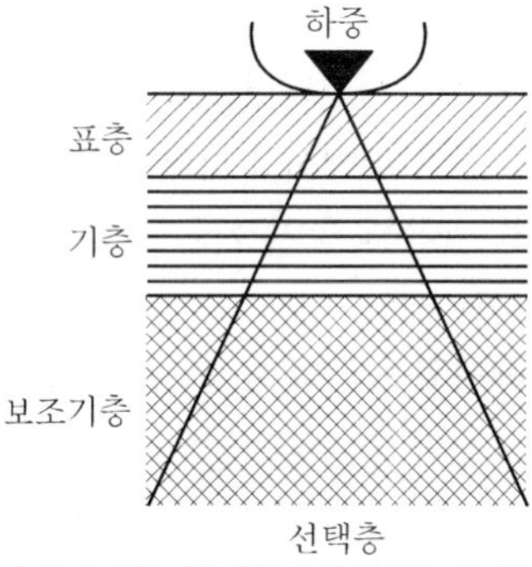 하중 / 표층 / 기층 / 보조기층 / 선택층	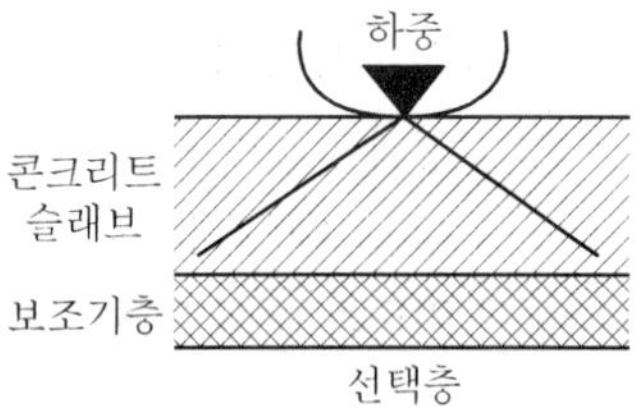 하중 / 콘크리트 슬래브 / 보조기층 / 선택층

Occupational Safety Instructor

[2] 침입도(PI : Penetration Index)

침입도란 역청 재료의 굳기를 말하는 것으로, 규정된 온도, 하중 및 시간의 조건하에서 표준침이 시료 중에 수직으로 침입한 길이로서 나타내며 그 단위는 침입한 길이의 1/10mm를 침입도 1로 한다.

1 시험의 목적

① 아스팔트의 굳기 정도 측정
② 아스팔트의 감온성 추정
③ 아스팔트 적용의 양부 결정

2 시험의 표준조건

① 시험온도 : 25℃
② 시험하중 : 100g
③ 시험시간 : 5초

3 시험방법

① 매 시험 시 침에 붙어 있는 시료를 사염화탄소로 닦아냄
② 같은 시료에서 측정위치는 측정한 곳에서 10mm 이상 떨어진 곳으로 함
③ 고정쇠를 5초 동안 눌러 시료 속으로 들어가게 함(표준침의 굵기는 1.0mm)
④ 시험은 3회 이상 하여 평균값을 취함
⑤ 침입도는 온도가 높아지므로 시험온도 유지

Occupational Safety Instructor

[3] 박리현상(Stripping)

아스팔트 콘크리트 포장에서 혼합물의 골재와 아스팔트의 접착성이 상실되어 포장의 표면에서 골재가 박리되는 현상

1 피해

① 포장의 내구성 저하
② 주행성 불량
③ 운전 중 소음, 진동 발생
④ 포장체 균열 발생

2 원인

① 아스팔트 혼합물의 품질 불량
② 아스팔트의 열화
③ 시공 시 다짐 불량
④ 교통 하중에 의한 응력

3 방지대책

① 지역에 따른 적정한 침입도의 아스팔트 사용
② 과도한 아스팔트양 사용금지
③ 밀입도 또는 개질 아스팔트 사용
④ 시공 시 충분한 전압 다짐
⑤ 혼합 골재 품질의 적정성 확보

4 보수공법

① Seal Coat
② Slurry Coat
③ Overlay
④ 재포장

Occupational Safety Instructor

[4] Blow－up

Blow－up 현상이란 콘크리트 포장에서 여름철 온도의 상승에 따라 콘크리트 Slab가 팽창하여 줄눈 부근에서 콘크리트의 단부가 솟아오르면서 좌굴의 형태로 파손되는 현상을 말한다.

1 형태

① 양측 동시 솟아오름 : 일반적인 경우
② 한쪽만 솟아오름 : 시공 줄눈이 수직이 아닐 때

2 피해

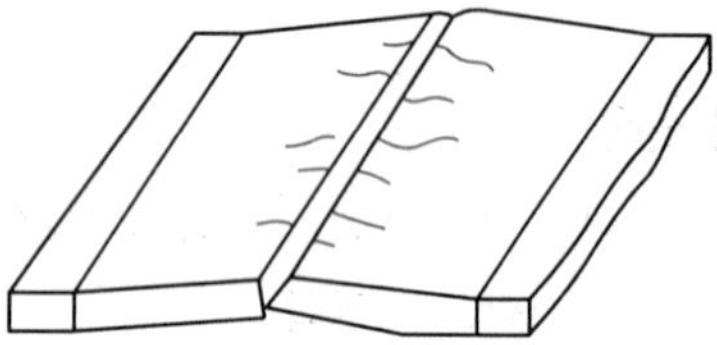

① 교통사고 유발
② 주행성 불량
③ 도로 기능 마비

3 원인

① 여름철 기온이 높을 때 Slab의 팽창
② Slab의 팽창 시 줄눈의 간격이 작을 때
③ 줄눈 내 이물질(비압축성 물질) 침입

4 방지대책

① 줄눈 설치 시 충분한 유간 확보
② 줄눈재의 밀실한 충전
③ 주기적인 줄눈 보수 및 교체

5 보수방법

① Blow－up된 Slab를 절단한 후 아스팔트 또는 콘크리트 충전
② 한 측 Slab 전체를 제거한 후 재포장

[5] Sandwitch 공법

연약지반 위에 포장을 할 경우 포장체의 강성을 높이기 위하여 노상, 보조기층 위에 빈배합 콘크리트를 타설하고 상부에 통상적인 도로 포장형식으로 포장 시공을 하는데, 이때 빈배합 콘크리트의 균열이 상부 표층으로 전파되는 것을 방지하기 위하여 빈배합 콘크리트 위에 입도 조정 쇄석기층을 시공하는 공법을 Sandwitch 공법이라 한다.

1 구조

① 보조기층 위에 빈배합 콘크리트층 시공
② 빈배합 콘크리트 상부에 입도 조정 쇄석기층 시공
③ 기층 상부에 아스팔트 콘크리트 표층 시공

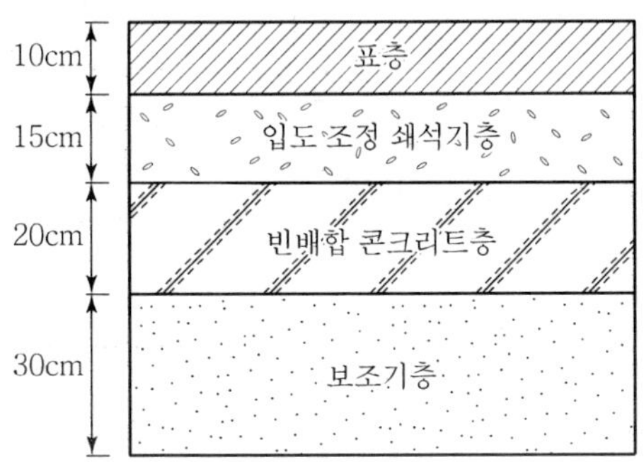

2 적용

① 노상의 지지력이 부족할 때
② 연약지반 상 도로 축조
③ 도로의 지지력 증대

3 효과

① 부등침하 방지
② 반사균열 제어
③ 지지력 증대

Occupational Safety Instructor

[6] 배수성 포장

배수성 포장은 우천 시 물 튀김 방지, 야간 우천 시 시인성 향상 외에 차량 주행 소음 저감 등의 부가적인 효과도 있다.

1 구조

① 표층에 배수성 포장용 아스팔트 혼합물을 사용함

② 그 이하는 불투수층으로 빗물이 포장 내부에 체류하지 않는 구조로 함

2 종류

① 길어깨에 배수하는 경우

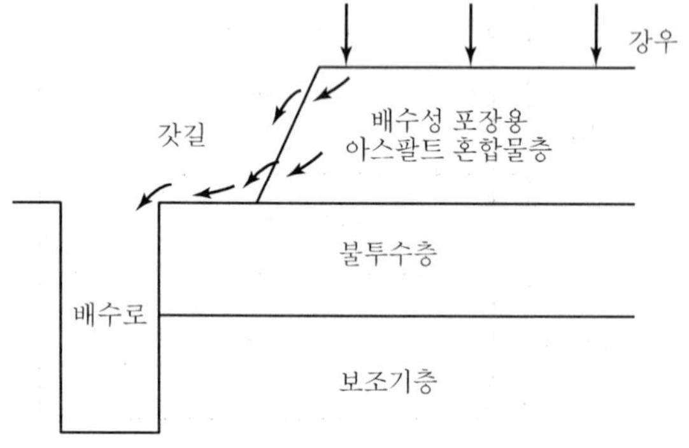

② 측구에 배수하는 경우

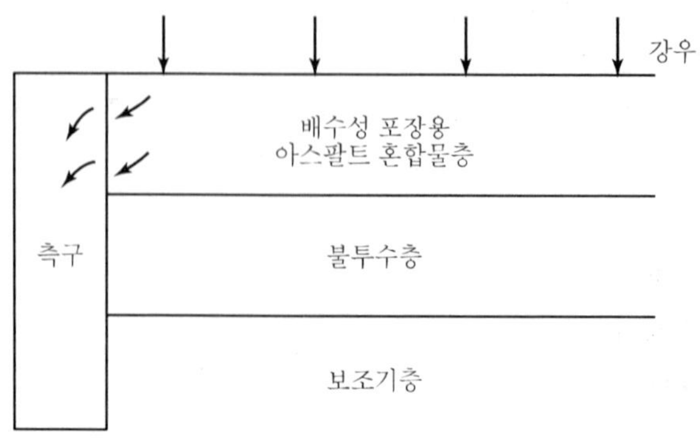

PART

19 항만/하천/댐

ACTUAL

INTERVIEW

Occupational Safety Instructor

[1] 방파제의 종류

방파제는 하역의 원활화, 선박의 항행, 정박의 안전 및 항 내 시설 보전을 도모하기 위하여 설치되는 것으로 부근의 지형, 시설 등에 미치는 영향 등을 고려하여 이용조건, 유지관리 등을 종합적으로 검토하여야 한다.

1 방파제의 종류

구분	종류	
경사제	• 사석식	• Block식
직립식	• 케이슨식 • Cell Block식	• Block식 • 콘크리트 단괴식
혼성제	케이슨식, Block식, Cell Block식, 콘크리트 단괴식	
특수 방파제	• 유공 케이슨식 방파제 • 부 방파제	• 강관 방파제 • 공기 방파제

2 각 공법의 특징

종류	특징
케이슨식	• 파력에 대한 저항이 강함 • 시공 확실 • 해상 작업 일수 감소 가능 • 대형 장비 필요 • 수심, 일기에 공정이 큰 영향을 받음
Block식	• 시공이 용이 • 시공 설비가 작음 • Block 간 결합력이 작고 해상 작업 일수가 긺 • Block의 수가 많을 경우 대규모 제작장이 필요

Occupational Safety Instructor

[2] 비말대와 강재 부식속도

해양 물보라가 발생하는 범위인 비말대는 조석의 간만, 파랑의 물보라에 의한 건습의 반복작용을 받는 열악한 지역으로, 강재의 부식속도가 빠르므로 염해에 대한 특별한 시공관리가 필요하다.

1 비말대의 특징

① 염분의 농축
② 산소 공급의 증가
③ 부식 속도 증대
④ 건습에 의한 내구성 열악
⑤ 마모, 동결융해 등에 의한 열화

2 강재의 부식속도

환경		부식속도(mm/연)
대기 중		0.1
해중	만조위 비말대	0.3~0.5
	간만대(간조위~만조위)	0.1~0.3
	해중	0.02~0.1
토중	해저 펄 속	0.1
	토중	0.02~0.03

3 강재의 부식 방지

(1) 강재 표면 라이닝
① 무기질 라이닝 : 콘크리트 피복
② 유기질 라이닝 : 도장, 도금

(2) 전기방식법
① 희생양극법
② 외부전원법

(3) 강재 두께 증가
내구연한(100년)을 고려하여 2~3mm 증가

Occupational Safety Instructor

[3] 가물막이공법

수중 또는 물의 흐름이 접하는 곳에 구조물을 만들 때 설치하는 가설구조물을 가물막이라고 한다.

1 사전조사

① 홍수위, 유속, 유량조사
② 토질조사
③ 부근의 준설공사 여부
④ 조위, 조류, 파도, 풍향, 풍속 조사

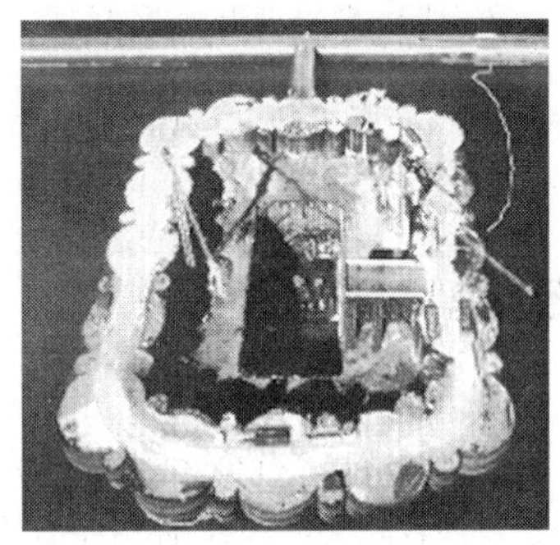
〈원형 Cell 가물막이공법〉

2 공법 선정 시 고려사항

① 설치장소의 지형, 기상조건
② 수심과 굴착깊이
③ 유수압 파압의 영향
④ 선박의 항행에 따른 영향
⑤ 주변환경에 대한 영향
⑥ 시공성, 경제성 등

3 공법의 분류

분류	종류
중력식	• 댐식 • Box식 • 케이슨식 • Cellular Block식 • Corrugated Cell식
Sheet Pile식	• 자립식 • Ring Beam식 • 한 겹 Sheet Pile식 • 두 겹 Sheet Pile식 • Cell식

Occupational Safety Instructor

[4] 하천 생태호안

하천 생태호안은 안전성을 확보하면서 하천이 가지고 있는 생태계의 양호한 환경과 본래의 경관을 보전 · 향상시키는 것을 목적으로 조성되는 호안을 말한다.

1 필요조건

① 하천 유지관리 효율성 증대
② 자연생태계 보전
③ 친수성 증대

2 생태호안 시공 예

(1) 식생 호안
버드나무 가지를 하나로 묶은 섶단을 강가에 가로 눕힌 뒤 나무말뚝으로 고정시키고 그 위를 흙과 모래로 덮는 방법

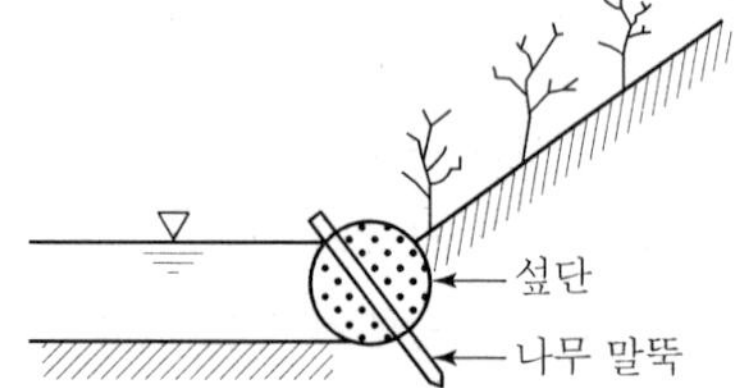

(2) 식생+석재 호안
버드나무를 돌 사이에 끼워 돌 틈에서 자란 버드나무 뿌리로 호안의 흙을 보호하고, 돌 사이를 결합시키는 방법

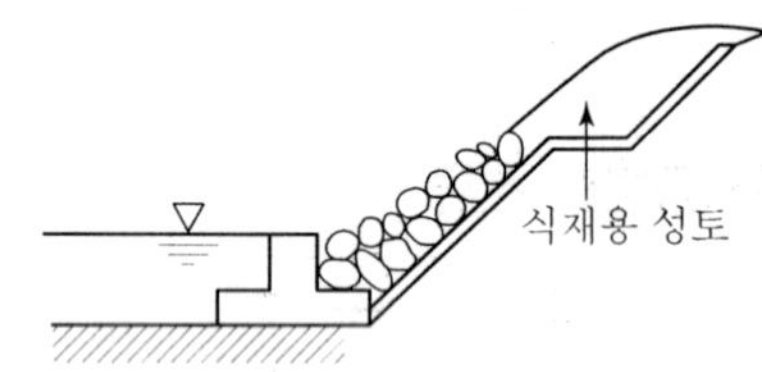

(3) 식재+콘크리트 호안
찰쌓기 시공한 호안의 상단 끝부분에 식물을 심을 수 있도록 V자형의 홈을 군데군데 배치하여 돌과 식물의 조화를 이루는 방법

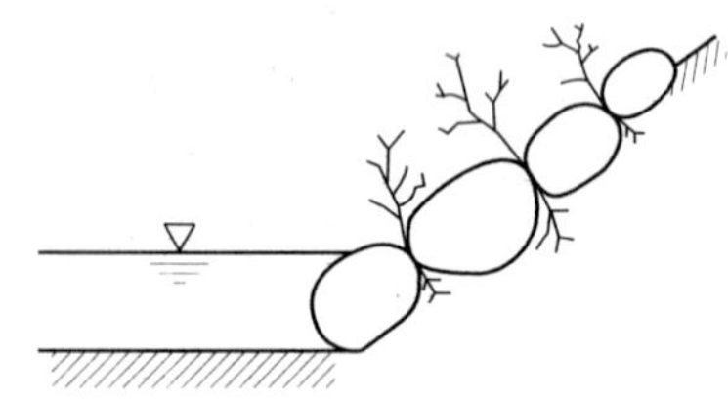

Occupational Safety Instructor

[5] 유수전환방식

시공 중 제체를 월류한 경우의 피해를 고려하여 최소의 비용으로 공사 수행이 가능하도록 하천유출 특성을 파악하여 적절한 방식을 선택하여야 한다.

1 전면 가물막이(전체절방식)

① 하천의 유수를 가배수터널(Diversion tunnel)로 전환 – 터널은 댐 지점의 한쪽 혹은 양쪽에 설치, 하천 유수를 우회시켜 원래의 하천에 유하

② 댐 지점 하천을 전면적으로 물막이하여 작업 구간을 확보하고 기초굴착과 제체 축조공사를 실시하는 방식

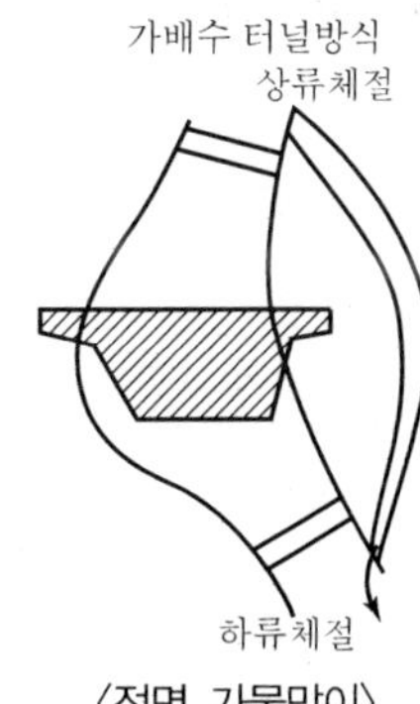

〈전면 가물막이〉

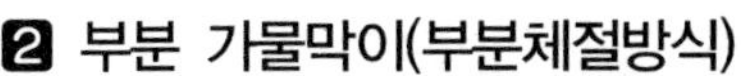

2 부분 가물막이(부분체절방식)

① 하폭이 넓은 경우에 사용되는 방식

② 하천의 한쪽에 가물막이를 설치하여 다른 쪽으로 하천수를 유도 – 가물막이 내부 기초굴착 및 본 제체 공사

③ 다음으로 축조된 제체 내에 설치된 제내 가배수로로 유수를 전환 – 나머지 절반을 가물막이하여 제체의 나머지 부분을 완성시키는 방법

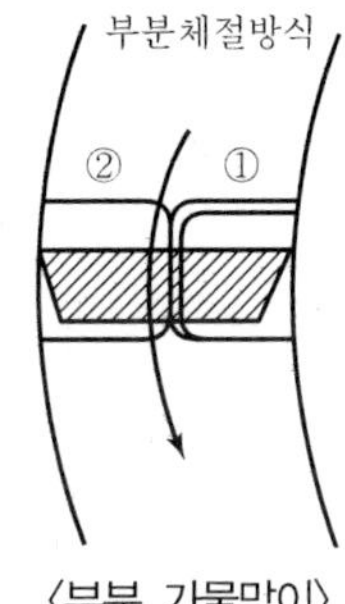

〈부분 가물막이〉

3 가배수거(로)방식

① 하천유량이 별로 크지 않고 하폭이 비교적 넓은 곳

② 하천의 한쪽 편에 개수로를 설치하여 유수를 처리 – 댐 상하류를 막고 하상부분 제체의 일부를 축조

③ 축조된 제체 내에 설치한 제내 가배수로로 유수 전환 – 잔여 제체부를 완성하는 방식

④ 개수로의 위치에 따라서는 부분가물막이의 일종

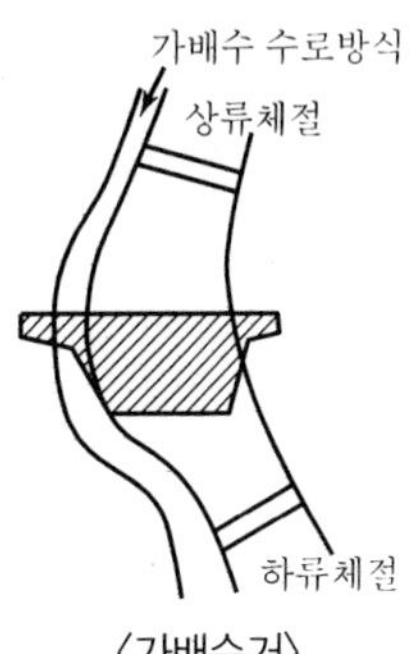

〈가배수거〉

Occupational Safety Instructor

[6] 필댐(Fill Dam)의 종류

필댐에는 균일형, 존형, 표면차수벽형, 코어형 등이 있다.

1 필댐의 종류

① 균일형

② 코어형 : 중심코어형과 경사코어형

③ 존형

④ 표면차수벽형(CFRD : Concrete Face Rockfill Dam)

명칭	약도	정의
균일형	투수성 존, 불투수성 존, 드레인	제방의 최대단면에 대해서 균일한 재료가 차지하는 비율이 60% 이상인 댐
존형	투수성 존, 불투수성 존, 반투수성 존	토질재료의 불투수성 존을 포함한 여러 층의 존이 있는 댐
표면차수벽형	포장, 투수성 존	상류경사면을 토질재료 이외의 차수재료로서 포장한 댐
코어형	투수성 존, 트랜지션 존, 코어	토질재료 이외(아스팔트, 콘크리트 등)의 차수벽이 있는 댐

[7] 양압력

콘크리트 구조물, 콘크리트 댐의 기저면, 내부의 수평타설 이음에 작용하는 간극수압으로 구조물, 댐을 들어 올리는 압력이기 때문에 양압력(Uplift Pressure)이라 한다.

1 양압력의 산출방법

① 구조물 하부의 양압력은 유선망을 작도하여 구함

② 임의의 점에서 양압력=그 점의 압력수두×물의 단위중량

③ 압력수두=전수두−위치수두

④ 전수두(H_t)

$$H = H_e + H_P = H_E \cdot \frac{U}{\gamma_\omega}$$

여기서, U(간극수압) $= H_P \cdot \gamma_\omega$

H_t(전수두) : 임의의 기준면에서의 위치수두+압력수두+속도수두

=기준면에서 물이 올라간 높이(토질역학에서는 침투속도가 대단히 느리므로 속도수두 무시)

H_e(위치수두) : 임의의 기준면에서 피에조미터를 꽂은 지점까지 물의 높이

H_p(압력수두) : Stand Pipe(피에조미터) 속의 물의 높이 기준선을 바꾸어도 항상 같음

유선망	양압력 산정사례
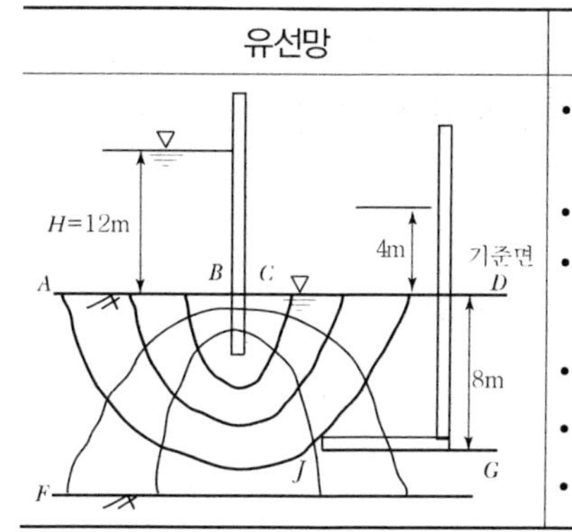	• 수위차 $H = 12$m, 기준면이 하류면(D)일 때 J점의 간극수압(U, 양압력) • 인접한 등수두선 간의 수두 손실은 $H/6$씩 균등하게 생김 • 전수두(H_t)$= N_d'/N_d \times H = 2 \times H/6$ $= 2 \times 12/6 = 4$(m) • 위치수두(H_e)=기준면하 8m이므로 −8m • 압력수두(H_p)$= h_t - H_e = 4-(-8) = 12$m • 양압력(간극수압) $U = H_p \cdot \gamma_\omega = 12 \times 1 = 12$(t/m^3)

Occupational Safety Instructor

[8] 부력에 의한 손상 방지대책

액체 속에 있는 물체가 받는 힘으로, 부력은 물체가 배제한 물의 무게(중량)만큼 발생한다.

1 구조물의 부력 방지대책

(1) Rock Anchor 설치

① 부상하중에 저항하도록 Rock Anchor 설치

② 기초저면 암반까지 Anchor시켜 부력에 저항

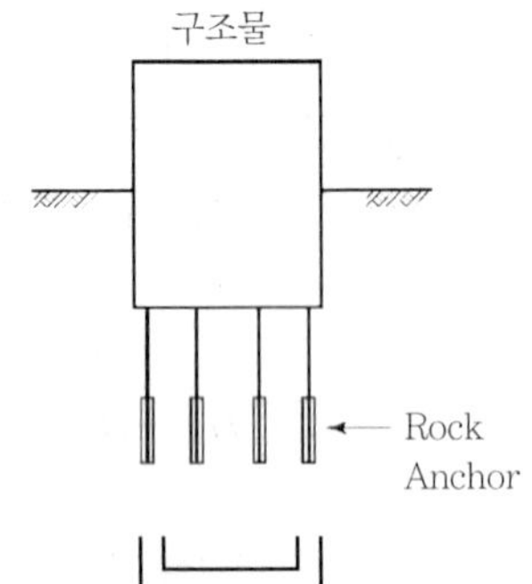

(2) 마찰말뚝 이용

① 말뚝의 마찰력으로 부상력에 대항

② 마찰력을 기대할 수 있는 하부지층이 깊을 경우 현장타설 콘크리트 말뚝설치

(3) 강제배수

① 유입지하수를 외부로 강제배수시켜 부력을 낮춤

② 배수공법을 사용하여 지하수위를 저하시킴

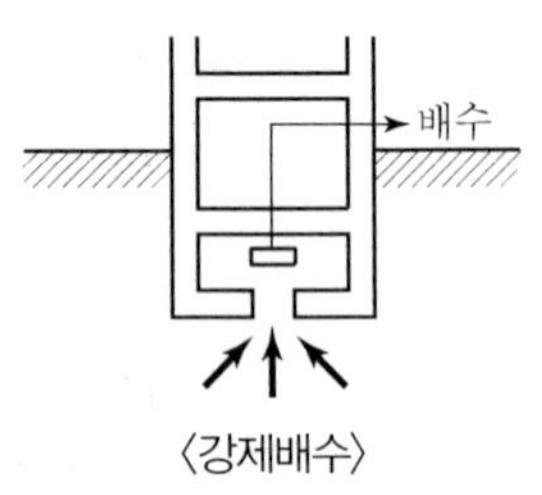

〈강제배수〉

(4) 구조물의 중량 증대

① 구조물의 자중을 부력의 1.25배 이상으로 증대시켜 부상방지

② 골조 단면 증대 또는 2중 Mat Slab 내에 자갈 등을 채움

(5) 브래킷(Bracket) 설치

① 지하벽체 외부에 Bracket을 설치하고 상부의 매립토 하중으로 수압에 저항

② 구조물이 규모가 작은 경우에 사용

(6) 구조물의 설계 변경

① 지하구조물의 깊이를 상부로 높여 부상력을 줄임

② 지하층의 규모를 축소하여 부력에 저항

(7) 기타

① 인접구조물에 긴결하여 부력에 저항

② 지하층이 깊을 때 지하 중간부위층에 지하수 채움

Occupational Safety Instructor

[9] 검사랑

검사랑은 콘크리트 내부의 균열검사, 누수 및 배제, 양압력(揚壓力), 온도측정, 수축량의 검사 등을 위하여 설치한다.

1 검사랑의 목적

① 댐 시공 후 댐 관리상 예상된 사항 파악
② 콘크리트 내부의 균열검사
③ 누수 검사 및 배제
④ 양압력(揚壓力) 검사
⑤ 온도 측정
⑥ 수축량의 검사

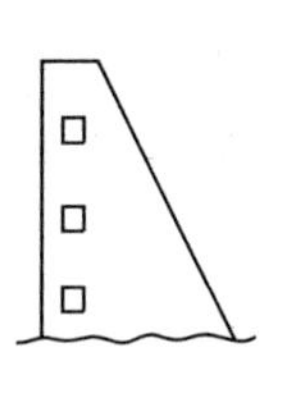
〈검사랑 위치〉

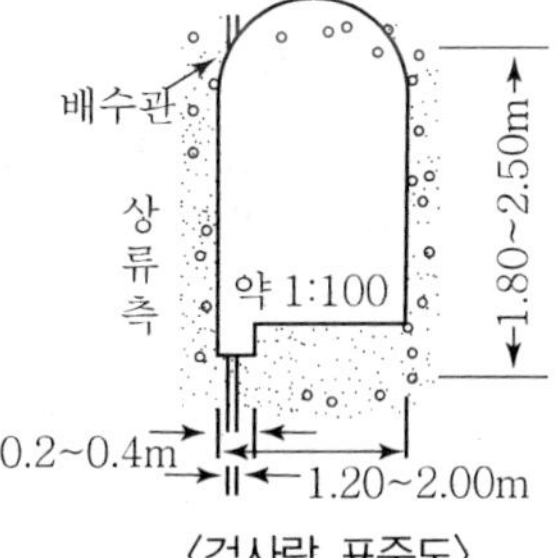

〈검사랑 표준도〉

2 설계 · 시공 시 고려사항

(1) 하류 측의 수위를 감안

밑부분에 설치하는 검사랑은 될 수 있으면 상류 측의 아래쪽에 설치하지만 하류 측의 수위를 감안해야 한다.

(2) 높은 댐은 대개 높이 30m마다 설치

(3) 높은 댐은 상하류 방향에 검사랑을 설치

말단은 상류면에서 댐 두께의 2/3 정도의 위치로 한다.

(4) 검사랑(廊) 내의 배수를 위한 배수관 또는 배수 도랑을 설치

(5) 상류 면에서의 거리는 구멍 지름의 2배

① 검사랑의 주변에는 국부응력으로서 댐 자중(自重)에 의한 상하류 양측에 압축응력이 발생
② 수압에 의한 최대 압축응력 발생
③ 영향 범위는 구멍 지름(孔勁)의 1.5배 정도

[10] 유선망(Flow Net)

유선망이란 유선과 등수두선으로 이루어진 망을 말한다. 유선망의 작성목적은 침투수량, 간극수압, 동수경사, 침투수력을 결정하기 위함이다.

1 유선과 등수두선

① 유선 : 흙속을 침투하여 물이 흐르는 경로($\overline{AB}$, $\overline{BC}$)

② 등수두선 : 수두가 같은 점을 연결한 선($\overline{FG}$)

③ 유로 : 인접한 유선 사이에 낀 부분

④ 등수두면(등압면) : 등수두선 사이에 낀 부분

⑤ 침윤선 : 유선들 중에서 최상부의 유선

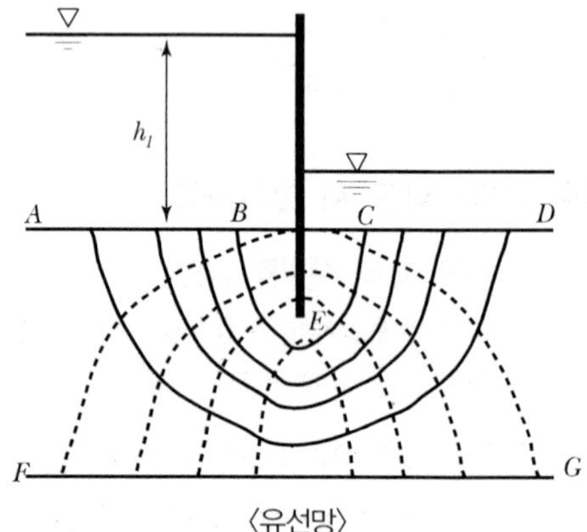

〈유선망〉

2 유선망의 특성

① 각 유로의 침투유량은 같다.

② 인접한 등수두선 간의 수두차는 모두 같다.

③ 유선과 등수두선은 서로 직교한다.

④ 유선망의 폭과 길이는 같다.(유선망으로 구성된 사각형은 이론상 정사각형)

⑤ 동수경사 및 침투속도는 유선망 폭에 반비례한다.

3 유선망의 이용

① 침투수량 계산

② 침투수력 계산

③ 간극수압 계산

④ 동수경사(i) 결정

⑤ Piping 발생 여부

⑥ 손실수두 계산

[11] 침윤선(Seepage Line)

침윤선이란 하천제방이나 흙댐 등을 통해 물이 통과할 때 여러 유선들 중에서 최상부의 유선을 말하며 포물선으로 표시된다.

1 침윤선의 이용

① 제내지 배수층의 설치위치 파악

② 제방폭 결정

③ 제방의 거동파악

2 누수에 대한 안전성 검토

(1) 누수종류

지반누수, 제체누수

(2) 평가방법

① 침윤성 형상을 작성하여 침윤선의 위치를 확인하는 방법

② 침윤선이 제체 하부에 위치하여야 함

(3) 파이핑 검토방법

① 한계동수경사법, 침투압법

② 허용안전율

㉠ 한계동수경사법 : 3.0~4.0

㉡ 침투압법 : 2.0 이상임

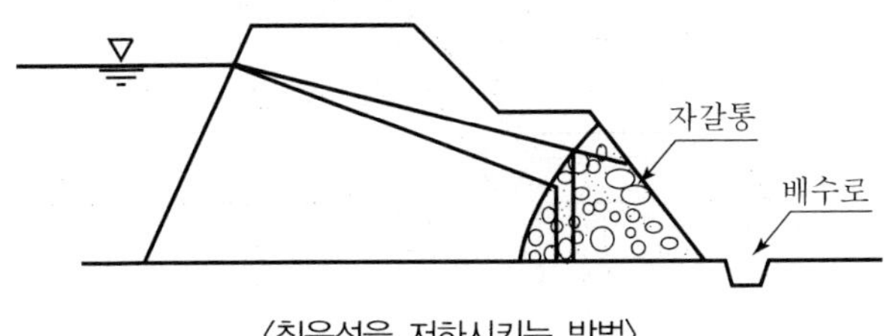

〈침윤선을 저하시키는 방법〉

Occupational Safety Instructor

[12] 석괴댐의 프린스(Plinth)

프린스(Plinth)는 차수벽 선단에 설치하여 차수벽의 토대, 댐 기초와 차수벽 사이의 차수, Grout의 Gap 역할을 하는 구조물이다.

1 프린스(Plinth)의 기능

① 차수벽의 토대 역할

② 댐 기초와 차수벽 사이의 차수 역할

③ Grout의 Cap 역할

2 사용재료

(1) 철근콘크리트 재료 사용

(2) 규격

① 두께 : 50~80cm

② 폭

㉠ 경질지반 : 10m 정도

㉡ 연약지반 : 20m 정도

3 시공

① 부식성 없는 암반에 설치

② 앵커를 이용하여 암반에 밀착시킴

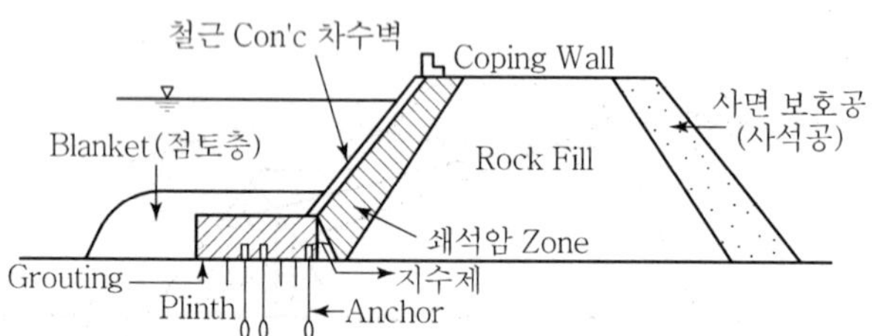

Occupational Safety Instructor

[13] Dam 기초 Grouting

Grouting 시공을 통해 댐 지반의 강도를 증가시키고, 변형 방지를 통하여 댐 저부 및 제체부의 차수성을 확보할 수 있으며, 충분한 조사를 실시하여 취약지반을 보강하기 위한 적합한 Grouting 공법을 적용해야 한다.

1 기초 Grouting의 목적

(1) 투수성 차단
- ① 양압력 저하
- ② 지반 파괴 방지
- ③ 제체 재료 유실 방지
- ④ 저수량 확보

(2) 지반의 역학적 성질 개선
- ① 지반 일체화
- ② 강도 증가
- ③ 변형 방지

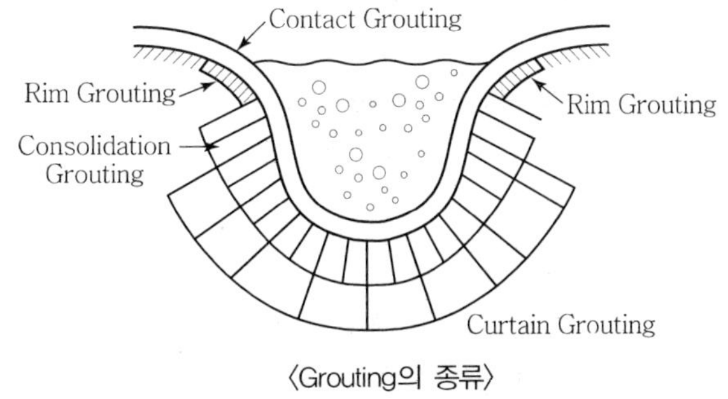

〈Grouting의 종류〉

2 공법의 분류

(1) Consolidation Grouting
- ① 암반의 얕은 부분 절리 충전으로 지지력 증대
- ② 제체 접합부 지수성 향상

(2) Curtain Grouting
- ① 차수에 의한 저수효율 상승
- ② 기초 암반 안정

(3) Rim Grouting
- ① 댐 기초 지반의 지반 지지력 증대
- ② 지수성 향상

(4) Contact Grouting

착암부 공극

Occupational Safety Instructor

[14] 댐의 계측관리

댐 시공 중에 댐의 변형상태와 안정상태를 파악하고, 댐 완공 후에는 댐의 거동 상태를 감시하여 댐의 안전을 위한 적절한 대책을 강구하기 위하여 실시한다.

1 계측의 목적

(1) 시공관리

① 콘크리트 내부온도 관리

② 그라우팅 시기 결정

③ 제체의 변형상태 측정

④ 지반의 과잉간극수압 측정

(2) 유지관리

① 양압력 측정

② 제체의 응력 변형 측정

③ 콘크리트 내부온도 관리

④ 누수량 측정

⑤ 댐의 거동상태 측정

2 계측항목

항목	측정 장소	측정 기기
침하	댐 정상부 및 사면 제체 내부	층별침하계, 연속침하계
댐 축방향 변형	댐 정상부 및 사면의 댐 축방향, 제체 내부 축방향	경사계, 수평변형측정기
댐 하류방향 변형	댐 정상부 및 사면의 상 · 하류방향, 제체 내부 상 · 하류방향	경사계, 수평변형측정기
간극수압	제체 내부 기초지반	간극수압계
누수량	제체 검사랑	누수량 측정장치

Occupational Safety Instructor

[15] Siphon

Siphon의 원리는 높은 쪽의 액체 면의 대기압 작용으로 높은 쪽의 액체가 관 안으로 밀어 올려져 낮은 쪽으로 흐르는 현상이다.

1 Siphon의 원리

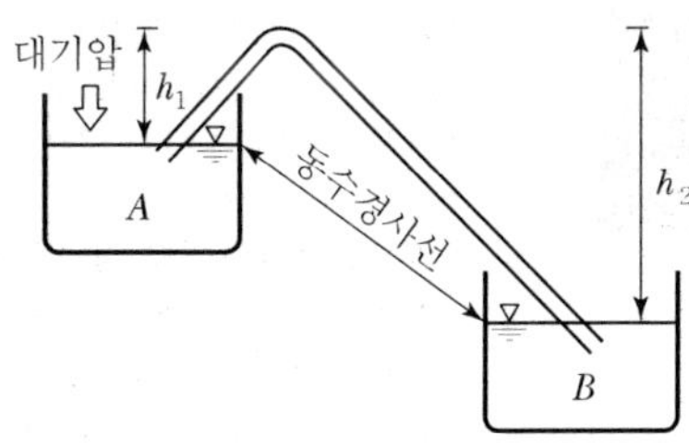

① 관의 일부가 동수경사선 위에 있어야 함
② 관 내의 기압은 대기압보다 작아야 함
③ 관 내 새로운 공기의 유입이 없어야 함
④ Siphon 목부의 압력이 증기압보다 커야 함
⑤ 수두 차이가 0이 될 때가지 흐름

2 적용한계

(1) 이론적 한계
절대영압인 수두 10.3m

(2) 설계 적용 한계
안전을 고려하여 8.9m 정도

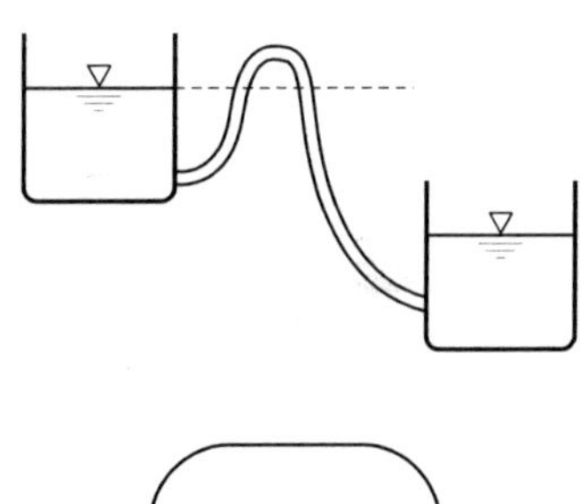

3 활용

(1) 관로 시스템
두 수조를 연결하는 관수로

(2) 댐의 여수로
Siphon형 여수로

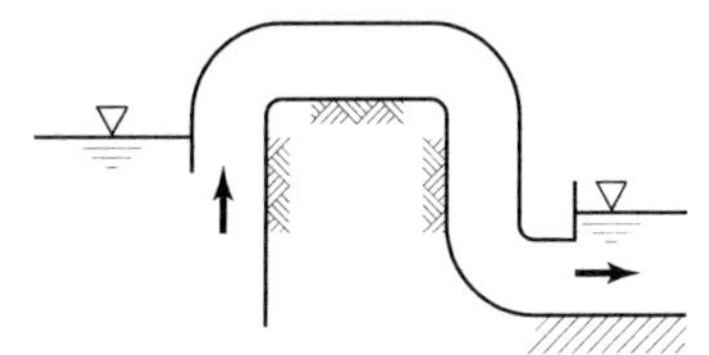

저자약력

한경보

| 약력 |

- 건설안전기술사
- 건축시공기술사
- 인하대학교 건축공학과 졸업
- 경기대학교 건축공학과 박사
- 경기대학교 공학대학원 주임교수
- (사)한국건설안전협회 회장
- 행정중심복합도시청 분양가 심의위원
- 국토부 사고조사위원
- 경기도 건축위원회 심의위원
- 성남시 건축위원회 심의위원
- 국방부 특별건설기술 심의위원
- 경기도 건축분야 민간감사관
- LH공사 설계자문위원
- 한국산업안전공단 자료개발위원
- 국토부, 노동부 초청 강사
- 건설안전분야 제도개선위원
- 용인시 도시공사 이사
- 용인시 시정연구원 이사

| 저서 |

- 「최신 건설안전기술사 Ⅰ·Ⅱ」(예문사)
- 「건설안전기술사 최신기출문제풀이」(예문사)
- 「최신 건설안전공학」(예문사)
- 「Keypoint 건설안전기술사(공사 안전)」(예문사)
- 「건설안전기술사 실전면접」(예문사)
- 「건설안전교육론」(예문사)
- 「재난안전 방재학 개론」(예문사)
- 「시설물의 구조안전진단」(예문사)
- 「건설안전기술사 핵심 문제」(예문사)
- 「No1. 건설안전기사 필기」(예문사)
- 「No1. 건설안전산업기사 필기」(예문사)
- 「No1. 산업안전기사 필기」(예문사)
- 「No1. 산업안전산업기사 필기」(예문사)

Willy.H

| 약력 |

- 건설안전기술사
- 토목시공기술사
- 서울중앙지방법원 건설감정인
- 한양대학교 공과대학 졸업
- 삼성그룹연구원
- 한국건설안전협회 국장
- 서울시청 전임강사(안전, 토목)
- 서울시청 자기개발프로그램 강사
- 삼성물산 강사
- 삼성전자 강사
- 롯데건설 강사
- 현대건설 강사
- 종로기술사학원 전임강사
- 포천시 사전재해영향성 검토위원
- LH공사 설계심의위원
- 대법원 · 고등법원 감정인

| 저서 |

- 「최신 건설안전기술사 Ⅰ·Ⅱ」(예문사)
- 「건설안전기술사 최신기출문제풀이」(예문사)
- 「재난안전 방재학 개론」(예문사)
- 「건설안전기술사 핵심 문제」(예문사)
- 「No1. 건설안전기사 필기」(예문사)
- 「No1. 건설안전산업기사 필기」(예문사)
- 「No1. 산업안전기사 필기」(예문사)
- 「No1. 산업안전산업기사 필기」(예문사)
- 「건설안전기술사 실전면접」(예문사)
- 「Keypoint 건설안전기술사(공사 안전)」(예문사)
- 「건설안전기술사 moderation」(진인쇄)
- 「산업안전지도사 1차」(예문사)
- 「산업안전지도사 2차」(예문사)

MEMO

산업안전지도사 실전면접
건설안전공학

발행일 / 2021. 9. 20 초판 발행
2022. 9. 20 개정 1판1쇄

저 자 / 한경보 · Willy. H
발행인 / 정용수
발행처 / 예문사

주 소 / 경기도 파주시 직지길 460(출판도시) 도서출판 예문사
T E L / 031)955-0550
F A X / 031)955-0660
등록번호 / 11-76호

정가 : 27,000원

ISBN 978-89-274-4794-8 13530